U0271865

宁夏贺兰山东麓
酿酒葡萄产品质量与
产地环境影响评价研究

◎ 牛 艳 著

中国农业科学技术出版社

图书在版编目（CIP）数据

宁夏贺兰山东麓酿酒葡萄产品质量与产地环境影响评价研究 / 牛艳著 . -- 北京：中国农业科学技术出版社，2022.8

ISBN 978 - 7 - 5116 - 5682 - 7

Ⅰ.①宁… Ⅱ.①牛… Ⅲ.①葡萄－产品质量－关系－农业环境－环境影响评价法－研究－宁夏 Ⅳ.① S663.1 ② X822.13

中国版本图书馆 CIP 数据核字（2021）第 272485 号

责任编辑 白姗姗
责任校对 马广洋
责任印制 姜义伟 王思文

出 版 者 中国农业科学技术出版社
　　　　　 北京市中关村南大街 12 号 邮编：100081
电　 话 （010）82106638（编辑室） （010）82109702（发行部）
　　　　　 （010）82109702（读者服务部）
网　 址 http: // www.CASTP.cn
经 销 者 各地新华书店
印 刷 者 北京建宏印刷有限公司
开　 本 185 mm×260 mm 1/16
印　 张 13
字　 数 300 千字
版　 次 2022 年 8 月第 1 版 2022 年 8 月第 1 次印刷
定　 价 88.00 元

项目主要参与人员

牛　艳　　王晓菁　　左　忠　　陈卫平　　王彩艳　　吴　燕

开建荣　　温学飞　　张安东　　单巧玲　　王云霞　　潘占兵

王家洋　　陈　翔　　杨春霞　　赵子丹　　杨　静　　李彩虹

刘　霞　　温淑红　　董方圆　　呼延庆　　杨　慧　　刘　敏

李　龙　　牛锐敏　　范金鑫　　石　欣　　王晓静　　代新义

马静利　　张　宇　　肖爱萍　　付　晓　　贝盏临　　李小伟

葛　谦　　赵丹青　　胡　春　　宿婷婷　　田　龙　　高红军

余海燕　　杨　英　　张二东　　赵文君　　季文龙　　王宗华

杨　斌　　于福新　　邓莉梅　　季　莉　　马小龙

资助项目

1. 宁夏回族自治区一二三产业融合发展科技创新示范项目"酿酒葡萄种质创新与现代栽培技术研究示范"课题四"宁夏贺兰山东麓酿酒葡萄产品质量与产地环境影响评价"（课题编号：YES-16-06-04）。

2. 宁夏回族自治区科技创新引导项目"酿酒葡萄、葡萄酒生产中品质变化规律及质量安全评价研究"（项目编号：NKYJ-19-07）。

3. 宁夏农林科学院农业高质量发展和生态保护科技创新示范项目《酿酒葡萄种质创新及提质增效关键技术研究与示范》课题三《贺兰山东麓优质酿酒葡萄风土特征与土肥水综合调控及地面优化管理关键技术研究与示范》子课题《基于有效防控风蚀的贺兰山沿山葡萄适宜种植区域识别研究》（课题编号：NGSB-2021-4-03）。

4. 宁夏回族自治区科技创新领军人才项目。

5. 国家退耕还林工程生态效益监测（宁夏）项目。

6. 2022年宁夏回族自治区自然科学基金项目"宁夏典型生态区域大气降尘通量时空变化规律及元素组成溯源解析"（项目编号：2022AAC03417）。

自 序

　　本书主要研究成果均来源于宁夏回族自治区一二三产业融合发展科技创新示范项目的课题之一，历经五年的采样、监测、检测、研究和近一年的撰写统稿，终于顺利完成。在课题具体实施过程中，特别感谢宁夏公路管理局新小路管理站、宁夏美贺酒庄贺兰山基地、宁夏美贺酒庄青铜峡基地、宁夏西鸽酒庄、宁夏梦沙泉酒庄、宁夏红寺堡鹏胜酒庄、大武口林业技术推广服务中心（大武口）、宁夏沙漠基金会、宁夏沙坡头国家级自然保护区等多家单位，均无偿为本研究提供了长期野外定位监测场建设的便利，并长期大力协助本研究数据采集、监测场管理、维护等工作。同时，宁夏农垦七泉沟葡萄基地、贺兰山农牧场、西夏王玉泉国际酒庄、御马酒庄、宁夏汇达酒庄等30余家酒庄、合作社和多名农户等也多次为本研究提供了研究与采样便利。课题实施过程中也得到了宁夏回族自治区林业主管部门宁夏林业和草原局、宁夏退耕还林与三北工作站，以及宁夏葡萄产业管理部门宁夏贺兰山东麓葡萄产业园区管委会直接或间接的支持和配合。宁夏回族自治区科技管理部门宁夏科学技术厅人才专项资金为专著的出版提供了部分资助。项目主管及经费下达单位宁夏农林科学院、项目主持单位宁夏农林科学院园艺研究所、宁夏农林科学院资源与环境研究所等单位分别在课题立项、经费资助、项目验收、野外定位监测场建设、专业技术咨询指导、研究人员协助等方面也提供了全程服务保障和有力支撑，在此一并表示衷心的感谢！

　　在项目实施的过程中，得到了项目主持人陈卫平博士／研究员及宁夏农林科学院荒漠化治理研究所、宁夏农产品质量标准与检测技术研究所广大领导同事们长期以来的大力支持，同时也得到了南京林业大学王家洋，宁夏大学王云霞、马静利、宿婷婷，北方民族大学田龙，四川大学张安东博士，福建农林大学杨斌硕士等在校及毕业师生的大力协助。全书由牛艳统稿。本书主要成果均是多年来课题组共同努力的结果，是众多研究人员长期以来科研成果的汇聚。在此对参与长期示范研究、测试化验、数据分析、材料撰写、文献检索、科研管理和专著撰写出版的可恭可敬的领导们、同事们、同行们、同学们致以真诚的感谢！同时，也向大量参考文献的原创者致以诚挚的敬意！感谢每位劳动者的无私奉献！

牛　艳

2022 年 8 月

前　言

　　本书是由宁夏农林科学院荒漠化治理研究所、宁夏农产品质量标准与检测技术研究所联合主持的宁夏回族自治区一二三产业融合发展科技创新示范项目"酿酒葡萄种质创新与现代栽培技术研究示范"课题四"宁夏贺兰山东麓酿酒葡萄产品质量与产地环境影响评价"（YES-16-06-04）总结形成的相关专著。课题以宁夏贺兰山东麓酿酒葡萄基地建设对产地环境与产品质量影响为主要研究内容，系统开展了贺兰山葡萄基地建设对产区风蚀、PM2.5、PM10、小气候、地下水位、耕地质量与盐渍化等环境影响的监测评价；明确了葡萄基地建设对小气候主要生态指标的影响程度；掌握了各品种、林龄、种植经营体的葡萄品质及葡萄酒农药、重金属、甲醇、二氧化硫的残留情况，制定了相关标准；确定出灌溉水质、肥料等外源输入均不是葡萄质量安全主因；检测分析了影响酿酒葡萄质量安全的主要农药种类及影响程度。研究在酿酒葡萄基地建设了土壤风蚀、PM2.5、PM10及小环境的影响监测体系，对土壤、葡萄果实农药残留、重金属、硝态氮进行了风险评估，在葡萄酒甲醇、二氧化硫残留检测与风险状况评价等方面均具有一定的技术创新性。通过系统总结贺兰山酿酒种植葡萄产地环境影响程度与产品质量主要影响因素，对服务和支撑宁夏及国内酿酒葡萄特色产业均具有一定的科学指导意义。

　　全书所有监测及检测结果，均是原始状态与检测样品的真实体现。部分检测结果曾在第一时间反馈到了各生产一线，希望对葡萄生产决策提供技术指导。同时，通过技术培训、论文发表、专著出版等形式，及时将总结挖掘的部分结论、结果，以及关键技术参数也第一时间反馈到一线生产中，以期为生产单位及相关部门制定科学合理的管理措施提供决策依据。

　　由于研究内容涉及面广，研究人员时间紧张、研究周期较短、研究经费有限，部分研究内容未能及时深入进行，部分技术还未及时转化为现实生产力，特别是在风蚀防控适宜区划、有效防控措施制定与应对等方面尚有明显欠缺，将在下一步具体工作中及时补充完善。

　　本书在编写过程中，参阅了大量的国内外相关文献和资料，在此谨对相关作者和编者表示诚挚的感谢。

　　对于书中不足和疏漏之处，敬请同行专家和读者指正。

著　者

2022 年 8 月

目 录

第一章 中国及世界酿酒葡萄产业发展与研究现状

第一节 葡萄酒的发展历史

从公元前 8 500 年至公元前 4 000 年的新石器时期开始，人类就有意识地利用野葡萄酿造葡萄酒。根据现今的考古证实，葡萄酒的证据最早出现在中国河南新石器时期的贾湖遗址。在 2004 年的考古挖掘中，贾湖遗址出土的陶器内壁附着物的分析结果证实了出土的陶器内装有一种由蜂蜜、大米和水果混合发酵的饮料（王华等，2016），附着物中富含酒石酸和酒石酸盐。而目前该位置发现的水果中仅有山楂和葡萄的酿造产物可达到遗址中的酒石酸含量，但在遗址挖掘中只发现了野生葡萄种子，由此证明贾湖遗址发现的饮料成分是由野生葡萄发酵而成的饮料（王华等，2016），这是世界上用葡萄酿酒最早的考古证据。

此后在约公元前 6 000 年的格鲁吉亚、公元前 5 000 年的伊朗、公元前 4 500 年的希腊和公元前 4 100 年的亚美尼亚等地的考古遗址均发现了葡萄酒的存在，尤其在距今已有 6 000 年历史的埃及 PhtahHotep 墓址中的浮雕，清晰地展现了当时古埃及人种植、收获葡萄和酿造葡萄酒的场景（高胜，2017）。

公元前 2 000 年，古巴比伦哈摩拉比王朝时期的葡萄酒得到良好的发展，形成了以葡萄酒为商品的贸易市场（铁璀，1999），并且王朝中的法典明确规定"严厉惩罚在葡萄酒贸易中以次充好的商人"，由此证明当时的葡萄酒产业已有很大的规模（王华等，2016）。

公元前 800 年，部分航海家将葡萄、葡萄栽培和葡萄酒酿造技术从尼罗河三角洲地区带到了希腊，在希腊广受欢迎并开始大面积发展，使希腊成为欧洲最早开始进行葡萄栽培和葡萄酒酿造的国家（王华等，2016）。

公元前 146 年，罗马人向希腊人学会了栽培葡萄和酿造葡萄酒技术后，在意大利半岛全面推广，葡萄栽培和葡萄酒酿造遍及法国、德国莱茵河流域地区、西班牙以及北非等当时罗马帝国的殖民地。在 15—16 世纪，葡萄酒传入朝鲜、日本、新西兰、澳大利亚、南非和美洲等地（高胜，2017）。

综上所述，葡萄酒的最初起源地在远东，包括中国、叙利亚、土耳其等国家。葡萄酒由最初的起源地远东传入欧洲，再由欧洲传入东方和世界其他地区。因此，包括中国等国家的远东地区是葡萄、葡萄酒的起源地，欧洲则是后起源中心。葡萄因其独特的魅力在全世界生根发芽，成了当今社会最具特色的葡萄酒文化和产业（高胜，2017）。

第二节 全球葡萄产业现状概述

葡萄酒的发展取决于葡萄的发展，经过几千年来人类的迁徙和交流，现如今葡萄分布范围广泛。但葡萄的生长具有地域特性，约95%的葡萄集中在北半球生长，多数的葡萄产区集中在20°～50°N及30°～50°S的黄金生长带（施明，2014）。根据国际葡萄与葡萄酒组织（以下简称OIV）统计的数据显示（图1-1），葡萄主要分布在欧洲、亚洲、美洲、非洲和大洋洲。根据图1-1数据显示，2017年的欧洲葡萄种植面积为344万hm²，亚洲葡萄种植面积为196万hm²，美洲葡萄种植面积为101万hm²，非洲葡萄种植面积为35万hm²，大洋洲葡萄种植面积为17万hm²。欧洲作为葡萄发展的后起源中心，截至2017年，葡萄种植面积占世界葡萄种植面积的一半。到2020年，各大洲的葡萄种植面积均有所下降（黄朋，2018），但整体的种植规模仍然是欧洲（287万hm²）稳居第一位，亚洲（164万hm²）次之，美洲的种植规模明显少于亚洲，为90万hm²，非洲和大洋洲最低，分别为20万hm²和14万hm²。

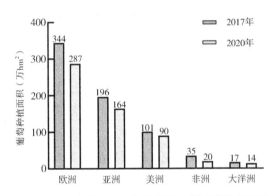

图1-1 2017年和2020年世界五大洲葡萄种植面积

截至2020年，全世界葡萄种植在各个国家的种植分布趋势明显，西班牙作为主要种植国家，葡萄种植占比13%，法国占比11%，中国占比11%，意大利占比10%，土耳其占比6%，美国占比5%。

一、欧洲葡萄种植规模概述

欧洲葡萄主要以酿酒葡萄为主，主要分布在西班牙、法国、意大利、葡萄牙、罗马尼亚、德国和希腊（亓桂梅，2018）。根据2013—2020年的统计数据显示，欧洲大陆的葡萄种植集中在西班牙、法国和意大利，其中西班牙2013—2020年的葡萄种植面积达90万hm²以上，法国和意大利种植面积均在70万hm²左右，葡萄牙、罗马尼亚和希腊以及德国相

对较少。从 2013—2020 年以来的 8 年数据显示，欧洲各个国家的葡萄种植面积数据无明显变化，新增种植面积较少（表 1-1）。

表 1-1 2013 年以来欧洲葡萄种植面积（单位：万 hm^2）（数据来源于 OIV）

国家	2013 年	2014 年	2015 年	2016 年	2017 年	2018 年	2019 年	2020 年
西班牙	97.3	97.4	97.4	97.5	96.8	97.2	96.6	96.2
法国	79.3	78.9	78.5	78.5	78.8	79.2	79.4	79.7
意大利	70.5	69.0	68.2	69.0	69.9	70.1	71.3	71.9
葡萄牙	22.7	22.1	20.4	19.5	19.4	19.2	19.5	19.4
罗马尼亚	19.2	19.2	19.1	19.1	19.1	19.1	19.1	19.0
希腊	11.0	11.0	10.7	10.5	10.6	10.8	10.9	10.9
德国	10.2	10.2	10.3	10.2	10.3	10.3	10.3	10.3
欧洲大陆	403.8	400.5	397.6	397.8	—	—	—	—
欧盟 28 国	336.2	334.3	331.8	331.9	—	—	—	—

注：表中数据代表所有葡萄的种植面积，包括鲜食、酿酒、制干与制汁等所有用途的葡萄面积。

二、欧洲以外国家葡萄种植规模概述

除欧洲外，葡萄的种植主要分布在亚洲、美洲、非洲和大洋洲。亚洲的葡萄主要以鲜食和制葡萄干为主，主要分布在中国、印度、土耳其、伊朗和乌兹别克斯坦。如表 1-2 显示，2015—2016 年，欧洲以外国家的葡萄面积保持稳定，达到 350 万 hm^2。2016—2020 年，中国葡萄种植面积逐渐增高，从 2017 年的 76 万 hm^2 增加到 2020 年的 78.5 万 hm^2，而土耳其葡萄种植面积逐渐降低。

表 1-2 2013 年以来欧洲以外国家的葡萄种植面积（单位：万 hm^2）（数据来源于 OIV）

国家	2013 年	2014 年	2015 年	2016 年	2017 年	2018 年	2019 年	2020 年
中国	75.7	79.6	83.0	77.0	76.0	77.9	78.1	78.5
土耳其	50.4	50.2	49.7	48.0	44.8	44.8	43.6	43.1
美国	44.9	44.8	44.3	44.3	43.4	40.8	40.7	40.5
阿根廷	22.4	22.6	22.5	22.4	22.2	21.8	21.5	21.5
智利	20.8	21.3	21.4	21.4	20.7	20.8	21.0	20.7
澳大利亚	15.7	15.4	14.9	14.8	14.5	14.6	14.6	14.6
南非	13.3	13.2	13.0	13.0	12.8	12.3	12.2	12.2
其他国家	105.5	106.0	105.7	105.7	—	—	—	—
总计	348.7	352.1	354.4	354.3	—	—	—	—

美洲葡萄产地主要分布在美国、阿根廷、智利和巴西。美国的葡萄种植面积逐年下降，2013 年种植面积为 44.9 万 hm^2，2020 年葡萄种植面积为 40.5 万 hm^2（王春梅，

2015），8 年时间减少了 4.4 万 hm² 的种植面积。阿根廷和智利的趋势与美国一致，种植面积仅有美国的一半且逐年降低。大洋洲葡萄分布在澳大利亚和新西兰，大洋洲以酿酒葡萄为主；非洲的重要葡萄产地是南非和埃及。大洋洲葡萄种植面积没有明显变化，近几年澳大利亚葡萄种植面积下滑速度缓慢，2020 年为 14.6 万 hm²；南非葡萄种植面积自 2012 年以来一直呈缓慢下降的趋势，2020 年为 12.2 万 hm²（明星，2018）。

由此可知，全世界葡萄种植因其地域和需求不同，使得不同洲、不同国家种植面积存在较大差异。以 2016 年的数据统计为例，葡萄种植面积前 10 位的国家为：西班牙（97.5 万 hm²）、法国（78.5 万 hm²）、中国（77.0 万 hm²）、意大利（69.0 万 hm²）、土耳其（48.0 万 hm²）、美国（44.3 万 hm²），占全球总种植面积的 59.5%。其中，西班牙、法国、意大利和美国以酿酒葡萄为主，中国以鲜食葡萄为主（管乐等，2019）。经过近几十年的发展，中国的葡萄种植面积稳居世界前三，葡萄产业得到了长足的发展。

三、世界主要葡萄品种概述

近年来世界葡萄种植面积基本保持稳定，葡萄的产量基本可以满足市场，根据 2016 年的数据可知，全世界种植面积达 794 万 hm²，总产量 9 228 万 t，而葡萄的品种是保持葡萄产业可持续发展的基础（满保德，2017）。目前，世界范围内发现的葡萄属植物为 40～60 种，多年来，通过遗传多样性的有性繁殖和杂交育种导致葡萄品种显著增加。在已知的葡萄品种中，有 13 个品种占世界葡萄种植面积的 1/3 以上，33 个品种占栽培面积的 50%（管乐等，2019）。世界最重要的品种包括欧亚种（*V. vinifera*）、美洲种（*V. labrusca*）、河岸葡萄（*V. riparia*）和沙地葡萄（*V. rupestris*）等在内的 10 多个种应用于生产果实或砧木，酿酒品种 10 个，鲜食品种 2 个，1 种为鲜食兼制干品种。根据 2018 年国际葡萄与葡萄酒组织发布的《世界葡萄品种分布报告》中统计的包括酿酒、鲜食和制干等用途的品种生产利用情况，涵盖了 75% 的世界栽培面积，分布在 44 个国家（王攀科，2015）。

1. 鲜食葡萄品种概述

葡萄作为常见水果，鲜食是最直接的方式，其中'巨峰'和'红地球'是栽培面积最大的鲜食品种。第一大品种'巨峰'是由日本人育出的四倍体品种，粒大、高糖、多汁、口感美味，深受各国消费者喜欢，在中国的种植面积约占 90%，在日本和韩国也很受欢迎（管乐等，2019）。另一重要品种'红地球'是世界第二大鲜食葡萄品种，有较大的果粒和果穗，具有丰产、耐储运等特点。该品种晚熟，口感较佳，主要种植地在中国，种植面积为 14.6 万 hm²，占世界总面积的 89%，现在美国、西班牙、葡萄牙、意大利、土耳其、智利、阿根廷和南非也有种植（雷世梅等，2014）。

'汤普森无核（苏丹娜）'作为制干兼鲜食品种，特别适合生产葡萄干，是世界第一大无核品种，起源于阿富汗。截至目前，苏丹娜是种植面积最大也是分布最广泛的制干兼鲜食品种，主要种植在中东（土耳其、伊朗、伊拉克、阿富汗、巴基斯坦）和中亚（乌兹别克斯坦、土库曼斯坦、塔吉克斯坦）。土耳其是种植面积最大的国家，约占 10 万 hm^2，其次为美国和伊朗，分别占 6.04 万 hm^2 和 5 万 hm^2（OIV，2018）。苏丹娜生长势强，适合棚架栽培，在中国大量引进种植，主要集中分布在新疆的吐鲁番、鄯善、喀什等地（管乐等，2019）；宁夏也有少量栽培，种植面积约 4 万 hm^2。

《2017 年世界鲜食葡萄报告》发布，报告显示，中国是世界最大的鲜食葡萄生产国和消费国，2017 年鲜食葡萄产量预计增长 40 万 t，达到 1 120 万 t，国内消费量将达到 1 125 万 t。印度是世界第二大鲜食葡萄生产和消费国，葡萄种植面积超过 14 万 hm^2；栽培品种超过 20 个，其中'汤普森无核'占总种植面积的 55%；国内市场占总产量的 90%，2017 年消费量预计增长 6%，达 248 万 t。

土耳其鲜食葡萄产量位居世界第三位，葡萄总产量的 20% 主要用于鲜食消费，剩余的 80% 用于制干和酿造（张琳，2019）。土耳其的葡萄种植遍布全国各地，在西部的爱琴海地区主要以无核葡萄为主，无核品种受海外市场欢迎，占总出口量的 85% ~ 95%。西北部的马尔马拉地区则以生产酿酒和鲜食葡萄为主，俄罗斯、保加利亚和乌克兰是土耳其鲜食葡萄主要出口国。

而欧洲各国主要以酿造葡萄为主，鲜食葡萄为辅，欧盟鲜食葡萄生产主要在意大利、希腊和西班牙，三国约占欧盟鲜食葡萄总产量的 93%。意大利鲜食葡萄主要分布在普利亚区和西西里岛，分别占总产量的 70% 和 25%；以'意大利''维多利亚''红地球'三大品种为主，约占鲜食葡萄种植总面积的 68%（李旋，2018）。希腊鲜食葡萄种植面积约 1.7 万 hm^2；主要以'苏丹娜'和'维多利亚'两个品种为主。西班牙鲜食葡萄种植面积约 1.4 万 hm^2，主要产区为穆尔西亚地区，占总产量的 90%；主要鲜食葡萄品种为'阿莱多''理想''麝香葡萄''多明戈'和'拿破仑'（亓桂梅等，2018）。

2. 酿酒葡萄品种概述

Anderson 等通过对世界 44 个国家 521 个葡萄酒产区的葡萄品种进行统计，栽培面积居于前列的酿酒葡萄品种分别为'赤霞珠'（6.3%）、'美乐'（5.8%）、'艾伦'（5.5%）、'泰姆普罗'（5.1%）、'霞多丽'（4.3%）、'西拉'（4.0%）、'歌海娜'（4.0%）与'长相思'（2.4%），与 OIV 的统计结果一致（管乐，2019）。

'赤霞珠'是第一大酿酒葡萄品种，占世界葡萄种植总面积的 4.3%。该品种酿制的葡萄酒由于具有典型的紫罗兰和甜椒香味、良好的结构和较高的单宁含量而受到全世界的欢迎和认可，是名副其实的国际品种，几乎分布在所有葡萄酒生产国（易丹，2012）。'美乐'是来自法国波尔多的黑色品种，目前分布在 37 个国家（表 1-3），2015 年种植面积占世界总面积的 3%。'西拉'是来自法国罗纳河谷的黑色品种，分布在 31 个国家。'黑比诺'是一个古老的黑色酿酒品种。'霞多丽'和'长相思'是世界及中国最有名的白色酿酒品种，'霞多丽'来自勃艮第，分布在全世界 41 个国家，其中法国和美国种植面积最大，其次是澳大利亚和意大利；'长相思'为法国的白色品种，在卢瓦尔河谷和波尔多地区已具有几个世纪的栽培历史，目前在世界上所有葡萄酒生产国都有种植，在新西兰'长相思'也成为标志性品种，成为新西兰地区种植最多的葡萄品种。'泰姆普罗''歌海娜'和'艾伦'源于西班牙，'泰姆普罗'是西班牙地区的黑色品种，有 87.9% 种植在西班牙，7.8% 种植在葡萄牙地区，其他国家种植面积较少；'歌海娜'也是西班牙古老的黑色酿酒品种，主要种植在法国和西班牙，两国的种植面积占世界总面积的 87.7%；'艾伦'是一个源于西班牙的白色酿酒品种，在西班牙种植最多，占西班牙总面积的 22%（管乐，2019）。

表 1–3　2015 年世界葡萄主栽品种、面积和分布（超过 10 万 hm² 的品种）（数据来源于 OIV）

品种	颜色	用途	总面积（hm²）	主产国及面积（hm²）
美乐	黑色	酿酒	26.6 万	法国 11.2 万、意大利 2.4 万、美国 2.1 万、南非 1.2 万、智利 1.2 万、罗马尼亚 1.2 万
泰姆普罗	黑色	酿酒	23.1 万	西班牙 20.3 万、葡萄牙 1.8 万
艾伦	白色	酿酒 / 白兰地	21.8 万	西班牙 21.7 万
霞多丽	白色	酿酒	21.0 万	法国 5.1 万、美国 4.3 万、澳大利亚 2.1 万、意大利 2.0 万
西拉	黑色	酿酒	19.0 万	法国 6.4 万、澳大利亚 4.0 万、西班牙 2.0 万、阿根廷 1.3 万
歌海娜	黑色	酿酒	16.3 万	法国 8.1 万、西班牙 6.2 万
红地球	红色	鲜食	15.9 万	中国 14.6 万、智利 1.1 万
长相思	白色	酿酒	12.3 万	法国 3.0 万、新西兰 2.1 万、智利 1.5 万
黑比诺	黑色	酿酒	11.2 万	法国 3.2 万、美国 2.5 万、德国 1.2 万

四、全球葡萄酒产量概述

1. 全球葡萄酒产量

据 OIV 统计数据显示，从 2000—2020 年的葡萄酒产量波动较大，2000—2002 年葡萄酒产量持续下滑（丛众华，2018），从年产量 277 亿升（mHL）减少到 255mHL；2002—2004 年持续上升，2004 年葡萄酒产量达 295mHL，为 20 年来最高产量，随后 2004—2012 年持续下滑；2013 年短暂回弹后产量持续下降，到 2017 年产量达到 20 年来最低产量，即 248mHL。这也是自 20 世纪 60 年代初期以来葡萄酒产量最低的一年，反弹后 2018 年葡萄酒的产量达到了 294mHL（崔文娟，2019）。在 2018 年异常高的产量之后，对 2020 年的初步估计显示，产量将连续两年低于平均水平，2020 年全球葡萄酒产量（不含果汁与葡萄醪）预估在 253.9 ～ 262.2mHL，中间值为 258mHL（图 1–2）。

根据数据来看，鉴于当前气候变化和新冠肺炎疫情等因素对全球葡萄酒市场造成了高度波动和不确定性，但北半球 2020 年的采收并未受到因疫情封锁措施而带来的强烈影响。2020 年，欧盟国家葡萄酒产量为 159mHL，占全球总产量的 62%，南半球的产量为 49mHL，为过去 15 年的最低水平，仍占全球葡萄酒产量的 19%。根据 OIV 2020 年数据统计显示世界各国前 5 位的葡萄酒生产国为意大利占比 19%，法国占比 18%，西班牙占比 16%，美国占比 9%，阿根廷占比 4%。

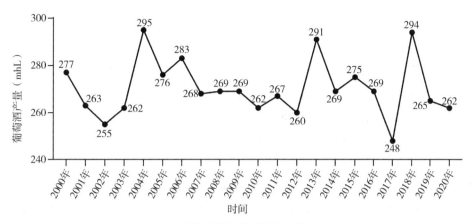

图 1-2　全球葡萄酒产量（数据来源于 OIV）

2. 全球葡萄酒销量

据 OIV 的调查，目前全球葡萄酒消费量已经逐渐稳定，2020 年的数据表明，全世界葡萄酒的消费主要以美国为主，占全世界葡萄酒消费量的 14%，法国居第二，占比 11%，意大利占比 10%，德国占比 8%，英国占比 6%。自 21 世纪初起，中国葡萄酒的消费量一直在快速增长，截至 2020 年，中国的葡萄酒消费量已跻身于亚洲第一、进入世界第五大葡萄酒消费国的行列。

第三节　中国葡萄产业发展现状概述

中国关于葡萄的文字记载最早见于《诗经》《诗·周南·蓼木》《诗·王风·葛藟》和《诗·幽风·七月》等，诗句中所记载的葛藟、蘡薁等均是在中国分布广泛的野葡萄（孙政，2014）。《汉书》记载，公元前 138 至公元前 119 年汉武帝建元年间，张骞出使西域将欧亚种葡萄由大宛（中亚的塔什干）地区引入中国进行葡萄栽培和葡萄酒生产（王华，2016）。但中国一直以白酒为主，葡萄产业和葡萄酒的崛起与世界下滑的趋势相反。近 30 年来，中国葡萄和葡萄酒产业经历了变革得以高速发展，18 世纪之后，随着国门被打开，外国传教士将欧洲早期的酿酒葡萄品种大量引入中国。1892 年，张裕酿酒公司成立，将诸多欧洲优良酿酒葡萄品种引入中国；20 世纪 50 年代，中国又从东欧、苏联引入部分酿酒葡萄品种（刘世松，2020）。如今中国是亚洲葡萄酒大国，即原料之最、产量之最、消费之最。

一、中国葡萄产业发展趋势

葡萄在中国高速发展的主要原因在于中国气候环境条件多样，适宜葡萄生长的地区较为广泛，根据国内学者对中国葡萄酒产区气候指标及品种特性等的研究结果，将中国葡萄酒产区划分为东北产区、昌黎产区、京津产区、怀涿盆地产区、胶东半岛产区、黄河故道产区、新疆产区、贺兰山东麓产区、河西走廊产区、西南产区10个产区（刘世松，2020），由东向西梯次布局。从中国葡萄分布和发展趋势来看，随着葡萄品种的优化和改良，长江以南地区增加势头强劲，2017年南方13省市（广东、海南除外）葡萄栽培总面积约占全国总面积的40%，产量占全国总产量的36%（田淑芬等，2019）。

中国地广物博，多样化的气候条件为各种葡萄的生长提供了良好的生长环境，同时也带动了葡萄酒产业的发展。张裕公司成立之后，北京、山东青岛、山西清徐、吉林长白山和通化等地区也相继建立葡萄酒厂。20世纪70年代后期至80年代前期，一些地方政府和公社也开始兴建葡萄酒厂，新疆吐鲁番、宁夏玉泉和云南开远等一批葡萄酒厂陆续建成投产。全国范围内优质酿酒葡萄种植基地与葡萄酒生产基地发展布局也基本形成（肖波，2017）。

中国自2012年以来已成为世界鲜食葡萄第一大生产国，主要得益于南方种植面积的快速增加。据国家统计局数据，新疆是中国最大的葡萄生产地区，2015年种植面积为15万hm^2，其次是河北（8.6万hm^2）、陕西（4.9万hm^2）、山东（4.3万hm^2），而江苏、云南、浙江、河南、四川、湖南、贵州等非传统种植区的面积均超过2万hm^2（党转转，2016）。通过对葡萄种植重点区域的迁移距离进行分析发现，中国葡萄酒产业的发展大致可以分为3个阶段，2000—2007年，重点在山东和河北省之间，其他省份的葡萄酒发展并不突出（褚晓泉，2019）；2007—2013年，重心向东北方向的移动极为显著，各省的葡萄酒数据显示，这一时期东北地区的葡萄酒产量大幅提高；2013—2017年，中国葡萄酒重心开始向西北方向大幅度迁移，发展最为明显的是陕西、新疆地区，其中2015年重心向西北地区偏移最为明显，例如宁夏贺兰山麓酿酒葡萄产区（褚晓泉，2019）。

二、中国葡萄产业发展现状

中国在世界葡萄产业的重要性日渐显现，统计结果如表1-4所示，中国的葡萄种植面积自2000年以来增长了177%，2015年中国的葡萄种植面积达到83万hm^2，占全球种植面积的10.8%（冯玲霞等，2018）。根据OIV报道，2015—2017年，中国葡萄总产量连续3年排名世界第一。2016年种植面积相对减少，2016—2020年的葡萄种植面积呈现出相对稳定的趋势。

表1-4 2013年以来中国的葡萄种植面积（单位：万hm^2）（数据来源于OIV）

年份	2013年	2014年	2015年	2016年	2017年	2018年	2019年	2020年
中国	75.7	79.6	83.0	77.0	76.0	77.9	78.1	78.5

2015年，中国葡萄产量为1 262.8万t，但80%以上是用于鲜食，仅有10.3%用于酿酒，相对其他国家而言，中国的酿酒葡萄产量也远高于其他国家。根据表1-5中的2013—2020年中国葡萄酒生产情况可知，2013年中国葡萄酒产量高达11.8mhL，2013—2020年葡萄酒产量逐渐下降，受经济和消费群体的影响，2020年中国葡萄酒产量与2013

年相比，相对减少一半。

表1–5　2013年以来中国葡萄酒生产情况（单位：mhL）（刘世松，2020）

年份	2013年	2014年	2015年	2016年	2017年	2018年	2019年	2020年
中国	11.8	11.6	11.5	11.4	11.4	9.3	7.8	6.6

但中国的葡萄酒消费量逐渐增加，根据国家统计局数据显示，从2002—2012年中国人均葡萄酒消费量逐年增加（图1–3），保持每5年翻一番的增长速度，从2002年的0.25L到2012年增加至1.31L，2010—2016年的人均消费量超过1L，目前维持在每年1.2～1.3L/人的消费水平（刘世松，2020）。

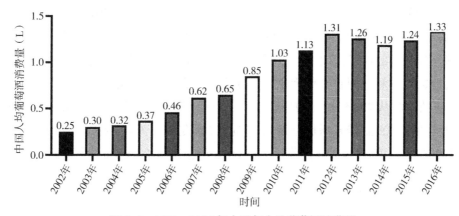

图1–3　2002—2016年中国年人均葡萄酒消费量

根据葡萄的种植规模、葡萄产量以及葡萄酒产量、葡萄酒消费量可知，近年来，中国葡萄产业发展趋势平缓而稳定，种植规模保持稳定，但葡萄产量逐年增加。中国的葡萄主要以鲜食为主，葡萄酒的产量呈现出降低趋势，但是年人均葡萄酒的消费呈现出上升趋势，由此判断，目前中国葡萄酒市场进口的趋势较为明显，中国本土葡萄酒市场具有较大的发展空间（陈慧，2013）。

三、中国不同葡萄品种的分布

葡萄产业的发展离不开品种的选择和培育，根据OIV在2017年的数据显示，全球有52%的葡萄用于酿酒，48%的葡萄用于鲜食和制干。但中国的葡萄以鲜食为主，鲜食的葡萄种植占比为83%，是酿酒葡萄的7.5倍。葡萄是中国消费者最喜爱的水果之一，例如华南地区消费者喜欢'巨峰'等多汁品种，而北方消费者更喜欢'红地球'等果肉坚实的品种。过去的几年中，消费者对高品质无核品种的需求不断增加，'皇家秋天''汤普森无核'和'克瑞森无核'品种得到快速发展（李旋，2018）。

其中，种植面积最大的鲜食葡萄品种为'巨峰'，以36.5万hm^{2}占到全国葡萄种植总面积的44%。目前，中国鲜食葡萄主栽品种中仅'巨峰'（44%）和'红地球'（17.6%）两个品种栽培面积占比就高达61.6%，市场主要供给品种仍是'巨峰''红地球''玫瑰香'等（田淑芬等，2019）。近年来，随着消费者对多元化品种需求，'夏黑''阳光玫瑰''巨玫瑰''金手指''克瑞森无核'等新品种大面积发展，尤其是近两年'阳光玫瑰'成为热门品种。

在中国种植面积最大的酿酒葡萄品种为'赤霞珠'，以6万 hm^2 占到全国葡萄种植总面积的7.2%，且全国60%的酿酒葡萄主要分布在河北、山东、宁夏、甘肃和新疆地区（范宗民等，2020）。

四、中国葡萄产业的市场前景

据 Indexbox 发布的《2019 全球葡萄市场报告》，中国葡萄产业市值已经达到213亿美元，占全球的15.7%。中国是世界最大的葡萄消费国，2007—2018年，中国葡萄消费以7.1%的年均增速显著增长，在2018年突破1 400万 t，占全球消费量的19%（李默，2015）。据法国新闻社报道，根据中国国际葡萄酒及烈酒展览会2016—2021年的五年研究，亚太地区市场和中国香港作为主要交易中心的角色，将会因区域经济的增长而更加凸显，市场价值将从290亿美元增长至408亿美元。该研究还显示，全球葡萄酒市场价值将从2016年的1 806亿美元增长至2021年的2 245亿美元（刘世松，2020）。中国葡萄酒市场价值将在2021年达到230亿美元，与2016年相比增长55.3%，中国葡萄酒产业发展迅猛。

第二章

宁夏贺兰山东麓酿酒葡萄产业发展与研究现状概述

宁夏占据独特的地理优势，日照充足，温差较大，适合葡萄的种植和生长。宁夏的葡萄种植产业自古存在，有近 1 000 年的历史（武玉和，2020）。历史悠久、原产地资源优势明显。贺兰山东麓作为世界种植葡萄最佳地带之一，地处宁夏回族自治区黄河冲积平原和贺兰山冲积扇之间，积温适宜，光热充足，干旱少雨，昼夜温差大，与著名的法国波尔多葡萄产区处于同一纬度带（张旭东，2017），近年来受到行业内外的广泛关注。

一、宁夏葡萄产地发展进程

公元前 138 年，西汉特使张骞出使西域引进葡萄品种和酿造技术，经过新疆、甘肃河西走廊至宁夏，宁夏成为中国最早种植葡萄并酿造葡萄酒的地区之一。"贺兰山下果园成，塞北江南旧有名"，唐代韦蟾的诗句描绘出唐朝贺兰山东麓葡萄的丰收景象。地处 38°N 的酿酒葡萄生产"黄金地带"和海拔 1 100m 左右的种植酿酒葡萄"黄金海拔"，依山傍水，日照充足，独特的自然禀赋和特有的风土条件，使宁夏葡萄酒色泽鲜明、甘润平衡、酒体饱满，因此酿造出中国最好的葡萄酒（武玉和，2020）。1984 年宁夏农垦成立了宁夏第一家葡萄酒厂，形成了具有一定规模的玉泉营农场等。进入 20 世纪 90 年代以后，相关部门加大了对宁夏特别是贺兰山地区葡萄种植产业的倾斜力度（曹柠等，2018）。

2003 年 4 月，经国家质监局批准，贺兰山东麓葡萄酒实施国家原产地域产品保护，这是中国实施原产地域产品保护以来，全国继昌黎葡萄酒、烟台葡萄酒之后第三个获此殊荣的地区。截至 2019 年，宁夏以贺兰山地区为主的葡萄种植基地种植面积已经达到 4.3 万 hm²，占全国葡萄种植面积的近 5.3%。其中酿酒葡萄 3.8 万 hm²，初步形成了以镇北堡为核心的银川产区，以甘城子为核心的青铜峡产区，以中圈塘为核心的红寺堡产区，以玉泉营、黄羊滩为核心的永宁产区，以金山为核心的贺兰产区（武玉和，2020）。

宁夏已成为全国最大的集中连片酿酒葡萄产区，目前，种植面积达 55 万亩（1 亩 ≈ 667m²），占全国 1/4，酒庄 211 家，年产 1.3 亿瓶，先后有 60 多家酒庄的葡萄酒，在国际葡萄酒大赛中获得上千个顶级大奖（武玉和，2020）。入选全球必去的 46 个最佳旅游区，获评"世界十大最具潜力葡萄酒旅游产区"，40% 以上的酒庄成为旅游基地，贺兰山东麓诱人的葡萄酒味道，吸引了越来越多的人驻足这里。张裕、长城、轩尼诗等一批国内国际酒庄企业投资建厂，培育了贺兰晴雪、银色高地、立兰、留世、西鸽、贺金樽及志辉源石等一批本地酒庄。先后有110多家酒庄的葡萄酒在国内外各类品鉴评比中获得500多项奖项，年综合产值达到了260亿元，解决10万人就业，成为宁夏工农业的第一产业（张存智等，2019）。围绕贺兰山东麓打造的葡萄酒产业，已成为宁夏增长最快的特色支柱产业，每年为生态移民提供12万个就业岗位，工资性收入近9亿元，占当地农民人均收入的28%，已成为脱贫攻坚的主导产业（武玉和，2020）。

截至2020年底，银川市葡萄酒产业综合产值达到206亿元，占全区葡萄酒产业综合产值的71%；全市酿酒葡萄种植基地达到23.6万亩（含农垦），占全区种植基地的48%；建成投产酒庄（企业）58个，占全区建成投产酒庄（企业）的63%；年酿酒葡萄产量约7万t，先后有40多家酒庄的葡萄酒在国内外各类品鉴评比中获得700多个奖项，其中，2020年银川市在各类葡萄酒赛事活动中共荣获168枚奖牌，占全区54%（闫茜，2021）。

2021年7月10日，宁夏国家葡萄及葡萄酒产业开放发展综合试验区挂牌成立，这是国务院批准在宁夏设立全国第二个、西部第一个国家级农业类开放试验区，立足葡萄生长的"黄金带"自然条件优势，坚持产业发展与生态治理紧密结合、国际标准与宁夏特色统筹兼顾、"引进来"与"走出去"双向驱动。通过引进新技术、开创新模式、打造新业态、搭建新平台、创设新政策，把贺兰山东麓酿酒葡萄种植繁育基地与西边沿山的西夏王陵、镇北堡西部影视城、贺兰山岩画和沙湖景区，以及南线沿水的回乡文化园、水洞沟等景区之间穿插特色酒庄连成几条经典旅游路线（2021年印发《宁夏国家葡萄及葡萄酒产业开放发展综合试验区建设总体方案》）。以葡萄和葡萄酒为主线，与旅游资源相结合，打造贺兰山东麓葡萄文化长廊，在黄河岸边建设一条别具风格的酒庄和葡萄园旅游黄金带，把宁夏建成引领中国葡萄酒产业对外开放和融合发展、农业特色产业深度开放发展的高地（曹柠等，2018）。

二、宁夏葡萄产地优势和质量优势评价

目前，宁夏各大葡萄酒酿造厂及葡萄庄园酿酒设备、酿造工艺和技术与国外相差无几，贺兰山东麓独特的生态条件对浆果糖分、色素及酚类物质的积累十分有利，为生产优质葡萄酒提供了良好的基础条件。葡萄营养价值丰富，葡萄浆果是从卵巢壁的各种组织发育而来，鲜嫩多汁，味道鲜美，其中所含糖类、矿物质、维生素、果酸等物质均为人体必需。葡萄的副产物葡萄酒通过酿造后风味独特、营养丰富、容易被人体消化吸收，受到消费者广泛的喜爱。

葡萄酒质量差距主要表现在酿酒葡萄的质量上，随着葡萄酒酿造技术的日趋成熟，当地气候、土壤、温度、栽培技术、树龄、产量、霜冻及风蚀等各种因素也制约了葡萄产量和品质的提高（李伟，2010）。其中糖分是评价葡萄品质最重要的因子，它决定葡萄酒的酒度，是色素及风味物质的基质。此外，芳香物质的形成也与含糖量有关，葡萄酒中特殊的风味物质是特殊土壤条件和气候环境赋予的（孙盼，2011），宁夏因其独特的光照和昼

夜温差，赋予了葡萄较高的糖分和风味物质的形成。

三、宁夏葡萄产地气候优势评价

酿酒葡萄适宜生长在南半球与北半球的温带地区，介于30°～43°S和30°～52°N，这两个纬度带被称之为酿酒葡萄"黄金生长带"。宁夏贺兰山东麓位于酿酒葡萄的黄金生长带，贺兰山东麓为山前冲积扇三级阶梯，成土母岩以洪积冲积物为主，地形起伏较小（张静，2005）。土壤为淡灰钙土，土质粗且含有大量砾石。土壤基本理化性质如下：pH值7.68～8.59，土壤偏碱性；有机质为12.73g/kg、碱解氮为10.35mg/kg、速效磷为63.09mg/kg，土壤肥力水平偏低。是典型中温带干旱气候，昼夜温差大，温差在10～15℃。年均降水量较低，保持在200mm左右。日照时间3 032h，全年平均气温9.5℃，每年4—10月≥10℃的有效积温在3 300℃以上，由于该区域日照时间长，昼夜温差相对较大（10～15℃），葡萄的糖分得以充分积累，同时葡萄的酚类物质含量也比较高，被誉为"葡萄种植最佳生态地区"（李秋燕等，2009）。

但是贺兰山不同产区气候条件存在差异，研究者利用1981—2010年宁夏7个国家气象站的资料为依据，对比分析2019年贺兰山东麓产区酿酒葡萄生育期的主要气象条件差异。结果证明，贺兰山东麓产区无霜期153～208d，全生育期积温（≥10℃）3 647.9～3 931.7℃·d，降水量123.9～248.2mm，日照时数1 396.8～1 578.5h，气温日较差12.8～15.5℃（胡宏远等，2021）。

与近30年的平均值相比，在无霜期方面，石嘴山产区偏短35d，其余产区偏长4～25d；在≥10℃积温方面，石嘴山产区偏少75～82℃·d，其余产区偏多38.99～326.01℃·d；在降水量方面，永宁、青铜峡、红寺堡产区分别偏多5.66mm、24.96mm、20.08mm，石嘴山、贺兰、惠农、银川产区分别偏少1.92mm、24.11mm、29.70mm、32.37mm；各产区日照时数偏少26.9～285.9h（胡宏远等，2021）。在宁夏贺兰山东麓地区，酿酒葡萄一般是从南到北、从东到西成熟越来越早，西面靠近贺兰山，昼夜温差较大，成熟较早且品质相对较好。葡萄耐瘠薄，适宜在透气性好的土壤环境中生长。

四、宁夏贺兰山东麓土壤理化性质探究

土壤结构和性质对酿酒葡萄的生长起着至关重要的作用，有学者对宁夏贺兰山东麓产区7个典型区域的两个葡萄品种'赤霞珠'和'美乐'的土壤的理化性质、物候期、果实的外观品质和内在品质的变化规律进行了研究，外观品质主要包括转色后果实成熟进程、果实大小、重量、色泽等指标，内在品质主要包括葡萄果实可溶性固形物、可滴定酸、还原糖、糖酸比等（史星雲等，2019）。

丁琦等（2020）已经证实，影响酿酒葡萄采收期的主要因子有糖酸比和固酸比。在葡萄果实生长过程中，果实的可溶性固形物、还原糖、糖酸比呈先快速上升，再缓慢上升，

再到趋于稳定的"S"形变化趋势。可滴定酸呈先快速下降，再缓慢下降，再到趋于稳定的"S"形变化趋势（姜琳琳等，2020）。

糖酸比可以评价果实中糖度与酸度之间比例是否适宜，在葡萄酒酿造的过程中，糖高酸低，即糖酸比数值高的浆果更能酿造出酒精度数高、柔和而不扎口的葡萄酒，所以浆果的糖酸比越高，所酿葡萄酒的品质就越好（丁琦等，2020）。固酸比常用于评价果实的成熟程度以及风味，固酸比越高，则果实风味越佳（杨馥霞等，2016）。在葡萄酒的酿造过程中，其风味物质决定了酒体特殊的香气和独特的口感，是体现产区特色和酒庄特色的重要指标，所以浆果的固酸比越高，越能酿造出具有特色的葡萄酒（丁琦等，2020）。

贺兰山东麓产区不同地域的葡萄质量结果证实，不同地域因为土壤条件、小气候环境的差异导致其葡萄的物候期、品质和成熟进程都有明显差异。通过葡萄的品质来看，粗骨灰钙土的葡萄品质最好，浅灰钙土次之，主要原因在于灰钙土土壤吸热快，比热大，白天蒸腾作用增强，所以空气湿度和温度高，而且空气的通透性和热交换相对较为明显，对葡萄的生长及品质提高非常有利；而风沙土的葡萄品质低于浅灰钙土，风沙土大部分成分是大块岩石分化的小颗粒，透气性好，有利于葡萄根系的呼吸，虽然具有吸热快、比热大的效果，但是效果次于灰钙土且保水能力较差，葡萄品质不如灰钙土中的葡萄（许泽华等，2020）。灌淤土由于其黏重的特点，所以保水能力较强，空气湿度较大，土壤养分含量较丰富，有利于葡萄的生长，但灌淤土透气性差，不利于葡萄根系的呼吸，阻碍了离子交换和营养吸收，葡萄的品质远不如风沙土和灰钙土，不利于葡萄品质的提高（张军翔等，2001）。

土壤结构组成也是影响葡萄物候期的主要因素，在不同类型土壤中葡萄成熟时间也存在差异，在风沙土中葡萄成熟最早，其次是粗骨灰钙土、淡灰钙土，在灌淤土成熟最晚。综合葡萄品质和成熟期判断，酿酒葡萄的生长更适合在灰钙土和风沙土中生长，而不适合灌淤土（王锐等，2016）。

五、宁夏贺兰山东麓土壤重金属情况

贺兰山地区土壤较贫瘠，为保证葡萄产量，在生产中需要施用大量的化肥以及农药。相关研究证实大量施用化肥和农药会导致重金属积累，例如磷肥中含有较多的 Cd（镉）、Zn（锌）和 Pb（铅），伴随着化肥的施用，氮肥 Pb 浓度较高，这些重金属被带入土壤并逐渐积累（周涛，2006）。而杀虫剂、杀菌剂中通常含有 Cu（铜）和 Hg（汞），畜禽粪便等有机肥中含有 Cu、Cd、Cr（铬）、Ni（镍）等元素，这些肥料、农药长期施用均会造成土壤重金属积累现象的产生，造成土壤污染（周雯婧等，2013）。随着现在经济发展，土壤环境问题日益受到世界各国学者的关注，尤其是土壤重金属污染已成为世界性问题。重金属可以通过多种途径进入土壤并累积，致使其浓度超过土壤容量，造成土壤严重污染（方勇等，2015）。其中，农田土壤中的重金属主要来自人为排放，包括化肥和农药的过度使用、污水和废水的灌溉、大气沉降等。重金属在土壤中积累、被作物吸收并在作物体内

和果实中残留，不仅影响作物的生长发育和果品品质，而且可以通过食物链进入人体，威胁人类健康（肖振林，2010）。因此监测和评价土壤重金属污染显得尤其重要，葡萄产业是宁夏农业十大区域性优势特色产业之一，葡萄品质对发展本地葡萄酒产业至关重要，而葡萄品质易受土壤质量尤其是重金属浓度的影响。

因此，田欣等（2021）为了保障贺兰山东麓葡萄的安全生产，对葡萄产地土壤重金属污染状况进行了深入研究。以银川市西夏区典型葡萄园为研究区域，采集表层土壤样品，调查土壤中重金属 Cd、Cr、Cu、Ni、Pb、Zn 的空间分布特征，运用统计方法与地统计学相结合的方法，以贺兰山东麓灰钙土土壤的重金属含量为背景值，对土壤重金属空间分布及来源进行分析，并利用单因子污染指数（Pi）、内梅罗综合污染指数（P）综合评价土壤重金属污染状况。结果证实，葡萄产地表层土壤中除了 Cd 之外，Cr、Cu、Ni、Pb、Zn 浓度基本保持在当地土壤背景水平范围内，在不同区域的空间分布上存在差异，除 Cu外，其他重金属元素都显示出一定的积累现象，Cd、Cr、Ni、Pb、Zn 均在北部芦花台园林场区域呈现较高浓度，其中尤以重金属 Cd 表现最为明显。Ni、Pb 和 Cd 具有相同的来源，可能主要与农药、化肥的施用有关（田欣等，2021）。

内梅罗综合污染指数显示葡萄园土壤 25.4% 的样点土壤重金属未受污染，53.7% 的样点呈现轻度污染，7.5% 的样点呈现中度污染，13.4% 的样点受到重度污染。但试验中的所有元素浓度均未超过《食用农产品产地环境质量评价标准》（HJ/T 332—2006）中土壤环境质量评价指标限值，总体上属于清洁水平（田欣等，2021）。分析主要原因，一是与宁夏贺兰山东麓土壤发育的母质类型有关，宁夏贺兰山东麓灰钙土的成土母质主要是石灰岩和砂岩风化后的洪积物，因而由该类母质发育形成土壤的元素浓度本底值较低（田欣等，2021）；二是该区域在种植葡萄前多为荒地，受人为扰动程度较小，后虽开垦为葡萄种植园，但相较其他农产品产地其种植年限短，土壤中重金属还未积累超过食用农产品产地土壤环境标准的限值（孙权等，2008）。

也正是因为该区域土壤较贫瘠，为保证葡萄产量，在生产中需要施用大量的化肥，大量的化肥和农药长期施用均会造成土壤重金属积累现象的产生。因此建议在生产过程中应合理使用化肥、农药，迫切需要发展有机种植，避免重金属的过度积累而产生污染，确保葡萄园土壤资源的可持续利用。

六、宁夏贺兰山东麓葡萄产量对葡萄酒品质的影响

宁夏酿酒葡萄产业经过 20 余年的不懈努力，贺兰山东麓已成为全国著名的优质酿酒葡萄产区（李伟等，2010）。闫妮妮等发现产业在发展前期大力推广高密度高产量栽培，导致葡萄树体负载量过大，当葡萄新梢上果实的负载量过大时，养分消耗增加，果实生长发育不充分，含糖量降低，酸度升高，pH 值降低，果皮中花色苷的含量降低，酚类、单宁等风味物质减少，果实品质下降，使得宁夏酿酒葡萄的产量和品质受到较大影响（刘品何，2014）。基于此，冯学梅（2020）在宁夏贺兰山东麓产区以'赤霞珠'和'蛇龙珠'

为试材，通过调节树体本身的营养生长与新芽形成的生殖生长之间的平衡，结果发现通过降低负载量能够缩短'赤霞珠'和'蛇龙珠'的成熟期。两种试验葡萄中的还原糖含量升高，总酸含量下降，糖酸比均升高，而且葡萄的成熟度和浆果的着色度增加。通过试验证明贺兰山东麓'赤霞珠'酿酒葡萄最适宜的产量为 700 ～ 850kg/ 亩。在此范围内葡萄品质最好，所酿葡萄酒品质也最好（冯学梅等，2020）。说明在一定范围内控制产量可以显著提高葡萄酒的干浸出物、酒精度、单宁、酚类物质和色素物质含量，提高葡萄酒的品质，为酿酒葡萄的品质提供了参考和借鉴（段亮亮等，2016）。

七、水分对葡萄生长的重要性

1. 葡萄生长对水分的消耗论述

水分是万物生长必不可少的一部分，葡萄在生长过程中对水分要求极高，葡萄生长前期保证水分的充足有利于芽萌动、新梢生长和花分化，而且全年的降水量和降水季节分配对葡萄植株生长、产量及品质有较大影响（卫晋芳等，2017）。有研究表明，年降水量 600 ～ 800mm 且降水量分布均匀的地区最适合葡萄生长（邵则夏等，2004）。前人采用不同方法对葡萄的日耗水和生长季耗水的规律进行了大量研究，尤其是生长季耗水规律研究对指导葡萄栽培更有意义。葡萄在 6—8 月耗水量最高，为 344mm；3—5 月和 9—11 月耗水量虽然相近，但秋季高于春季，12 月至翌年 2 月的耗水量最少，为 32mm（邵则夏等，2004）。

段鹏伟（2018）对吐哈盆地滴灌葡萄的葡萄生长过程中的耗水规律研究发现，葡萄整个生长季耗水总量为 1 200mm，葡萄浆果生长期耗水最多（227mm），浆果成熟期次之（140mm），萌芽期耗水最少（45mm）。耗水高峰值出现在果实膨大期，耗水量占全生育期耗水量的 30% ～ 40%，为葡萄需水临界期，果实膨大期的水分亏缺对葡萄产量影响显著；其次是新梢生长期；萌芽期耗水量最少（郭永婷，2015）。葡萄日耗水规律与整个生长季的耗水规律相似，呈单峰型曲线变化趋势，由于中午温度高，作物蒸腾量大，日变化从 8:00 开始迅速升高，13:00—14:00 达到耗水峰值，之后迅速下降。而宁夏贺兰山地区全年年均降水量在 200mm 左右，无法在自然条件下保证葡萄的正常生长（郭永婷，2015）。

2. 滴灌技术在贺兰山的优势

贺兰山东麓产区降水量少、空气相对湿度低，但对于土层深厚、土壤肥沃保水能力强、具有一定灌溉能力的地区葡萄产量高、品质较好（郭永婷，2015）。贺兰山东麓葡萄种植区完全依赖黄河水和地下水灌溉，灌溉的量、不同灌溉方式成了贺兰山地区葡萄产业发展的壁垒。不同的水肥条件能够影响酿酒葡萄的品质，尤其体现在对可溶性固形物和可滴定酸等品质指标的影响（董婕等，2015）。

宁夏属于半干旱地区，葡萄种植过程中需先进行覆膜处理，能够有效防止土壤中水分的蒸发，使土壤中的水分维持在适宜酿酒葡萄生长的范围内，在一定程度上有效地缓解了因灌水不及时带来的植株缺水问题（郭永婷，2015）。

覆膜后的葡萄种植区通过膜下滴灌的方式进行灌溉，因为膜下滴灌比膜上滴灌和无膜滴灌的产量与水分利用效率高、蒸发较小、地温较高、光合作用较强。在平均降水量小于200mm的干旱条件下，应适当提高灌溉定额。随着灌溉定额的增加，葡萄根系吸收养分的能力增强，使葡萄吸收更多的养分和水分从而促进植株的新陈代谢，酿酒葡萄的新梢长度及茎粗随着灌溉定额的增加而增加，果实的纵径和横径均呈双"S"形曲线上升趋势，可有效促进酿酒葡萄的生长发育，提高产量和品质（陈建红，2018）。

为了探究贺兰山东麓确定不同滴灌方式对葡萄生长的最优条件，采用三因素三水平正交试验，探究不同滴灌方式、滴灌定额与施肥量对酿酒葡萄生长的优势（何振嘉等，2020）。利用极差分析和方差分析得出了三因素影响主次顺序、显著性、各因素影响趋势及最优组合。结果表明，3种因素对葡萄的生长均达到显著水平，且滴灌方式对产量影响最大，滴灌定额次之，施肥量对产量的影响低于滴灌定额的影响（何进宇，2017）。由此判断，葡萄生长需要膜下滴灌、滴灌定额和施肥量有效结合。综合滴灌方式、灌溉定额和施肥量3种因素对酿酒葡萄生长、光合作用和产量的影响，在降水量低于200nm的条件下，确定因素最优水平的组合方式在膜下滴灌、灌溉定额2 295m³/hm²、施肥量2 913.45kg/hm²时，可完全满足葡萄生长的日消耗和季节性消耗，葡萄的产量最高为10 507.59kg/hm²，与无膜滴灌、灌溉定额1 395m³/hm²、施肥量174.75kg/hm²的对照组相比，葡萄产量增产169.63%（杨凡等，2020）。为有效提高水肥利用系数、减少杂草为害和成本投入、改善土壤质量，应探索根灌、渗灌、微润灌等高效节水灌溉措施在贺兰山葡萄节水灌溉中的应用。

八、宁夏贺兰山东麓葡萄防寒策略论述

1. 宁夏贺兰山东麓葡萄耐寒措施简述

宁夏冬季寒冷、低温及冬、春季干旱多风。当气温小于-15℃、地温小于-6℃时达到葡萄的耐受极限，葡萄植株发生冻害严重，特别是土壤温度降到-8℃时，葡萄易冻坏、冻死，严重影响翌年的枝芽萌发，并影响葡萄的产量和品质（薛玉华等，2012）。而且葡萄不同部位的抗寒能力存在很大差异，其中枝蔓可抗-25～-20℃，其次是芽眼，可抗-23～-18℃，而根系抗寒效果最差，在-7～-5℃时就发生死亡（薛玉华等，2012）。因此，在中国北方寒冷地区，为了确保葡萄安全越冬，针对不同地区的气温及地温特征，必须对葡萄全株采取适宜的安全越冬防寒措施，尤其是葡萄根系的防寒措施，确保翌年葡萄的质量及产量的丰收（赵丽霞等，2011）。

最早的防寒措施主要以稻草、枝叶、稻秆、草帘、锯末等材料为主（表2-1）。将树叶、锯末等覆盖在葡萄枝上，上方压玉米、稻草秆或草帘，使葡萄枝蔓根系免受冻害，减少葡萄越冬期间捂芽和冻害发生，草帘覆盖的枝蔓和根系未受到冻害和机械损伤，保温和蓄水效果好（邓恩征，2016）；开春后萌芽整齐，与塑料膜相比保温保湿效果明显较好，结实率高，覆盖后的废弃材料可作为有机肥料使用，材料环保，经济投入低，植物生长良

好，可重复利用（邓恩征，2016）。但人工成本较高，因此部分地区直接挖沟将葡萄枝蔓放于沟里，覆土踩实进行埋土防冻，但是 30～50cm 的覆土厚度依然会有冻害发生（邓恩征等，2015），在特别寒冷地区需加大覆土厚度并结合覆盖材料才能达到最佳效果，如覆土＋聚氯乙烯膜的效果明显好于覆土＋聚乙烯膜、PVC 膜覆土及沟埋。

随着现代科技的发展，相对于传统的草帘覆盖和覆土，保温被、防寒被、玻璃棉等因其较好的保温性能，成为葡萄越冬防寒中最常使用的保温材料。其中防寒被保温效果较埋土效果显著，葡萄生长相对较好，但在比较寒冷且风沙较大地区作用不显著。玻璃棉导热系数较低，保温绝热，耐腐蚀，植株萌芽早，长势强；新梢数量和生长速度大于覆土越冬方式，防寒效果佳，葡萄产量高，且覆盖成本低于覆土，耐腐蚀，材料可重复利用（邓恩征，2016），但玻璃棉、防寒被、保温被都属于非环保材料。综合各因素考虑，在宁夏贺兰山地区建议充分利用当地优势，充分利用农作物废弃秸秆，如稻草、玉米等，结合现代的科学技术，将秸秆制成密实且厚薄均匀的草帘，并与聚丙乙烯薄膜结合再覆土防寒，减少非环保材料的使用。保证葡萄产量的同时也带动了当地废物利用的行业发展，为当地民众创收且确保了环境的可持续性。

表 2-1　不同葡萄防寒越冬技术的防寒效果及其优缺点对比

越冬材料	材料组成	越冬方式及原理	效果	优点	缺点	参考文献
稻草、枝叶、稻秆、草帘、锯末等材料	这些材料的导热系数低于干土的导热系数，保温效果好，且蓄水效果好	将树叶、锯末等覆盖在葡萄枝上，上方压玉米、稻草秆或草帘，使葡萄枝蔓根系免受冻害，可以减少葡萄越冬期间捂芽和冻害发生	草帘覆盖的枝蔓和根系未受到冻害，没有机械损伤，萌芽整齐，较塑料膜保温、保湿效果好	结实率高，覆盖材料可作有机肥料，材料环保，经济投入低，植物生长良好，效果优于埋土。可重复利用	会引起鼠害，应防止鼠害，防止老鼠啃食葡萄枝蔓及果实	1
埋土覆盖	直接挖沟将葡萄枝蔓放于沟里，然后覆土，踩实，以免葡萄枝干裸露在外而发生冻害	30～50 cm 的覆土厚度依然会有冻害发生，在寒冷地区应加大覆土厚度	覆土结合覆盖材料效果更佳，其中覆土＋聚氯乙烯膜效果优于覆土＋聚乙烯膜、PVC 膜覆土及沟埋	机械埋土简单易行，节约人力投入	葡萄枝会被抽干，效果不佳，随葡萄根颈加粗，埋土厚度增高，花费成本大；人工埋土投入人力太多	2
保温被	聚苯乙烯泡沫颗粒、玻璃棉保温被	双层化纤毯（聚丙烯、聚酯）中间填充聚苯乙烯颗粒（建筑废弃物）	土温变高，翌年葡萄的萌芽率提高、长势良好、结果率提高	成本低、重量轻、卷放方便，防寒保温性能好；减少出土及清沟用工量；预防晚霜	非环保材料，在特别寒冷区需结合埋土处理	1

越冬材料	材料组成	越冬方式及原理	效果	优点	缺点	参考文献
防寒被	由保湿层（塑料膜），中间保温层（喷胶棉）和底层透气防破层（彩条布）组成	将枝蔓整理归拢	此法保温效果较埋土效果显著，葡萄生长相对较好，但在乌兰布和地区使用效果不佳	保温、保湿、防寒，防止扬沙起尘，透气防破，降低防寒成本，可重复利用	非环保材料，在比较寒冷且风沙较大地区作用不显著	3
玻璃棉	人造无机纤维，耐腐蚀，双层聚丙烯彩条布，内充玻璃棉	导热系数较低，保温绝热，耐腐蚀	植株萌芽早，长势强；新梢数量和生长速度大于覆土越冬方式	防寒效果佳，葡萄产量高，且覆盖成本低于覆土，耐腐蚀，材料可重复利用	非环保材料，不能耐极端低温	2
双层膜	采用厚度为0.08 mm聚乙烯塑料，模仿北方楼房双层玻璃窗的保温作用，即双层覆盖式	首先将修剪的葡萄秧覆盖在匍匐的葡萄枝蔓上，覆盖第一层塑料膜，在两层膜中间修剪的用葡萄秧（30～40 cm）架空	葡萄增产，果穗和果粒大而重，寒冷期后双层覆膜平均温度高于土埋，植株萌芽提前10～20d	耐极低的低温，防寒效果较其他覆盖材料或埋土更为显著，材料轻便，投资小，可重复利用	非环保材料，双层膜覆盖操作相对于机械埋土比较麻烦，多次使用塑料膜将会有损坏	1, 4
无胶棉	由聚合物纤维、与聚氯乙烯/丙烯酸，经过梳理成网、热烘、定型处理而成	导热系数低，对外界环境适应能力差，棉被内温度不易被改变	无胶棉+增强膜效果较无纺布（彩条布）+埋土显著，在-22.6℃的极低低温下，无胶棉防寒被防寒效果显著	保温性能好，无污染，对人体无害，柔软，能够耐-22.6℃的低温，防寒效果较无纺布+埋土显著，可重复利用	相对于机械埋土无胶棉覆盖工作量大	1, 5
塑料膜+草帘/覆土	白塑料膜、黑塑料膜、棚膜、黑地膜和覆盖草帘，或者采用EVA膜、PVC膜、PE膜等材料结合覆土	塑料膜的导热系数低于土的导热系数，提高地表及土壤温度	温度升高，单层白膜枝蔓最低温度不低于-3.5℃；膜覆盖的温度均低于单层草帘平均温度	相比覆土保温效果显著，葡萄产量有所提高	塑料膜易破损，保温保湿性差；塑料膜效果不及草帘	2, 6

参考文献：1. 邓恩征，2016；2. 邓恩征等，2015；3. 李慧勇等，2015；4. 李银芳等，2013；5. 李鹏程等，2012；6. 宋伟等，2016。

2. 不同葡萄品种的耐寒差异简述

宁夏贺兰山东麓葡萄种植品种多样，不同葡萄品种存在差异，因此因地制宜的选择耐寒品种的葡萄进行种植显得尤为必要。陈宁等选用宁夏贺兰山东麓产区的17个酿酒葡萄品种一年生根系为试材，通过测定自由水与束缚水的比值、低温胁迫后根系电导率、丙二醛含量等指标来判断宁夏不同品种葡萄的抗寒性，通过统计学方法计算各品种半致死温度（LT50），证实葡萄根系电导率与丙二醛含量随着处理温度的降低呈现递增趋势（陈宁等，

2021）。但是抗寒性强的品种半致死温度明显较低，自由水与束缚水的比值较小，丙二醛增幅量小。通过对 17 个欧亚葡萄品种进行聚类分析，结合葡萄的春季成活率发现 17 个品种中，葡萄的根系抗寒性可分为 4 类：一类为抗寒性强的品种'威代尔'，根系抗寒性强、成活率最高；二类为抗寒性较强的品种'小芒森'，成活率较高；三类为抗寒性较弱的品种'紫代夫''媚丽''雷司令''蛇龙珠''霞多丽''维欧尼''赤霞珠''品丽珠''泰娜特'和'西拉'等品种，成活率在 70%～80%；四类为抗寒性弱的品种'美乐''马瑟兰''小味儿多''贵人香'和'黑比诺'（陈宁等，2021），'马瑟兰'抗寒性最弱，成活率也最低。这为后续的葡萄品种选育打下了基础。

3. 宁夏贺兰山产业带不同区域的气温差异

宁夏贺兰山地处葡萄种植的黄金带，但贺兰山的各个种植区域存在气象温度指标上的差异性。张晓煜等根据 1960—2005 年宁夏各气象站气候资料，结合 1:25 万地理信息数据证明，一般年份贺兰山东麓越冬期间极端低温可达 -20℃，依据全国葡萄种植区划分，贺兰山属于典型的埋土防寒栽培区（王珊等，2018）。

但在 2020 年 4 月 20—25 日，贺兰山东麓遇晚霜冻袭击，24 日低温强度最大，低温中心集中在银川北部的石嘴山、银川南部的吴忠东南部、中卫和南部山区固原一带，全区大多地区气温在 -6～-2℃，最低达到 -9.3℃，晚霜冻的袭击导致宁夏酿酒葡萄受冻率达 50%～80%（张光弟等，2021），使部分葡萄园葡萄产量骤减甚至绝产，2020 年 5—11 月虽然在葡萄的生长期进行了树势恢复，但是埋土越冬的树体在进入 12 月又遭遇了多年未遇的低温，12 月 30 日宁夏全区最低气温普遍下降至 -12～-8℃，最高下降至 -22～-18℃；31 日最低气温普遍在 -25～-17℃，灵武地区最低，下降至 -25.4℃；随后在 2021 年 1 月 7 日，贺兰山东麓地区又出现了 50 年一遇的极端低温天气，日最低气温达到了 -31.7℃，葡萄园最低气温均低于 -20℃，其中葡萄核心种植区的玉泉营基地降至 -27.6℃（实测值为 -29.7℃）（张光弟等，2021）。连续低温也拉低了埋土越冬葡萄园的土壤温度，严重影响了葡萄的品质和产量。

据此，陈宁等（2021）以 2021 年 1—2 月核心产区玉泉营的环境及土壤温湿度数据为基础，运用 GIS 等技术将宁夏酿酒葡萄种植划分为 4 个分区，即美贺、玉泉营、贺东和西域王泉。以种植面积较大的'赤霞珠'作为研究对象，分析了环境低温与土壤低温累积特点。结果表明，2020 年 12 月底连续极端低温，耦合 2021 年 1 月上旬的持续低温，使期间的"致死低温区"累计时数值达到 54.5h，而在土层中，在 2021 年 1 月 8 日，深度 5cm 的土壤温度为 -16.8℃，深度 25cm 的土壤温度为 -11.8℃，深度 50cm 的土壤温度为 -5.6℃。并在 -5.0℃以下持续 4d，甚至 1 月 10 日地下 75cm 深度处 -4.0℃维持了 24h，构成了不同深度根系冻害。

环境的低温严重拉低了埋土越冬土壤的温度。对根系分布观察发现，不同种植区域根系在不同深度的分布及根径方面差异较大，这与其土壤类型、定植沟客土及农艺管理水平有关。不同基地 25cm 及以上深度根系活力表现为玉泉营最低，不同种植区的根系粗度、深度分布差异较大，且多分布在定植沟内，是导致越冬冻害发生和越冬后降低萌芽率的重要原因。同时发现，浅层根系活力低于深层根系，尤其是 < 2mm 的直径更是如此（张光弟等，2021）。萌芽率排序为美贺＞玉泉营＞贺东＞西域王泉；结果系数排序为贺东＞美贺＞玉泉营＞西域王泉，4 个种植区域越冬后'赤霞珠'树体萌芽率均大于 78.76%，低温对规范埋土区域树体的影响虽然属于轻度等级，但是不同种植区不规范的埋土方式使浅层根系外露导致树体受冻较为明显，对于极端恶劣天气抗风险能力较弱，影响其萌芽率进而影响产量（张光弟等，2021）。由此说明，宁夏的葡萄产业防寒措施缺乏统一性和科学性，应根据当地气候条件进行防寒措施合理优化。

4. 宁夏贺兰山东麓防寒措施探讨

宁夏贺兰山地区葡萄越冬要因地制宜，具体可以采取抗寒砧木嫁接苗木提高葡萄抗寒性，利用深沟栽培、开沟施肥、培土、诱根深入等方法对葡萄进行抗寒、抗冻驯化。可以通过在沙地中施有机肥，同时加强葡萄生长季抚育管理，促进新梢枝条木质化、表皮木栓化，增大枝蔓及根系的养分积累；在葡萄下架时，应将葡萄植株匍匐捆好并保持一定松紧度，可保温保湿又不会被霉菌感染发生霉变（张光弟等，2021）。葡萄植株匍匐弯曲时因为大部分根茎已经木质化，在弯曲过程中操作不当极易压断，为了防止压断则需要将修剪下来的枝蔓或土垫枕，既可以防止压断，又能适当补充有机肥（薛玉华等，2012）。适当埋土后铺设草帘再进行埋土（沙）压实，以防止透风和水分散失，达到最好的保湿效果，从而提高葡萄对低温环境的适应性，提高其越冬能力。埋土后针对不同地区，土壤开始封冻时需灌足封冻水以增加土壤温度和湿度，以免葡萄发生冻害以及枝条被抽干（薛玉华等，2012）。

建立由酿酒葡萄产业主管部门、气象、水利、科研院所、葡萄主产市（县）政府、产业协会等参与的预警联防联控组织，基于气象部门天气预测预报和预警等级，制订相应的预警方案，采取综合防霜措施，减少损失。从晚霜防治效果来看，灌水对减轻霜冻效果最为明显，如何协调水资源及时调配对霜冻预防至关重要（陈卫平等，2020）。

按照其他经果林栽培防冻技术，在早春果树开花期，要根据气象预报，当气温降至 5 ℃时即需防冻。春季花期前灌水 2～3 次，可延迟开花 1～3 d，连续定时喷水可延迟 7～8 d 开花（梁维坚等，2015）。冻害发生前喷 0.04% 芸薹素、涂 10% 聚乙烯醇、100 倍高脂膜、100 倍羧甲基纤维素等防寒剂防寒效果显著。冻害发生后，喷施 0.17% 氨基酸叶面肥恢复，可为葡萄园早春防冻提供部分技术借鉴。

九、农药残留

1. 农药残留对葡萄酒酿造的影响

酿酒葡萄在种植中病虫害种类较多、发生规律复杂，一般常见的病害有白粉病、炭疽病、霜霉病、灰霉病以及黑痘病等（李文佑，2011；庞建，2017）；常见虫害有绿盲蝽、叶蝉、蓟马等。其防治主要有农业防治、生物防治、物理防治、化学防治四大措施（中华人民共和国农业部，2015）。化学防治措施与其他措施相比，具有防效好、见效快、应急性强、可规模化应用等优势，因此在综合防治中占有重要地位（赵珊珊等，2018），但大量的化学防治会导致农药残留，影响葡萄酒发酵过程中的微生物群落变化，以及对葡萄酒中风味物质，如酚类物质、醇类物质、糖类物质等造成影响（吕麟华等，2011）。

2. 农药残留对发酵过程微生物的影响

酿酒葡萄田园管理中，田间施药对葡萄表面天然酵母菌群落构成有较大影响。焦红茹（2008）、Agarbatia（2019）、许维娜等（2019）均已经证实农药喷施会导致自然酵母菌群落种类减少和比例变化，降低酵母菌多样性和丰富度，使其优势菌群发生变化。农药残留同样会对发酵体系中人工酵母的正常生长代谢产生影响。而酵母菌作为葡萄酒发酵的主要微生物，酵母菌群落结构的变化及代谢行为的改变势必会对自然发酵葡萄酒的品质造成影响（赵珊珊等，2020）。

大多数农药残留会影响酵母菌的正常生长代谢，而不同酵母菌种对各种农药表现出不同的耐受性。如抑菌灵、苯菌灵、抑菌脲、腐霉利、乙烯菌核利等杀菌剂均会对酵母菌生长产生抑制作用，其中鲁氏接合酵母（*Zygosaccharomyces rouxii*）和酿酒酵母（*Saccharomyces cerevisiae*）抗性较强，其生长繁殖可耐受相对较高浓度的农药残留，而黏红酵母（*Rhodotorula glutinis*）抗性较弱，小于 1g/L 的腐霉利、苯菌灵、抑菌灵即可抑制90% 的黏红酵母生长（张颖超等，2018）。

农药残留作用下酵母菌生物量受到抑制的同时，酵母菌发酵特性也发生改变。Cu^{2+}（$CuSO_4$）影响下酵母菌生长延缓、存活率降低以外，其细胞呼吸缺陷型形成频率增加，其中酿酒酵母 BH8 菌株（*S. cerevisiae* BH8）反应较敏感，其次是 AWRI 菌株（*S. cerevisiae* AWRI）、Freddo 菌株（*S. cerevisiae* Freddo）（杜君等，2010）。一般情况下农药达到一定浓度后会出现的发酵停滞现象，随着百菌清浓度增大，对酒精发酵的抑制作用越加明显（梁正道，2017），发酵时间越长，其浓度达到 0.2g/kg 即可出现葡萄醪发酵停滞现象，再次添加酵母也不能顺利完成酒精发酵（李记明等，2012）。但有的农药残留物对酵母生长无显著影响，例如 Zara 等（2011）以农药残留限量（Maximum Residue Limits，MRL）和 1/2 MRL 两种浓度向葡萄中添加咪唑菌酮后发现均未对克勒克酵母（*Kloeckera* spp.）和毕赤酵母（*Pichia* spp.）生长产生显著影响。González 等（2010）评估了戊唑醇对酿酒酵母和酒类酒球菌（*Oenococcus oeni*）发酵活性的影响，同样并没有观察到对酒精发酵的影响。此外，少数杀菌剂如茚虫威、啶酰菌胺等可刺激酵母生长，使其生长率及发酵速率提高，生物量增加（赵珊珊等，2018）。农药与酵母菌之间存在正相关关系和负相关关系，大量文献证实酵母菌与农药种类之间为相互选择影响。因此，在葡萄酒生产中农药残留难以避免的情况下，确定合理的用药品种和用量进行酿酒葡萄病虫害管理与选择，确定其适合酿酒酵母菌种进行葡萄酒生产，二者对于稳定葡萄酒发酵过程具有同等重要的作用。

3. 农药对葡萄酒品质的影响

葡萄酒品质主要包括感官品质和理化性状两方面，感官品质主要包括葡萄酒香气、滋味、色泽、澄清程度等方面，而理化性状主要涉及酒精度、总糖、干浸出物、挥发酸等指标（中华人民共和国国家质量监督检验检疫总局，2008）。酿酒酵母作为葡萄酒发酵过程中的主导菌株，农药残留主要通过干扰其正常生长代谢改变葡萄酒品质（Capecea et al.，2018）。

（1）农药对醇类物质的影响

在葡萄酒发酵过程中，酿酒酵母会代谢产生多种香气活性化合物来影响葡萄酒的风味，其中醇类、酯类和挥发性硫化物是葡萄酒风味中三类较为重要的呈香物质（郝瑞颖等，2012）。在葡萄酒中的含量常高于其感官阈值，使得葡萄酒被赋予独特的风味。而农药残留易改变葡萄酒中的醇类物质浓度，如苯霜灵、丙森锌、吡唑醚菌酯、戊唑醇等农药残留可改变酵母和氨基酸的生物合成过程，使葡萄酒中的香气物质香叶醇含量降低，并显著降低了成品酒中萜烯含量，丙森锌使对香气强度影响更大的异丁醇、正丁醇含量降低，严重影响了葡萄酒酿造过程中香气物质的产生和积累（Vallejob et al.，2017）。

（2）农药对酯类物质的影响

酯类含量对于葡萄酒风味至关重要，主要呈现出水果系列气味，具有较高的香气活力值。但是唑嘧菌胺、烯酰吗啉、嘧菌胺、啶酰菌胺、醚菌酯等杀菌剂会显著降低具有菠萝味的辛酸乙酯、具有草莓味的丁酸乙酯、具有香蕉味的乙酸异戊酯，以及具有青苹果味和茴香味的己酸乙酯生成（Noguerol–Pator et al.，2016）导致酒体果香味的严重损失。同时农药残留会发酵过程中经苹果酸 – 乳酸发酵生成过多的乳酸乙酯，从而降低了葡萄酒的新鲜度（Noguerol–Pator et al.，2016）。

（3）农药对挥发性硫化合物的影响

挥发性硫化物也是构成葡萄酒香气的关键因素，一些高分子量的硫醇类物质，如呈西柚味的 3– 巯基 –1– 己醇、呈百香果与黄杨木味的 3– 巯基己基乙酸酯会更有利于葡萄酒风味饱满，但是低分子的硫化物则会引起恶臭（Blocke et al.，2017）。有研究人员发现残留农药中的硫元素在发酵过程中极易转化为分子量较低的 H_2S（臭鸡蛋味）（Kreitmangy et al.，2019），从而导致葡萄酒恶臭，严重影响葡萄酒的风味。

（4）农药对色泽的影响

花色苷等多酚类成分是葡萄酒重要的呈色物质（Asenstorferre et al.，2001），Mulero 等（2015）指出噁唑菌酮、环酰菌胺、肟菌酯会导致葡萄酒中花青素含量显著降低；邢世均等（2019）发现残留的甲霜灵及嘧菌酯显著降低葡萄酒最终花色苷含量，改变了成品酒色素比例；赵珊珊等（2020）发现甲基硫菌灵显著改变葡萄酒的色度、色调、总酚、花色苷等，从而对葡萄酒色泽产生影响，导致葡萄酒品质降低。

（5）农药对理化性状的影响

酒精度、总糖、挥发酸等理化性状更易受到农药影响，残留农药主要通过干扰酵母菌生长代谢改变理化指标的含量，其中 2% 的戊唑醇残留可导致葡萄醪中糖的消耗率降低，造成酵母菌生长减缓，使得乙醇浓度降低（Gonzalez-Rodriguezrm et al., 2009）。Cu^{2+} 是农药中常见离子，贾博等在 Cu^{2+} 对酿酒酵母 BH8 酒精发酵特性的影响研究中发现微量的 Cu^{2+}（0.05mmol/L）处理促进了酿酒酵母 BH8 菌株甘油产生，降低了乙醇产量（邢世均等，2019）。现有文献已经证实不同农药残留对葡萄酒理化性质的影响不同，例如百菌清、杀螟硫磷、甲霜灵、甲基硫菌灵、嘧菌酯残留导致酒精度降低，并使总糖、总酸、挥发酸含量升高，而草铵膦、嘧霉胺、金科克、美铵、氧化乐果残留下，最终残糖量和酒精生成量变化并不显著（邢世均等，2019）。以上研究进一步说明农药残留的不合理性会导致葡萄酒品质受到严重影响。

4. 宁夏贺兰山东麓禁用农药论述

贺兰山地区酿酒葡萄种植过程中应科学选择农药种类及喷施浓度，从源头减少酿酒葡萄的农药残留污染。中国对葡萄及酿酒葡萄中化学农药的使用浓度、次数、安全间隔期等均已做出了详细的规定，并对禁止使用的农药做出明确说明。根据中华人民共和国国家质量监督检验检疫总局的规定，酿酒葡萄中禁止使用的常见农药如表 2-2 所示，禁用的农药主要分为杀菌剂类农药、杀虫剂类农药和除草剂类农药（李莎莎，2020）。其中杀菌剂类农药包含了有机汞杀菌剂、有机锡杀菌剂、有机砷类杀菌剂、氟制剂、卤代烷类熏蒸剂，因其含有大量的重金属成分和对人体有害的成分不可在葡萄种植过程中使用（侯红彩，2019）。具体杀菌类农药名称见表 2-2。杀虫剂类农药包含了有机磷杀虫剂、氨基甲酸酯类杀虫剂、有机氯杀虫剂、无机砷杀虫剂、二甲基甲脒类杀虫杀螨剂、有机氯杀螨剂、取代苯类杀虫剂、有机磷酸酯类杀线虫剂（卓先义，2001）。上述杀虫剂类农药在使用过程中不易降解，会导致大量的农药残留，其中也含有大量的重金属成分，不可用于葡萄生长过程中的杀虫剂使用。除草剂类农药则包含苯氧乙酸类除草剂、二苯醚类除草剂、取代苯类除草剂不可使用。化学农药施用后残留水平的高低直接决定其食品加工安全性，因此贺兰山东麓的葡萄产业发展应严格按照酿酒葡萄生产技术规程执行。

表 2-2 酿酒葡萄中禁止使用的农药（赵珊珊等，2020）

农药种类		农药名称
杀菌剂类农药	有机汞杀菌剂	氯化乙基汞（西力生）、醋酸苯汞（赛立散）
	有机锡杀菌剂	三苯基醋酸锡（薯瘟锡）、三苯基氯化锡、毒菌锡、氯化锡
	有机砷类杀菌剂	甲基胂酸锌、甲基胂酸铁铵（田安）、福美甲胂、福美胂
	氟制剂	氟乙酰胺、氟乙酸钠、氟化钙、氟化钠、氟铝酸钠、氟硅酸钠
	卤代烷类熏蒸剂	二溴氯丙烷、二溴乙烷

农药种类		农药名称
杀虫剂类农药	有机磷杀虫剂	甲胺磷、甲基对硫磷、对硫磷、甲拌磷、久效磷、磷胺、乙拌磷、甲基异柳磷、甲基硫环磷、治螟磷、内吸磷、地虫硫磷、氧化乐果
	氨基甲酸酯类杀虫剂	克百威、涕灭威、灭多威
	有机氯杀虫剂	滴滴涕、六六六、林丹、艾氏剂、狄氏剂、氯化烯
	无机砷杀虫剂	砷酸钙、砷酸铅
	二甲基甲脒类杀虫杀螨剂	杀虫脒
	有机氯杀螨剂	三氯杀螨醇
	取代苯类杀虫剂	五氯硝基苯、五氯苯甲醇（稻瘟醇）、苯菌灵
	有机磷酸酯类杀线虫剂	灭线磷、苯线磷
除草剂类农药	苯氧乙酸类除草剂	2,4-D、MCPA 以及它们的酯类、盐类
	二苯醚类除草剂	除草醚、草枯醚
	取代苯类除草剂	五氯酚钠

第三章 试验材料与方法

第一节　风速监测方法

一、风速及其相关特征监测

风蚀是一个综合的自然地理过程，由于气候、植被、水分、地形地貌等多种因子的差异，国内外学者从不同角度研究出风蚀对人类活动的多重影响，更体现了土壤风蚀的复杂性。交替出现的土垄和垄沟及其他覆盖物为气流挟带的沙粒提供了堆积场所。因此，人工沙障、防护林带、树篱、围栏或其他类似的工程措施都可在其下风和上风侧近地表的若干距离内降低风速，增强抗风蚀能力，减缓风蚀。风蚀过程一般可分为 3 个阶段：颗粒起动、颗粒输送和颗粒沉积。当风作用于地表，其作用力达到一定程度时，即吹蚀风速大于土壤可蚀性颗粒起动风速时才能诱导地表土壤可蚀性颗粒进入气流中随风移动，从而发生风蚀现象。

1. 风速测定

风速是表示风力大小的一个数量指标，是研究风力侵蚀必备因素之一。在气象风速预报上常用几级风来表示，研究中则主要以速度单位（m/s）表示。风速和风力等级有密切相关性，为更好的表述不同立地类型风力侵蚀特征，阐明监测风速与气象预报中风力等级间相关性。风速虽然一般具有明显的阵发性和即时性，但不同立地类型由于不同地表覆被物对过境风速的直接作用，对不同高度风速的干扰强度是不尽相同的，一般会表现在对不同高度风速比的影响上。在测定风沙结构的同时，分别采用手持风速仪和风速梯度仪测得距地表以上 50cm、200cm 不同高度风速，重复观测 10 次。

2. 风的速度脉动特征分析

风的速度脉动特征可以用阵性度表示：

$$g = \frac{u_{max} - u_{min}}{u} \qquad （3-1）$$

式中，u——观测层内的风速（m/s）。

3. 防风效益测定

防护林的防风效益主要是通过风速削减的程度来度量，即防护林前或林后的风速差与林前初始风速的比值。

防风效益＝（旷野平均风速 – 待评价区域平均风速）/ 旷野平均风 ×100%　　（3-2）

4. 地表抗风蚀性能测算

利用风蚀速率进行表述。风蚀速率是指单位时间、单位面积上的吹蚀量，公式为：

$$R_d = \frac{W_d}{s \times t}\tag{3-3}$$

式中，R_d——风蚀速率；

　　　W_d——吹蚀量；

　　　s——样品的吹蚀面积；

　　　t——吹蚀时间。

二、下垫面的粗糙度监测

1. 粗糙度 Z_0

下垫面的粗糙度是反映不同地表固有性质的一个重要物理量，是表示地表以上风速为零的高度，是风速等于零的某一几何高度随地表粗糙程度变化的常数。而朱朝云、丁国栋等则认为，下垫面的粗糙度是衡量治沙防护效益最重要的指标之一。按照下垫面粗糙度的公式定义，只要同时测得监测区域内不同高度风速差，就可根据公式推出供试样地的下垫面的粗糙度。测定任意两高度处 Z_1、Z_2 及它们对应的风速 V_1、V_2，设 $V_2/V_1 = A$ 时，则得方程：

$$\log Z_0 = \frac{\log Z_2 - A \log Z_1}{1 - A}\tag{3-4}$$

$$A = \frac{V_{200}}{V_{50}}\tag{3-5}$$

例如当 $Z_2 = 200$，$Z_1 = 50$，将若干平均风速比代入方程，则求得下垫面粗糙度 Z_0。地表粗糙度对风蚀的影响。地面如果粗糙可以降低风速，避免风蚀。例如，坚硬的土块和聚积物、土垄和垄沟，活的或死的植物体等，都可改变近地表风速，增加地表粗糙度，防止地面风蚀。

2. 摩阻速度 u^*

摩阻速度 u^* 的确定：u^* 同样可以通过测定任意两个高程上的风速，根据公式来确定（即由直线的斜率得出）：

$$u^* = \frac{V_{200} - V_{50}}{5.75 \times \lg \frac{200}{50}}\tag{3-6}$$

知道了 Z_0 和 u^*，有了风速随高度变化的轮廓方程，就可以根据地面气象站的风资料推算近地层任一高度的风速，或进行不同高度的风速换算，实用意义很大。

输沙率是评价土壤风蚀程度的重要物理量，同时也是风作用下沙尘和风沙流结构研究中一个重要参数，对于风沙活动而言，跃移占主导形式，输沙率主要计算地表 $0 \sim 20cm$ 的高度输沙率；对于风尘活动而言，悬移占主导形式，输沙率应计算某悬移高度的输沙率。

3. 摩阻风速与风速的转化关系

由于摩阻风速 U 可以通过测定任意两个高度上的风速获得即

$$U = \frac{u_2 - u_1}{5.75 \lg h_2 - \lg h_1} \tag{3-7}$$

根据野外风沙观测和风洞试验获得不同高度的风速，利用计算相隔一个高度的两个不同高度的风速，按照获得这两个高度决定的摩阻风速从而得到某一特定下垫面或轴线风速情况下的多个摩阻风速，对这些摩阻风速进行平均即得到该下垫面或轴线风速情况下的摩阻风速 U。

第二节 小气候监测研究

一、研究方法

以贺兰山美贺庄园 3 年林龄酿酒葡萄基地作为重要监测区域，贺兰山新小路原始地貌荒漠草原作为对照区，在两套小气候监测场内，监测在两地种植葡萄后对其 1m、2m 不同空间高度的空气质量以及对小气候的影响，开展工程建设对葡萄农田相关监测指标垂直梯度变化规律的影响研究。监测指标主要包括：1m、2m 高度处风速，空气温度，空气湿度，PM2.5、PM10 等小气候监测指标。为监测和评价葡萄基地建设对 1m、2m 高度小气候及空气质量的影响提供了及时、准确和系统的监测数据。

二、主要监测指标

本研究以原始地貌荒漠草原为对照，系统全面的开展葡萄基地建设对不同垂直高度的风速、空气温度、湿度和 PM2.5、PM10 等主要空气污染物的影响，以及地表温湿度、光照、太阳辐射等小气候的影响，为监测数据提供及时准确系统全面的客观评价。主要监测指标包括：风向、CO_2 浓度、空气负氧离子浓度、降水量、日照时数、紫外线分布、光照强度、气压、土壤温度、湿度等小气候监测指标。监测高度分别设距离地面 1m、2m 两个垂直高度。每隔 30min 自动记录一次数据。

通过搭载的 GPRS 远距离数据传输模块，及时准确的将监测区不同区域、不同高度范围内的风速、空气温湿度、空气质量等主要小气候监测指标进行实时传输。实现了监测设备全天候进行远距离实时数据传输和历史数据下载，大大提高了项目组监测效率，减少了人力投入，降低了监测成本，有效保证了监测数据的时效性、准确性和系统性，实现了全程监测自动化。同时，也为项目组开展相关自动化监测设备投入使用提供了技术借鉴。

同时，通过采集软件，可实时调取相关监测指标的日、月、季度、年度内的动态变化规律。另外，课题组还收集到了近4年来贺兰山葡萄基地主要气象数据，可客观分析和评价大规模酿酒葡萄基地建设对周边环境、小气候、空气质量与地表风蚀的影响程度，为酿酒葡萄基地工程建设的环保性提供及时、准确、系统的监测数据和科学评价。

第三节　地表风蚀量监测方法

一、研究区概况

1. 研究区概况

贺兰山东麓位于 $105°45' \sim 106°27'E$，$37°43' \sim 39°05'N$，该区属中温带干旱气候区，具典型的大陆性气候特点，光能资源丰富，热量适中，干旱少雨，昼夜温差大，无霜期 $160 \sim 170d$。该区域地处宁夏黄河冲积平原和贺兰山冲积扇之间，土壤为淡灰钙土，以沙砾土为主或杂以碎石，土壤表面为沙面多孔，下层土质紧密、松软，植被为山前荒漠草原。

2. 样地选择

在大范围实地调查基础上，选取了代表性的样地。该样地的原生植被是天然荒漠草原，在人为的干扰作用下，开垦农田，植树造林，之后随着贺兰山东麓防沙治沙工程的开展，又将部分农田退耕还林。近年来，由于贺兰山东麓葡萄生态长廊工程的实施，又大面积开垦，所以该样地同时具备天然草地、人工林、农田和葡萄种植地4种类型（表3-1）。样地地形平坦，各地类位置相邻，处于同一地貌，成土母质和气候环境等自然地理特征一致。

表 3-1　天然草地、人工林、农田和葡萄种植地基况介绍

样地编号	样地类型	地表状况	植被状况
1月1日	天然草地	地表零星分布猪毛蒿、紊蒿、冠果草，杂草覆被一般	生长状况一般，高度小于30cm，盖度35%
2月1日	人工林	地表有枯枝落叶，杂草覆被较好，植株较密	新疆杨防护林，生长状况良好，林下植被盖度20%
2月2日		地表有覆盖很少凋落物，植株较稀疏	樟子松林，生长状况良好，林下植被盖度42%
3月1日	农田	留茬，地表十分疏松	地表无植被

样地编号	样地类型	地表状况	植被状况
4月1日		地表裸露，质地十分疏松	地表有零星禾本科植物
4月2日		地表裸露，质地十分疏松	地表无植被
4月3日	葡萄基地	种植沟较疏松，田垄表层少量结皮，有少量白草、牛枝子等	植株生长状况一般，盖度27%
4月4日		种植沟较疏松，田垄表层较紧实，植株较多	植株生长状况一般，高度小于50cm，盖度35%

二、地表风蚀量监测

土壤是人类赖以生存和发展的重要资源。土壤对于人类的重要性不仅在于土壤本身，还在于土壤对大气质量和水体质量的影响。因此，土壤是维护全球生态环境平衡的重要因素之一。土壤的形成是一个十分缓慢的过程，厚度为1cm的表土自然形成需要100～400年，期间要经历气候、地形、母质、生物等多种因素的相互影响和相互作用。

1. 诱捕法监测

利用诱捕法（图3-1），在各观测地内选择平整且保证具有原始地被物覆盖的基础上，同时放置口径相同的集沙容器，放置时将容器口与地表持平，并且把容器周围的空隙填平，尽量使其保持原状，待有风蚀现象时容器对过境沙粒进行收集，期间及时观察容器内沙粒沉降情况。当集沙量体积接近容器容积一半时及时收集该容器的沙粒，并称其质量，累加记录后对比监测不同立地类型土壤风蚀量。

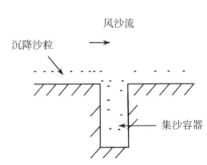

图 3-1　诱捕测定法主要试验原理

放置时间一般为3—5月风沙主要危害季节，可以按照30d左右的月份放置、回收，也可以在风前放置，风后回收。将收集到的沙粒带回室内，分析沙尘粒径和集沙量。回收时将未被人或动物影响或破坏的样品收回，称其质量。有降雨过程而未风干的样品要将带有泥水的样品一同回收，烘干处理。每处理重复3～6个，取其平均数。其中集沙量可用感量0.01g、0.001g的天平称质量。

2. 集沙槽监测

集沙槽设置：在风沙区针对不同的植被模式和树种，设置集沙槽，监测单位面积、一定时间的集沙量，集沙槽质地为混凝土预制件或玻璃板材料。

集沙槽数量：每个植被恢复类型和树种分别设立3个固定集沙槽。

集沙槽规格：规格为3m×0.5m×0.5m。

集沙槽布设：为防治槽内产生二次风蚀，影响集沙效果，集沙槽长度走向最好与当地主风向垂直，将混凝土预制件或玻璃板埋设在与地表同一水平面上。

3. 集尘缸监测法

集尘缸是一个特制的收集大气中悬浮尘土等固相微粒的容器。中国目前使用的集尘缸为一个平底圆柱形玻璃缸，内口径（150±5）mm，高300mm，缸重2～3kg，这样不致被风吹翻。集尘缸使用前必须清洗干净，再加入少量蒸馏水，以防尘粒飘出，用玻璃盖遮盖移至观测场，放置后拿去玻璃盖开始收集沙尘，并记录时间（月、日、时、分）。由于中国夏秋多雨，加水量可适当少些，一般为50～70mL；冬春少雨可加水至100～200mL；冬季北方气温通常在0℃以下，为防止加水结冰，还需要加入乙二醇防冻剂60～80mL，以保证在任何天气状况下的收集观测。

由于大气中尘粒分布随高度变化，近地表层量多变化快，并常受区域多因素影响（尤其人为生产活动），代表性差。因此中国环保部门规定，集尘缸的安装高度应距离地面5～12m，为工作方便一般情况下均取6m高度。此外，在同一收集点应有3个重复，即将3个集尘缸同时安置在约1.0m^{2}的方形架板上，排列成边长为50cm的正三角形。

4. 集沙仪监测方法

集沙仪是一种用于研究风沙流结构及土壤风蚀的重要仪器，按照收集原理可分为主动式和被动式，被动式多用于风洞内，而主动式室内外都可以使用，由于使用方便，被大量使用。最早是一位名叫拜格诺（Bagnold R.A., 1954）的学者提出并使用，后经兹纳门斯基改进成垂直长口形集沙仪。到了20世纪40年代，Bagnold设计的集沙仪被Chepil改进成旋转式，可以随风向自由转动，采集不同侵蚀风向的风蚀量。到了80年代，Merva和Peterson对Chepil改进的Bagnold集沙仪又作了一些设计调整，调整了的集沙仪不但可以随侵蚀风向自由旋转，还可以将吹进的气体排出，使气流和土壤颗粒可以自由进入。90年代，Shao等根据Bagnold设计的集沙仪，增加了主动排气装置，即在排气口处增加了一个真空泵，可以将集沙仪内部的气体抽出，提高了集沙仪的集沙效率。1986年，Fryrear设计制作了BSNE集沙仪，该集沙仪具备了排气、旋转导向功能，采集口可实时对准风蚀方向，满足在野外进行风蚀试验研究的需要。

德国学者Kuntze H.和Beinhauer R.T.在1989年设计制作了SUSTRA（Suspension Sediment Trap）集沙仪，最初由德国风蚀研究项目（German Wind Erosion Reserch Project）研制，并由德国MGT生产成为风蚀观测的专业仪器设备，用于监测自然界的风沙运动趋势和土壤风蚀作用、土壤沙化与荒漠化监测、土壤有机质（SOC）剥蚀等。SUSTRA风蚀观测系统带有自动风向控制的沙尘采集系统收集随风扬起的沙尘，并即时通过电子天平对收集到的沙尘进行称重，数据采集器自动记录收集沙尘的时间和采集的沙尘量（电子天平称重获得），同时利用外接的气象单元，同步监测记录风蚀过程中的风速、风向、温湿度和太阳辐射等气象因子。该集沙仪同样具有排气和旋转导向功能，基本满足野外风蚀观测的需求。但由于造价昂贵、垂直空间可监测的数据数量有限，在中国市场曾有相当数量的销售，但实用性、使用率十分有限。

在国内近些年来，关于集沙仪研究一直未中断过。夏开伟设计了全自动高精度集沙仪；李长治等设计了平口式集沙仪；Shao 等设计了由真空泵驱动的垂直集成集沙仪；董治宝等设计制作了主要适用于风洞试验研究的 WITSEG 多路集沙仪；李振山等设计了用于测量风沙流中输沙量垂线分布的垂直点阵集沙仪；付丽宏等设计了旋风分离式沙尘集沙仪；顾正萌等设计了新型主动式竖直集沙仪；宋涛等设计了反向对冲式集沙仪。王东清、左忠在多年的应用基础上做了改进，申请了一种具有分层结构的可调式旋转集沙仪实用新型专利，它可以利用风力驱动尾翼使其摆动旋转，使集沙仪进沙口始终对着来风的方向，可同时监测不同高度集沙量，具有结构简单、拆装方便、维护简单等优点，便于拆装、运输、保管。刘海洋设计了一种具有自组网功能的全自动多通道无线集沙仪，实现了每 5s 最多对 6 个测点，以及单测点 8 路土壤风蚀量的循环采集、无线传输和实时处理，并绘制各测点处的风沙流结构变化曲线图等。

本研究利用 2m 高的旋转式集沙仪，自 2016 年 3 月开始，至 2017 年 6 月结束在多个大风日下监测了不同林龄葡萄基地、玉米农田、樟子松林地、道路防护林等多个风蚀监测点风蚀指标。集沙量监测高度分别为距离地面垂直高度 5cm、50cm、100cm、150cm、200cm，集沙盒入风口长宽分别为 45mm×30 mm，集沙盒前部长宽 75mm×30mm，后部长宽 80mm×90mm，装集沙盒架子尾部设有风向标，风蚀过程中可随风向及时调整方向，以保证集沙盒入风口随时面对风向。集沙盒可灵活装取，每供试样地放置集沙仪 3 个，在整个风蚀季节长期放置，每月月底将集沙盒收集到的沙量统一回收，取其平均数后即可得该监测点的集沙量（图 3-2）。

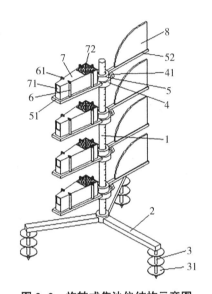

图 3-2　旋转式集沙仪结构示意图
1. 主杆；2. 第一固定杆；3. 第二固定杆；
4. 环形结构的张紧管箍调节块；5. 旋转轴；6. 限位柱；7. 集沙盒；8. 风向标；
31. 固定盘；41. 锁紧螺栓；51. 连接座；
52. 连接杆；61. 固定卡块；71. 进沙口；
72. 滤网

第四节　近地表大气悬浮颗粒物监测方法

中国是世界上土壤侵蚀最严重的国家之一，土壤侵蚀分水力侵蚀、风力侵蚀和冻融侵蚀 3 种。中国北方和宁夏中北部主要以风力侵蚀为主，亦有小部分风力和水力复合侵蚀类型。土壤风蚀的风洞实验表明，在同一风速下，挟沙气流对土壤的风蚀量是净风对风蚀量的 4～5 倍。风蚀对突起的土体迎风面要比平坦地表强烈。翻耕和牲畜过分践踏都会大大提高土壤的风蚀量。这是因为净风中土壤表面颗粒仅受到风的作用力，而在挟沙气流中还有跃移和滑移，使沙粒对土壤表面产生冲击和摩擦，磨蚀作用大大加剧了土壤风蚀，形成了各种各样多变的风蚀地貌。起沙初期，地表风力侵蚀能力一般较大，气流中沙物质颗粒不断得到补充，由于风力侵蚀，地表沙粒定向运动而产生了动能，导致大部分颗粒按照风力运动的方向不停碰撞未产生运动的沙粒，带动更多的沙粒产生定向运动。当此类风蚀现象产生并稳定一段时间后，风沙流结构相对饱和且稳定，输沙能力减少，产生侵蚀与积沙并存的风蚀状态。

在风沙输移中，绝大部分风沙以近地面（通常小于20cm）的跃移、撞移、挤移运动方式为主，但粒径通常小于80μm，拜格诺称之为"尘埃"的少量极细颗粒主要悬浮在空中，并随风力作用远距离漂移，受风力侵蚀程度的不同而产生旋风、沙暴、尘暴和沙尘暴。而远距离漂移的沙物质往往会对社会交通、生产、健康等产生重大影响的次生灾害。因此在生态环境监测中，除对地表风沙流物质进行重点监测外，高空悬移和飘浮的细微颗粒，也是空气污染监测的重要项目之一。空气中悬浮颗粒物不仅是严重危害人体健康的主要污染物，部分漂移的细微颗粒，在空气湿度达到一定程度的静风条件下，容易成为雾霾团聚体形成的主要物质源，形成气态、液态污染物的载体。由于其成分复杂，并具有特殊的理化特性及生物活性，是空气监测与防控的重点对象。

一、大气干湿沉降物观测

1. 观测目的

通过对不同生态系统大气干湿沉降的野外定位观测，研究探讨干湿沉降物的组分构成，精确评价不同生态环境内各类物质差异与影响程度，揭示生态系统干湿沉降中物质种类、质量、分布特征、变化规律、影响因素及对生态环境的影响，为科学评价和制定相关配套技术措施提供决策依据。

2. 观测内容

（1）干沉降

干物质总量、铜（Cu）、锌（Zn）、硒（Se）、砷（As）、汞（Hg）、镉（Cd）、铬（Cr）（六价）、铅（Pb）、硫化物、硫酸盐、氯化物、钙（Ca）、镁（Mg）、钠（Na）、钾（K）、氮（N）。

（2）湿沉降

干湿物质总量、pH值、NH_4^+-N、总磷、总氮、NO_3^--N、Cu、Zn、Se、As、Hg、Cd、Cr（六价）、Pb、硫化物、硫酸盐、氯化物、Ca、Mg、Na、K。

3. 观测与采样方法

（1）采样点设置

林外干湿沉降采样点应布设在研究区典型林分外的空白样地内。采样点四周无遮挡雨、雪、风的高大树木、建筑、山体等，并考虑风向（顺风、背风）、地形和便于管理等因素。林内干湿沉降采样点应布设在待监测研究区典型林分内。

（2）收集器的选择

干沉降采用集尘缸或集尘罐；湿沉降采用带盖口径＞40cm、高20cm的聚乙烯塑料容器。对于距电源较近的采样点，可采用干湿沉降仪（APS-3A）作为收集器。

（3）收集器的布设

林外干湿沉降收集器的布设：收集器与周围物体（如树木、建筑物等）的水平距离，应不低于这些物体高度的2倍。平行安置3个相同的收集器。

林内干湿沉降收集器的布设：选择3个标准样地，每个标准样地各安置1个完全相同的收集器。

（4）干沉降采样方法

① 干沉降的采集。集尘缸（罐）等收集器具在使用前用10%（体积分数）的盐酸浸泡24h后，用去离子水清洗干净，统一编号称重后密封携至采样点。也可用洁净的塑料容器，容器底部装上玻璃、不锈钢等干燥光洁物作为沉降面，在林中放置一定时间，采集非降水期的干性物质。

② 野外回收样品时，按照编号统一称重记录后，用清洁的镊子将落入缸（罐）内的树叶、昆虫等取出，作为异物单独称重记录。然后用去离子水反复冲洗缸壁，将所有沉淀物和悬浊液转移至聚乙烯塑料桶中密封保存，并及时送至实验室妥善保存备用。

③ 样品预处理。送达实验室后，将所有溶液和尘粒转入烧杯中，在电热板上蒸发浓缩至10～20mL，冷却后用水将杯壁上的尘粒擦洗干净，并将溶液和尘粒全部转移到恒定质量的100mL瓷坩埚中放在瓷盘里，在电热板上小心蒸发干（溶液少时注意防止迸溅），然后放入（65±5）℃烘箱烘干，称其质量，密封保存备用。

（5）湿沉降的采样方法

① 湿沉降的采集。收集器放置在野外之前，在实验室内先将收集器用1∶5的盐酸浸泡7d，然后用去离子水淋洗6遍，在洁净的操作台上晾干，统一编号称重后，用洁净塑料袋包好备用。

用收集器收集大于0.5mm的降水后，按照原始记录的编号将收集器称重记录，并根据样品的体积加入0.4%的$CHCl_3$，振荡混匀，于阴凉干燥处保存；收集器用去离子水冲洗干净，再用塑料袋包好，保存前应记录采样时间、地点、风向、风速、大气压、降水量、降水起止时间。

取每次降水的全过程样（降水开始至结束）。若一天中有几次降水过程，可合并为一个样品测定。若遇连续几天降雨，可收集8:00至次日8:00的降水，即24h降水样品作为一个样品进行测定。

雨水采样方法按照《大气降水样品采集与保存》（GB 13580.2—1992）执行。

② 样品预处理。采集液首先用0.45μm的醋酸纤维滤膜过滤，过滤后的滤膜在40～45℃下烘干，差减法计算颗粒物质量。滤液转移到洁净的聚乙烯瓶中，于4℃下冷藏保存。

$$物质沉降总质量 = 采样器放后总质量 - 采样器放前总质量 \tag{3-8}$$
$$林内外沉降物质量差 = 林外物质沉降总质量 - 林内物质沉降总质量 \tag{3-9}$$

干沉降中元素沉降通量

$$F_i = M \times C_i \div S \qquad (3-10)$$

式中，F_i——干沉降通量（mg/m²）；

　　　M——干沉降量（g）；

　　　C_i——干样部分样品元素质量分数（mg/g）；

　　　S——采样面积（m²）。

湿沉降中元素沉降通量

$$F = \left[\sum_{i=1}^{n} \frac{(C_i \times 10^6 \times V_i)}{A} \right] \times 10\,000 \qquad (3-11)$$

式中，F_i——湿沉降通量（kg/hm²）；

　　　C_i——浓度（mg/L）；

　　　V_i——湿沉降体积（L）；

　　　A——雨量桶横截面积（m²）。

林内湿沉降量计算中应剔除林地生态系统冠层干沉降历史积累量，其公式如下：

　　林内实际湿沉降量 = 林内总湿沉降量 -（林外干沉降量 - 林内干沉降量）　（3-12）

（6）样品中各离子含量测定

各离子分析方法及方法来源见表3-2。

表3-2　大气干湿沉降各指标分析方法

序号	项目	分析方法	方法来源
1	pH 值	电极法	GB 13580.4—1992
2	NH_4^+-N	纳氏试剂分光光度法	HJ 535—2009
3	总磷	钼酸铵分光光度法	GB 11893—1989
4	总氮	碱性过硫酸钾消除紫外分光光度法	HJ 636—2012
5	铜	2,9- 二甲基 -1,10- 菲啰啉分光光度法	HJ 486—2009
		二乙基二硫代氨基甲酸钠分光光度法	HJ 485—2009
		原子吸收分光光度法	GB 7475—1987
6	锌	原子吸收分光光度法	GB 7475—1987
7	硒	2,3- 二氨基萘荧光法	GB 11902—1989
		石墨炉原子吸收分光光度法	GB/T 15505—1995
8	砷	二乙基二硫代氨基甲酸银分光光度法	GB 7485—1987
9	汞	冷原子吸收	HJ 597—2011
10	镉	原子吸收分光光度法	GB 7475—1987
11	铬（六价）	二苯碳酰二肼分光光度法	GB 7467—1987
12	铅	原子吸收分光光度法	GB 7475—1987
13	硫化物	亚甲基蓝分光光度法	GB/T 16489—1996

序号	项目	分析方法	方法来源
14	硫酸盐	重量法	GB 11899—1989
		离子色谱法	HJ 84—2016
15	氯化物	离子色谱法	HJ 84—2016
		酚二磺酸分光光度法	GB 7480—1987
16	NO_3^--N	紫外分光光度法	GB 13580.8—1992
		离子色谱法	GB 13580.5—1992
17	钙、镁	原子吸收分光光度法	GB 13580.13—1992
18	钠、钾	原子吸收分光光度法	GB 13580.12—1992

二、空气总悬浮颗粒物（TSP）的测定

1. 技术原理

测定总悬浮颗粒物的方法是基于重力原理制定的，国内外广泛采用称量法，即抽取一定体积的空气，通过已恒重的滤膜，空气中粒径在 $100\mu m$ 以下的悬浮颗粒物被阻留在滤膜上，根据采样前后滤膜质量之差及采样体积，可计算总悬浮颗粒物的质量浓度。滤膜经处理后，可进行组分分析。

2. 仪器与试剂

（1）KC-120E 型智能中流量采样器

（2）温度计

（3）气压计

（4）8cm 超细玻璃纤维滤膜

（5）滤膜储存袋

（6）分析天平（感量 0.1mg）

3. 样品采集

每张滤膜使用前均需用光照检查，不得使用有针孔或有任何缺陷的滤膜采样。

采样滤膜在称量前需在平衡室内平衡 24h，然后在规定条件下迅速称量，读数准确至 0.1mg，记下滤膜的编号和质量，将滤膜平展地放在光滑洁净的纸袋内，然后储存于盒内备用。采样前，滤膜不能弯曲或折叠。

平衡室放置天平室内，平衡温度在 20 ～ 25℃，温度变化幅度为 ±3℃，相对湿度小于 50%，湿度变化小于 5%。天平室温度应维持在 15 ～ 30℃。

采样时，将已恒重的滤膜用小镊子取出，"毛"面向上，将其放在采样夹的网托上（网托事先用纸擦净），放上滤膜夹，拧紧采样器顶盖，然后开机采样，调节采样流量为 100L/min。

采样开始后 5min 和采样结束前 5min 记录一次流量。一张滤膜连续采样 24h。

采样后，用镊子小心取下滤膜，使采样毛面朝内，以采样有效面积长边为中线对叠，将折叠好的滤膜放回表面光滑的纸袋并储于盒内。

记录采样期的温度、压力。

4. 数据处理

$$总悬浮颗粒物的含量（mg/m^3）= \frac{W}{Q_n \times T} \qquad (3-13)$$

式中，W——采集在滤膜上的总悬浮颗粒物质量（mg）；

T——采样时间（min）；

Q_n——标准状态下的采样流量（m^3/min）。

$$Q_n = Q_2 \sqrt{\frac{T_3 \times p_2}{T_2 \times p_3}} \times \frac{273 \times p_3}{101.3 \times T_3} = 2.69 \times Q_2 \sqrt{\frac{p_2 \times p_3}{T_2 \times T_3}} \qquad (3-14)$$

式中，Q_2——现场采样表观流量（m^3/min）；

p_2——采样器现场校准时大气压力（kPa）；

p_3——采样时大气压力（kPa）；

T_2——采样器现场校准时空气温度（K）；

T_3——采样时的空气温度（K）。

若 T_3、p_3 与采样器现场校准时的 T_2、p_2 相近，可用 T_2、p_2 代之。

5. 注意事项

由于采样器流量计上表观流量与实际流量随温度、压力而变化，所以采样器流量计必须校正后使用。

要经常检查采样头是否漏气。当滤膜上颗粒物与四周白边之间的界线模糊，表明面板密封垫没有垫好或密封性能不好，应更换面板密封垫，否则测定结果将会偏低。

取采样后的滤膜时应注意滤膜是否出现物理性损伤及采样过程中是否有穿孔漏气现象，若发现有损伤、穿孔漏气现象，应作废，重新取样。

三、空气主要污染物自动监测方法

监测仪器主要分为空气气体污染物监测仪、空气颗粒物监测仪、空气负离子监测仪、气象要素监测仪，其中空气气体污染物监测仪包括 NO_x 监测仪、O_3 监测仪、SO_2 监测仪、CO 监测仪等；空气颗粒物监测仪包括 PM10 监测仪、PM2.5 监测仪和气溶胶再发生器。

1. 空气颗粒物监测仪

目前直接监测空气颗粒物浓度的仪器可以分为两种，一是原位空气颗粒物监测仪，原理是重量法、β射线法和振荡天平法等；二是便携式空气颗粒物监测仪，原理是激光散射法，常用仪器设备有 DUSTMATE、METONE-831 等。原位监测仪器的主要优点是设备运行较为稳定，且由人为操作因素引起误差的概率较小，监测结果的准确性及稳定性相对较高，缺点是只能对某一固定地点进行长期连续监测，不方便移动。而移动便携式监测仪可以随时随地监测空气颗粒物浓度，适用于多点同时开展监测研究（表3-3）。

表3-3 空气颗粒物主要监测仪器

仪器设备	原理	测量方式	灵敏度（mg/m³）	特点
原位PM2.5分析仪	β射线吸收法，仪器加装动态加热系统	自动、在线、连续	0.001	准确度高，测量结果与颗粒物粒径、颜色、成分无关
原位PM10分析仪	β射线吸收法，仪器加装动态加热系统	自动、在线、连续	0.001	准确度高，测量结果与颗粒物粒径、颜色、成分无关
便携式空气颗粒物监测仪	激光散射法	自动、连续	0.001	灵活方便，精度低

2. 原位PM2.5/ PM10自动监测仪

（1）方法原理

PM2.5和PM10连续监测系统的测量方法为β射线吸收法（表3-3）。监测仪器将 ^{14}C 作为辐射源，同时以恒定流量抽气，空气中的悬浮颗粒物被吸附在β源和探测器之间的滤纸表面，抽气前后探测器计数值的改变反映了滤纸上吸附灰尘的质量，由此可以得到单位体积悬浮颗粒物的浓度。

建立吸收物（如纸带上的灰尘）与β射线粒子衰减量接近指数（近似）的关系，当吸收物质厚度远小于β粒子的射程时，吸收近似满足如下关系：

$$I=I_0 e-\mu_m x \tag{3-15}$$

式中，I_0——空白滤纸的β粒子计数值；

I——β射线穿过沉积颗粒物的滤纸的β粒子计数值；

μ_m——质量吸收系数（cm²/mg），对于同一吸收物质，其与放射能量有关；

x——吸收物质的质量密度（mg/cm²）。

由此导出 x 吸收物质质量密度：

$$x=\frac{1}{\mu_m}ln\frac{I_0}{I} \tag{3-16}$$

测量时，气泵以恒定流量抽取被测空气，若恒定流速为 Q（L/min），采样时间为 Δt（min），通过纸带尘样的截面积为 A（cm²），环境粒子浓度 Mc（mg/m³），则空气粒子浓度和测定的数量之间的关系为：

$$Mc=\frac{10^3 \cdot A \cdot x}{Q \cdot \Delta t} \tag{3-17}$$

将 x 代入可得：

$$Mc=\frac{10^3 \cdot A}{Q \cdot \Delta t \cdot \mu m}ln\frac{I_0}{I} \tag{3-18}$$

（2）监测仪的组成

PM2.5和PM10连续监测系统包括样品采集单元、动态加热单元、样品测量单元、数据采集和传输单元及其他辅助设备。

样品采集单元由采样入口、切割器和采样管等组成。将环境空气颗粒物进行切割分离，并将目标颗粒物输送到样品测量单元。

①切割器是根据空气动力学原理设计的，用于分离不同粒径的颗粒物。切割效率流量为 16.7L/min（上下浮动 3%）。

②切割粒径。

PM10 切割器：（10±0.5）μm 空气动力学直径。

PM2.5 切割器：（2.5±0.2）μm 空气动力学直径。

3. 便携式空气颗粒物监测仪

便携式空气颗粒物监测仪是一款高度集成的便携式、主动型颗粒物监测仪，具有准确度高、体积小、重量轻、易于操作和户外操作时间长的特点。主要应用于现场治理、粒径判别、质量验证、暴露模型。采用浊度测定法、体积流量控制技术和相对湿度补偿功能，能够实时准确测定颗粒物浓度；集成化的样品过滤器便于用称重法进行数据验证。一般情况配有可溯源到 ACGIH 的旋风式切割器，设置不同的流量，测量 TSP、PM10、PM1.0。螺旋形的样品入口在没有旋风式切割器的情况下也能保证颗粒物的吸入和样品的代表性。

以 DUSTMATE 为例，介绍便携式空气颗粒物监测仪的原理及特点，其主要技术性能指标见表 3-4。基本原理主要是采用最新的激光散射原理，颗粒物经过进样口进入到光学测量室内，光源产生 880nm 的红外光照射到颗粒物上发生散射，位于 90° 角位置上的探测器将散射光捕获。通过散射光强与校准颗粒物质量浓度的关系，实时计算并显示质量浓度。

表 3-4　便携式颗粒物监测仪技术性能指标

项目	指标
测量范围（mg/m³）	0～1 或 0～10（可选）
50% 切割粒径	10±1，空气动力学直径
最小显示单位（mg/m³）	0.001
采样流量偏差	≤ ±5% 设定流量（24h）
仪器平行性	≤ ±7% 或者 5PG/m
标准膜重现性	≤ ±2% 标准值
斜率	1±0.1
与参比方法比较　截距（PG/m³）	0±5
相关系数	≥ 0.95
输出信号	模拟信号或数字信号
工作电压	AC 220V±10%50Hz
工作环境温度（℃）	0～40

对采样管进行加热，控制采样气体中湿度，防止冷凝水产生。

动态加热系统（Dynamic Heatedly System，DHS）：根据外界温湿度的变化实时调节加热方式，使样品的温湿度控制在合适的范围内，减少持续加热时间，降低不稳定成分的挥发，以保证颗粒物测量的准确性。

DHS 主要由温湿度传感器、加热器和湿度控制软件组成，其中加热器位于滤膜之前的采样气路上，当温湿度传感器检测到气体湿度不在控制软件设定的湿度范围时，便启动智能控制加热器进行加热，控制采样气体的湿度，从而消除环境温湿度变化对测量的影响。

为保证设备运行安全，采样气体被加热到最高温度为 T（℃），当气体温度超过 T（℃）时，DHS 不进行加热；当气体温度小于 T（℃），DHS 根据湿度进行动态加热控制湿度。

样品测量单元：样品测量单元对采集空气环境中的 PM2.5 或 PM10 样品进行测量。由流量控制模块、机械传动组件、β 源和探测器等组成。

流量控制模块：在监测仪器正常工作条件下，流量控制模块保证采样入口处流量符合以下 3 个指标：平均流量偏差 ±5% 设定流量；流量相对标准偏差 ≤ 2%；平均流量示值误差 ≤ 2%。

机械传动结构：精确的纸带传动控制电路和结构设计，消除了回程误差的影响。纸带斑点均匀，纸带利用率高。

β 源和探测器：颗粒物监测仪通过采样系统按规定流量抽取空气样品，气体通过带状滤纸过滤，使粉尘集中到该滤纸上，捕集前和捕集后的滤纸分别经 β 射线照射并测定透过滤纸的 β 射线强度，便能间接测出附在滤纸上的粉尘质量。β 射线辐射一般使用 ^{14}C 等放射性同位素，β 射线辐射强度用探测器进行测定。

数据采集和传输单元：数据采集和传输单元通过采集、处理和存储监测数据，并能按中心计算机指令传输监测数据和系统工作状态信息。

其他辅助设备：主要包括机柜或平台、安装固定装置、采样泵等。

测量流程：完成一个周期需要的全部过程和时间。基本流程如下。

①在周期开始时，先运行一个窗口距离，然后在 4min 内执行洁净纸带 I_0 的初始计数。

②电机带动纸带运转至采样处，进入抽气状态，开始采样。空气从纸带上的这一点抽入 50min。

③抽气结束，纸带运动回测量点，测量收集尘的截面所吸收的 β 射线（I_1）。

④等待至下个整点进行下一次的循环。

四、空气负（氧）离子浓度自动监测方法

1. 监测设备

（1）监测设备分类

监测设备可分为固定式和移动式（便携式）两种。本标准以固定监测设备为准。固定

式监测设备常年固定安装在监测场，全天24h不间断地自动采集空气负（氧）离子浓度数据，并实时往服务器无线传输数据。而移动式监测设备在监测场需人工操作，监测完毕带回室内保管，达不到自动连续监测要求。

（2）性能指标要求

监测设备性能指标要求见表3-5。

表3-5　监测设备性能指标表

序号	项目	性能指标
1	负（氧）离子测量范围	0～50 000个/cm³
2	负（氧）离子迁移率	≥0.4 cm²/（V·s）
3	负（氧）离子测量分辨率	①10个/cm³，当观测值≤500个/cm³时；②50个/cm³，当500个/cm³<观测值≤3 000个/cm³时；③100个/cm³，当3 000个/cm³<观测值≤50 000个/cm³时
4	负（氧）离子采样频率	50次/s
5	负（氧）离子浓度测量误差范围	-20%～20%
6	负（氧）离子迁移率误差范围	-20%～20%
7	数据观测采集频率	1条数据组（min），实时动态观测采集
8	数据传输存储频率	2条数据组（min），实时动态传输
9	传输通信方式	手机（sim卡）移动通信、北斗无线、光纤有线等多种方式
10	数据存储时间	传输断线情况下保存2个月
11	数据补传功能	2个月内可手动补传
12	主机外接电源	220V民用电源
13	主机内置蓄电池	供电时间≥2 h（设备在断电的情况下）

2. 环境适应性要求

指安装于监测场的监测设备环境适应性要求，具体见表3-6。

表3-6　监测设备环境适应性要求表

序号	项目	指标
1	环境温度	-30～60℃
2	环境湿度	0～100%（允许过饱和）
3	大气压力	450～1 060 hPa
4	抗风能力	≤75m/s
5	降水强度	6mm/min

3. 空气负（氧）离子浓度等级划分

根据平均值，空气负（氧）离子浓度等级划分见表3-7。

表3-7　空气负（氧）离子浓度等级划分表

等级	负（氧）离子浓度（n,个/cm³）	备注
I	$n \geq 3\ 000$	优
II	$1\ 200 \leq n < 3\ 000$	
III	$500 \leq n < 1\ 200$	
IV	$300 \leq n < 500$	↓
V	$100 \leq n < 300$	
VI	< 100	劣

第五节　沙粒粒径分析与评价方法

在干旱半干旱地区，频繁而强烈的土壤侵蚀，造成土壤颗粒和养分损失，破坏土体结构，是风蚀荒漠化发生和发展的重要原因。因此，土壤是解析风蚀荒漠化过程的一个重要因子，土壤结构的量化描述和表达也已成为相关研究的热点问题。粒径分级是土壤结构研究的基本内容，直接决定了不同粒径土壤颗粒的含量。

一、中国土粒分级标准

按照中国土粒分级标准（表3-8），按照不同粒径，将各类土粒分为石块、石砾、沙粒、粉粒和黏粒5种，其中沙粒包括粗沙粒（0.25～1mm）、细沙粒（0.05～0.25mm）两类，粉粒包括粗粉粒（0.01～0.05mm）、中粉粒（0.005～0.01mm）、细粉粒（0.002～0.005mm）3类。沙粒和粉粒均是研究风蚀主要对象，而粉粒、黏粒则是沙尘空气污染主要物质源。

表3-8　中国土粒分级标准

粒径名称		粒径（mm）
石　块		＞3
石　砾		1～3
沙　粒	粗沙粒	0.25～1
	细沙粒	0.05～0.25
粉　粒	粗粉粒	0.01～0.05
	中粉粒	0.005～0.01
	细粉粒	0.002～0.005

粒径名称		粒径（mm）
黏 粒	粗黏粒	0.001 ～ 0.002
	细黏粒	＜ 0.001

二、林业行业标准土壤机械组成分级

土壤机械组成分类标准见表 3-9。

表 3-9 土壤粒径分级标准

类型	名称	颗粒组成		
		沙粒（0.05 ～ 1mm）含量（%）	粗粉粒（0.01 ～ 0.05mm）含量（%）	黏粒（＜ 0.01mm）含量（%）
沙土	粗沙粒	＞ 70		
	细沙粒	60 ＜含量≤ 70	—	
	面沙土	50 ＜含量≤ 60		
壤土	沙粉土	＞ 20	＞ 40	≤ 30
	粉土	≤ 20		
	粉壤土	＞ 20	≤ 40	
	黏壤土	≤ 20		
黏土	沙黏土	＞ 50	—	＞ 30
	粉黏土			30 ＜含量≤ 35
	壤黏土	—		35 ＜含量≤ 40
	黏土			＞ 40

按照林业行业标准《森林生态系统长期定位观测方法》（LY/T 1952—2011），将土壤粒径分为沙土、壤土、黏土，其中与风蚀监测研究关系最密切的为沙土和壤土。具体分级方法为，将采集的土样平铺在遮阴处风干，然后放入土壤筛中按粒径大小分级，并记录每级土样的重量，将粒径≤ 0.25mm 的土样利用比重法、吸管法或激光粒径粒形分析仪继续按粒径大小分级。

三、沙粒粒径分析方法

小于 1cm 的粒径，推荐使用激光粒度分析仪，对试验采集到的沙粒样品进行粒径组成分析。较大颗粒建议采用筛选分级法。

四、沙粒粒径与起动风速之间的关系

参照吴正等（表 3-10）对沙粒粒径与起动风速研究结果可知，风蚀环境中当地表 2m

高度风速达到或小于 4.0m/s 时，就可能产生起沙现象，因此多数沙粒均极易被风蚀而产生起沙现象。

表 3-10　沙粒粒径与起动风速值

沙粒粒径（mm）	起动风速（离地 2m 高处）（m/s）
0.10～0.25	4
0.25～0.50	5.6
0.50～1.00	6.7
>1.00	7.1

五、沙粒粒径分析

采用英国产 Malvern 牌 Mastersizer 2000 型激光粒度分析仪，对试验采集到的沙粒样品进行了粒径组成分析。

六、分形维数理论在土壤颗粒分级中的应用

测定不同粒径土壤颗粒含量及其变化特征是描述土壤结构、表征风蚀荒漠化发生程度的基本方法，这种方法虽然简单，但烦琐且不直观。与传统的土壤结构描述方法相比，土壤分形指标实现了复杂空间尺度土壤结构的定量表达，可以更加有效地指示土壤容重、孔隙、肥力、空间变异性和退化程度等土壤特征，还能够积极反映不同植被、土地利用类型对土壤质地和质量的影响，且对于风蚀荒漠化过程具有重要指示意义。

现阶段，土壤分形特征研究的核心是土壤颗粒分形维数。土壤体积分形维数与土壤颗粒组成密切相关，因此粒径分级是影响土壤体积分形维数测定的重要因素。粒径分级越详细，保留的土壤颗粒组成信息越丰富，土壤体积分形维数的测算也越精确。众多学者从不同角度提出了多种土壤颗粒分形维数计算模型，但基本类型一般包括 3 种：基于土壤颗粒数量的分形维数、基于土壤颗粒质量的分形维数和基于土壤颗粒体积的分形维数。其中，随着激光衍射土壤粒度分析技术的不断发展，土壤颗粒的体积分布状况可较为精确快速测得。

分形维数可以概括是没有特征尺度的自相似结构。分形维数的大小能够用于说明自相关变量空间分布格局的复杂程度；分形维数越高，空间分布格局简单，空间结构性好；分形维数低意味着空间分布格局相对复杂，随机因素引起的异质性占有较大的比重。根据激光粒度分析仪测得的土壤粒径体积分布数据，采用土壤体积分形维数模型计算土壤分形维数。

体积分形维数计算公式如下：

$$\frac{V}{V_T} = \left(\frac{R}{\lambda_V}\right)^{3-D} \tag{3-19}$$

式中，V——粒径小于 R 的全部土壤颗粒的总体积（%）；

V_T——土壤颗粒总体积（%）；

R——两筛分粒级 R_i 与 R_{i+1} 间粒径平均值（mm）；

λ_V——数值上等于最大粒径数（mm）；

D——分形维数。

测试中可将采集风沙土样品去除动植物残体、大块砾石后，再采用30% H_2O_2 溶液去除有机物质，采用NaHMP（六偏磷酸钠）溶液浸泡使土粒分散。土壤粒度特征的测定采用英国Malvern公司生产的MS–2000型激光粒度分析仪，该仪器利用激光衍射技术测定土壤粒径体积分布，其测量范围为0.02～2 000μm，重复测量误差小于2%。国内丹东、珠海等也生产相关测试设备。

第六节　地下水位监测研究

在大范围空间尺度内，采用野外打井法、辅助墒情监测法等措施，持续动态监测分析不同种植年限、不同区域内葡萄基地地下水位的影响。为制定合理的灌溉制度、盐渍化防治措施，以及土地可持续经营对策提供理论依据。

地下水位自2017年7月开始年监测，使用美国生产的HOBO水位计对水位变化进行实时监测，分别安装到贺兰山七泉沟宁夏农垦集团葡萄基地、宁夏农林科学院园艺研究所葡萄基地和宁夏农垦集团贺兰山农牧场苜蓿基地（对照组），每12h自动记录1次数据。2018年7月因部分设备丢失，更换为澳大利亚生产的Odyssey水位计。上述设备均由北京易科泰生态技术有限公司采购提供。

第七节　葡萄产品质量安全监测方法

分别于上年7月上旬、9月下旬对3年、5年、8年、10年、18年等不同种植年限酿酒葡萄及农田开展了两次全面取样，主要包括酿酒葡萄原料、全株、叶片、土壤、灌溉水质等影响酿酒葡萄质量安全因素，同时，以周边粮食作物农田、林地、枸杞农田等样地为空白对照，重点监测不同种植时间农药残留、重金属元素，以及对不同种植基地的酿酒葡萄中营养成分，糖、酸、硝酸盐、微量元素等影响葡萄品质的主要有效成分进行对比检测，分析其主要差异及成因。

一、葡萄品质、农残检测方法

1. 检测方法

THERMO TSQ QUANTUM ACCESS MAX 液 – 质联用仪、THERMO TSQ QUANTUM

GC 气－质联用仪。

2. 主要检测指标

总糖、总酸、烯酰吗啉、多菌灵、百菌清、嘧霉胺、异菌脲。As、Hg、Pb、Cd、Cr、Cu。

3. 测试条件

室温：20.0 ～ 25.0℃，湿度：42% ～ 49%。

二、葡萄及土壤重金属检测方法

1. 材料与试剂

材料：贺兰山东麓葡萄产区酿酒葡萄按照来源分为酒庄和个体农户，各酒庄和农户种植的酿酒葡萄管理模式各不相同。共采集 10 家酒庄（贺兰山美御葡萄基地、迎宾酒庄葡萄基地、源石酒庄葡萄基地、爱尔普斯酒庄葡萄基地、贺兰山米擒酒庄、张裕酒庄、容园美酒庄、甘城子密登堡酒庄、甘城子禹皇酒庄、甘城子荣光公司）及 3 处农户（七泉沟、玉泉营和黄羊滩）的酿酒葡萄样品。同时采集各酒庄和农户果园中土壤样品。

试剂：浓硝酸（优级纯），双氧水（优级纯），均为天津光复化学试剂厂生产；金属元素标准储备液：Cu、Cr、Pb、Cd、As、Hg、Fe、Mn、Zn（1 000mg/L），购自国家标准物质中心。

2. 仪器与设备

ELAN DRC-e 型电感耦合等离子体质谱仪：美国珀金埃尔默公司；AL204 型电子天平：瑞士梅特勒－托利多公司；CEM MARS Xpress 石墨炉消解仪：美国倍安公司；Milli-Q 超纯水机：德国默克密理博公司。

3. 样品采集与处理

样品采集时间为 2018 年 8—9 月酿酒葡萄收获期。供试酿酒葡萄品种为'赤霞珠''霞多丽''梅鹿辄''蛇龙珠'和'马瑟兰'5 个品种，于果实生理成熟期按照随机采样的方法从不少于 8 个葡萄藤上（上、下、内、外、向阳和背阴面）采集生长正常、无病害的葡萄果实 2.5kg。酿酒葡萄样品带回实验室后，先用自来水冲洗，再用去离子水洗净，晾干，去除果柄后使用均质机匀浆备用。

采集酿酒葡萄果实样品后，使用钢制土钻按照五点取样法获取同地块植株地表 0 ～ 20cm 同区域的土壤样品。将多点样品混合均匀，风干、研磨、过 100 目筛后备用。

4. 检测方法

使用电感耦合等离子体质谱仪（ICP-MS）测定葡萄果实、土壤中 Cu、Cr、Pb、Cd、As、Hg、Fe、Mn、Zn 等重金属元素的含量。

分别称取 3g（精确至 0.01g）葡萄样品、0.4g（精确至 0.000 1g）土壤样品于消解管中，加入 9mL 硝酸和 1mL 高氯酸，置于石墨炉消解仪中消解，待消解完全并冷却后，用超纯水定容至 25mL，摇匀，静置，待样液澄清后，测定元素含量。

三、土壤 pH 值、全盐、硝态氮等检测

1. 检测方法

AFS-930 原子荧光光度计、220Z/220FS 原子吸收分光光度计、722S 可见分光光度计、AFS-930 原子荧光光度计、220FS/220Z 原子吸收分光光度计、紫外可见分光光度计。

2. 检测指标

土壤 pH 值、全盐、硝态氮、As、Hg、Pb、Cd、Cr、有效 Zn、有效 Mn、有效 Cu、有效 Fe。

3. 测试条件

室温：21.0 ～ 24.0℃，湿度：46% ～ 64%。

四、灌溉水 pH 值、全盐、重金属检测

1. 检测方法

FE20 型 pH 计、DDS-307 型电导率仪、AFS-930 原子荧光光度计、220Z/220FS 原子吸收分光光度计。

2. 检测指标

pH 值《森林土壤水化学分析》（LY/T 1275—1999）、全盐《森林土壤水溶性盐分分析》（LY/T 1251—1999）、As、Hg、Pb、Cd、Cr、Cu。

3. 测试条件

室温：21.0 ～ 24.0℃，湿度：46% ～ 64%。

五、灌溉水重金属检测方法

执行标准：As《水质 总砷的测定 二乙基二硫代氨基甲酸银分光光度法》（GB 7485—1987），Hg《水质 总汞的测定 高锰酸钾 - 过硫酸钾消解法 双硫腙分光光度法》（GB 7469—1987），Cu、Zn、Pb、Cr《水质 铜、锌、铅、镉的测定 原子吸收分光光度法》（GB 7475—1987）。

第八节 酿酒葡萄农药残留量的气相色谱分析研究

一、腐霉利在酿酒葡萄和土壤中残留量的气相色谱分析研究

1. 仪器设备与试剂

仪器：岛津 2010 Plus 气相色谱仪（配 ECD 检测器）、电子天平（精度 0.01g，PL

202-L 型)、组织捣碎机（吉列布朗 K600）、匀浆机（德国 T18basic 型）、漩涡混匀器（德国 MS3 digital）、旋转蒸发器（瑞士步琪 R-15）、离心机（Heal Force，Neofuge 18R）、电热鼓风干燥箱（DHG-9240A 型）。

试剂：腐霉利标准品（由农业农村部环境质量监督检验测试中心提供）、乙腈、丙酮、正己烷，以上试剂均为色谱纯，氯化钠（分析纯），PSA 吸附分散剂（美国），去离子水。

2. 标准系列配制

将 1 000 mg/kg 的腐霉利标准样品用丙酮稀释配得 0.02mg/L、0.05mg/L、0.1mg/L、0.5mg/L、1.0mg/L、5.0mg/L 系列标准溶液。

3. 色谱条件

色谱柱：DB-5MS-UI 色谱柱（30m×0.25mm，0.25μm；Agilent 公司）；衬管（5183-4711）；进样口温度 280℃；检测器温度 310℃；柱温：初始温度 60℃，以 25℃/min 速率升到 210℃，保留 0min，再以 10℃/min 的速率升到 260℃，保持 0min，再以 15℃/min 的速率升到 300℃，保持 4min。载气：氮气 40mL/min，压力 13.47psi，不分流进样；进样量：2.0μL。按照上述色谱条件，对标准工作液和样品等体积进样，测定结果用外标法定量。腐霉利标准色谱图见图 3-3。

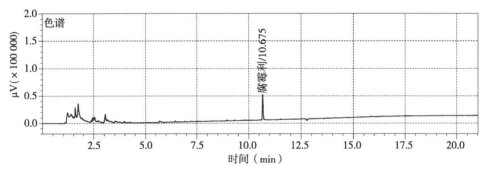

图 3-3　腐霉利标样 0.05mg/L

4. 样品处理

称取葡萄样品 10.00g 于 50mL 离心管中，加入 20mL 乙腈，振荡提取 1h，加入 5g 氯化钠，振荡摇匀 1min，3 000r/min 离心 5min，取上清液 4.0mL 于 10mL 试管中，浓缩近干后，用 2.0mL 丙酮 - 正己烷（1+9）定容液加入试管中定容后，涡旋 1min，加入 300mg PSA 涡旋净化，在 3 000r/min 下离心 3min，上清液装入进样小瓶中，待测。

土壤样品的处理同葡萄样品。

二、烯酰吗啉在葡萄上残留试验及风险状况分析

1. 仪器设备与试剂

仪器：超高效液相色谱串联质谱仪（TSQ QUANTUM ACCESS MAX，配 ESI 源，美国 Thermo 公司）、营养调理机（惠尔宝公司）、电子天平（精度 0.01 g，瑞士梅特勒公司）、漩涡混匀器（德国 IKA 公司）、恒温振荡器（国华企业）、离心机（TD-40L，上海安亭）。

试剂：烯酰吗啉标准品（购于农业农村部环境保护科研监测所）、乙腈（色谱纯）、甲醇（色谱纯）、水（一级）、氯化钠（分析纯）、PSA（德国 CNW 公司）、80% 烯酰吗啉水分散粒剂（陕西美邦农药有限公司）。

2. 田间试验

根据农药登记残留田间试验标准操作规程要求，对葡萄开展田间试验。

（1）消解动态

在宁夏银川和安徽宿州选择未施用烯酰吗啉的试验小区，按照《农作物中农药残留试验准则》（NY/T 788—2018）的要求，以制剂 800 倍液于葡萄果实生长到成熟个体一半大小时施药 1 次，施药后 2h、1d、2d、3d、5d、7d、10d、14d、21d、30d、45d 采集葡萄果实。各小区间设保护带，另设空白对照小区。

（2）最终残留

设置高低两个施药剂量，低剂量按制剂 3 200 倍稀释，高剂量按制剂 2 133 倍稀释。设 2 次施药和 3 次施药两个处理。按照试验设计时间开始第 1 次施药，施药间隔期 7d。采样时间为距离最后一次施药的间隔时间为 7d、14d、21d、28d。各小区间设保护带，另设空白对照小区。

（3）葡萄样本的采集

随机法采集葡萄的果实，每次每棵树采葡萄 8～10 串果实，不少于 2kg。将样品弃去病株、残株，除去果梗，缩分后留取 300g，装入样品袋，标签标记后，低温（-20℃）保存。

3. 样品处理

称取经高速匀浆后的葡萄样品 10.00g 于 50mL 离心管中，加入 20mL 乙腈，在振荡器振荡提取 1h 后，加入 5g 氯化钠，手动摇匀 1min，放置离心机中于 3 000r/min 离心 5min，取上清液 2.0mL 于提前称取好 150mgPSA 的 10mL 试管中，涡旋净化后离心，上层液用 0.22μm 针式有机滤膜过滤，吸取 200μL 过滤液用甲醇定容至 1.00mL，装入 2mL 进样小瓶中，待测。

4. 检测条件

色谱柱：XterraMS –C18 色谱柱（100mm×2.1mm，3.5μm；Waters 公司）；

柱温：初始温度 40℃；进样量：1.0uL；

流速：0.3mL/min；流动相：甲醇＋水；

传输汽化温度：300℃；辅助气：10mL/min；鞘气：30mL/min；

扫描方式：SRM（正）；电压 3 500V。

烯酰吗啉标准色谱图见图 3-4。

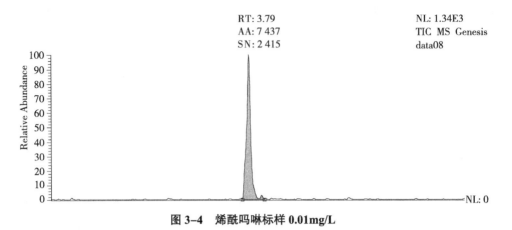

图 3-4　烯酰吗啉标样 0.01mg/L

第四章 宁夏贺兰山东麓酿酒葡萄基地建设对产地环境的影响评价

第一节 贺兰山酿酒葡萄种植对小气候的影响研究

自 2016 年开始，分别在美贺酒庄葡萄基地、贺兰山新小路公路养护站建立了 2 个长期定位小气候监测站，以后者为对照区，开展了葡萄基地建设对产区环境影响的监测研究，每套设备监测指标 32 个。以原始地貌荒漠草原为对照，系统全面的开展葡萄基地建设对不同垂直高度的风速、空气温度、湿度和 PM2.5、PM10 等主要空气污染物的影响，以及地表温湿度、光照、太阳辐射等小气候的影响，为相关研究提供及时准确系统全面的监测数据。主要监测指标包括：风向、CO_2 浓度、空气负氧离子浓度、降水量、日照时数、紫外线分布、光照强度、气压、土壤温度、湿度等小气候监测指标。监测高度分别设距离地面 1m、2m 两个垂直高度。每隔 30min 自动采集数据一次。通过搭载的 GPRS 远距离数据传输模块，及时准确的将监测区不同区域、不同高度范围内的风速、空气温湿度、空气质量等主要小气候监测指标进行实时传输。同时，通过采集软件，可实时调取相关监测指标日、月、季度、年度内动态变化规律。

一、葡萄基地的小气候变化

1. 葡萄基地大气温度、大气湿度的变化

由图 4-1 可知，2017 年 3 月至 2020 年 1 月间葡萄基地的大气温度随着时间变化呈现出倒"U"形，每年 7 月大气温度最高，3 年间 7 月大气温度在 25℃左右。大气温度从每年的 2、3 月开始上升，7 月达到峰值，从 8 月开始气温逐渐下降，12 月温度低至 0℃以下。

2017 年 3 月至 2020 年 1 月间葡萄基地大气湿度大致呈下降—上升—下降趋势。2017 年 10 月的大气湿度为 65% 左右，5 月大气湿度最低。2018 年 8 月大气湿度最高，其次为 7 月，2 月最小。2019 年 9 月大气湿度高于其他月份，3 月大气湿度最小；2020 年 1 月大气湿度在 60% ～ 70%。

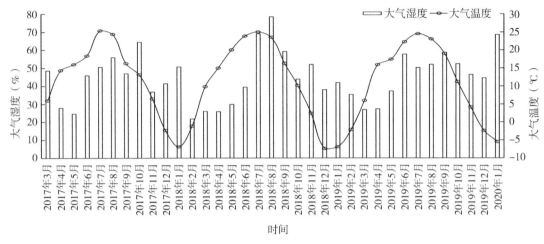

图 4-1　葡萄基地大气温度、大气湿度的变化

2. 葡萄基地大气气压的变化

由图 4-2 可知，2017 年 3 月至 2020 年 1 月，葡萄基地的大气气压都在 870hPa 之上。随着时间延长，大气气压呈下降—上升趋势；7 月大气气压最低，12 月大气气压最高，均在 884hPa 以上。

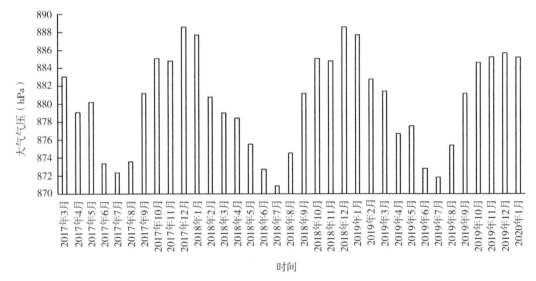

图 4-2　葡萄基地大气气压变化

3. 葡萄基地雨量的变化

由图 4-3 可知，2018 年雨量高于 2019 年雨量。2018 年雨量出现 4 个峰值，分别出现在 5 月上旬、6 月下旬、8 月上旬、10 月下旬。8 月上旬雨量为 0.13 ～ 0.14mm/min，其余月份雨量低于 0.02mm/min。2019 年出现 5 个雨量峰值，分别在 5 月上旬、6 月下旬、9 月上旬、10 月上旬、11 月上旬。2019 年雨量在 0.02 ～ 0.06mm/min。

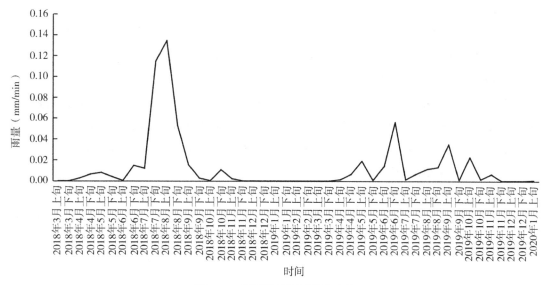

图 4-3 葡萄基地降雨强度变化

4. 葡萄基地 1m、2m 风速变化

从 2018 年 3 月上旬至 2020 年 1 月上旬，葡萄基地 1m、2m 风速表变化趋势不明显；1m、2m 高度风速都在 0～2.5m/s。2018 年 3 月上旬到 4 月下旬，2019 年 8 月下旬至 10 月下旬，2m 高度的风速高于 1m 风速；其余时间段内 2m 高度风速均低于 1m 风速。

5. 葡萄基地 2m PM2.5、PM10 浓度变化

如图 4-4 所示，2019 年每月 2m 高度的 PM2.5、PM10 浓度低于 2017 年、2018 年同月份浓度。2017 年 3 月 PM2.5 浓度最高，在 500 以上；2017 年 6 月 PM2.5 浓度最低，在 150～200。2018 年各月份 PM2.5 浓度为 5 月＞ 11 月＞ 12 月＞ 6 月＞ 2 月＞ 3 月＞ 8 月＞ 10 月＞ 1 月＞ 7 月＞ 9 月＞ 4 月。2019 年 2 月 PM2.5 最高，8 月最低。

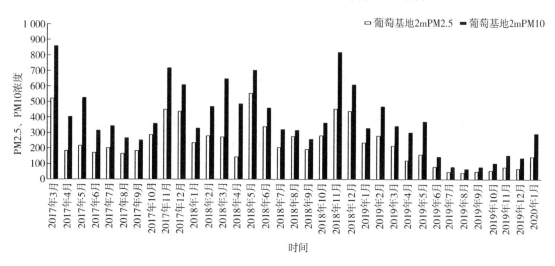

图 4-4 葡萄基地 2m 高度 PM2.5、PM10 浓度变化

6. 葡萄基地二氧化碳浓度变化

葡萄基地 2018 年 12 月上旬二氧化碳浓度高于其余时间段。2019 年 11 月上旬二氧化碳浓度高于其他时间段，7 月上旬二氧化碳浓度数值最低。

7. 葡萄基地土壤湿度的变化

监测可知，随着时间延长，葡萄基地 0～40cm 土层湿度变化不大。60cm 土壤湿度随时间延长，差异较大，2018 年 9 月、10 月、11 月 60cm 土壤湿度高达 95% 以上。在 2017 年 3 月至 2020 年 1 月间，葡萄基地不同土层土壤湿度为 60cm ＞ 20cm ＞ 40cm。

8. 葡萄基地土壤温度变化

由图 4-5 可知，2017 年 3 月至 2020 年 1 月各土层土壤温度随时间变化呈倒 "U" 形。每年的 7、8 月各土层温度达到最大值。2017 年 4 月、2018 年 4—8 月，2019 年 3—9 月，土壤温度随着土层加深呈降低趋势；其余时间土壤温度随土层加深呈上升趋势。

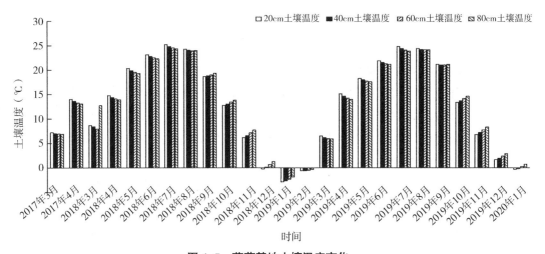

图 4-5　葡萄基地土壤温度变化

二、封山育林地（对照区）的小气候变化

1. 封山育林地 1m、2m 大气温度、大气湿度变化

由图 4-6 可知，2017 年 3 月下旬至 2020 年 1 月上旬，每年的封山育林地 1m、2m 的大气温度随着时间变化呈先上升后下降趋势。大气温度都在 –5～25℃。2017 年 3 月下旬至 2020 年 1 月上旬，除 2017 年 4 月下旬以及 2019 年 10 月下旬外封山育林地 1m 高度的大气温度都低于 2m 高度大气温度。

由图 4-7 可知，2017 年 3 月下旬至 2020 年 1 月上旬，封山育林地 1m、2m 高度大气湿度在 10%～85%。随着时间变化，1m、2m 高度的大气湿度变化趋势不明显。2017 年间 7 月上旬至 9 月，2018 年 6 月下旬至 9 月下旬，2019 年 7 月上旬至 10 月上旬的 1m 高度大气湿度高于 2m。

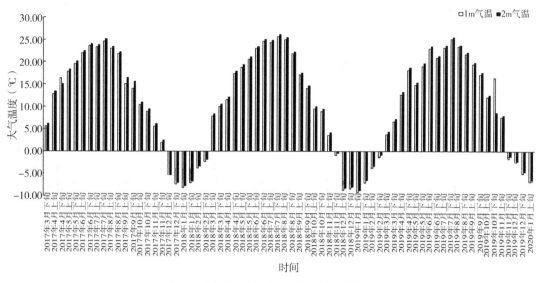

图 4-6　封山育林地 1m、2m 大气温度变化

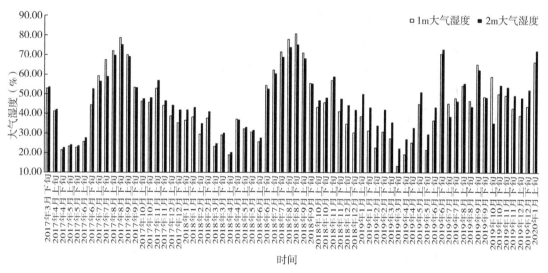

图 4-7　封山育林地 1m、2m 大气湿度变化

2. 封山育林地 1m、2m 风速变化

封山育林地 1m 高度风速为 0 ～ 0.6m/s，2m 高度风速为 0.1 ～ 1.5m/s。2018 年 3 月上旬至 2020 年 1 月下旬，封山育林地 2m 高度的风速始终大于 1m 高度的风速。

3. 封山育林地 1m、2mPM2.5、PM10 浓度变化

由图 4-8 可知，2017 年 3 月至 2020 年 1 月，1m、2m 封山育林地的 PM2.5、PM10浓度呈"U"形。从浓度看，2017 年 1m、2m 高度 PM2.5 浓度值在 11 月最高，PM10 浓度 3 月最大。2018 年 1 月的 1m、2m 高度 PM2.5、PM10 浓度值最大；2019 年 12 月 1m、2m 高度 PM2.5、PM10 浓度值最大。2017、2018 两年的 11 月至 2 月封山育林地 1m 高

度的 PM2.5 高于 2m 高度的数值。2019 年 6 月至 2020 年 1 月封山育林地 1m 高度的 PM10 浓度低于 2m 高度。

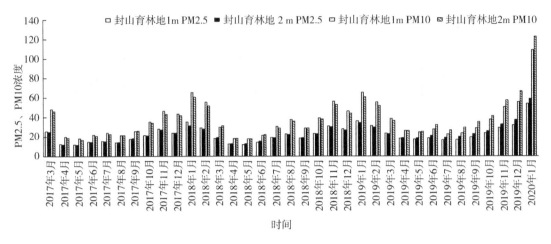

图 4-8　封山育林地 1m、2m PM2.5、PM10 浓度变化

4. 封山育林地二氧化碳浓度变化

封山育林地 2018 年 3 月上旬至 2020 年 1 月上旬，2018 年 12 月上旬的二氧化碳浓度远高于其他时间，6 月上旬的二氧化碳浓度低于其他时间。2019 年 12 月下旬的浓度高于同年其余时间段。

5. 封山育林地土壤湿度变化

监测发现封山育林地 20 ～ 60cm 土壤湿度都在 2% ～ 12%，随着时间变化，3 个土层土壤湿度变化趋势大致呈上升—下降趋势。2018 年 8 月各土层土壤水分达到当年最大值，2019 年 6 月达当年最大值。各月份内 20cm 与 60cm 的土壤湿度较为接近，40cm 土壤湿度大于 20、60cm。

6. 封山育林地土壤温度变化

由图 4-9 可知，2017 年 3 月至 2020 年 1 月，封山育林地各土层随时间延长呈上升—下降趋势。2017 年 3、4 月、2018 年 3—8 月、2019 年 3—9 月，土壤温度随土层增加而降低，其余月份呈增加趋势。

三、封山育林地与葡萄基地对小气候的影响对比分析

1. 封山育林地与葡萄基地 1m、2m 风速差异

封山育林地与葡萄基地的 1m、2m 风速之间存在差异，如图 4-10 所示，2018 年 3 月，2018 年 4 月下旬至 9 月下旬以及 2019 年 9 月上旬至 10 月上旬封山育林地 1m 风速高于葡萄基地 1m 风速。其余时间段内，封山育林 1m 风速低于葡萄基地。2018 年 4 月上旬至 9 月下旬，2019 年 8 月下旬至 11 月上旬 2m 高度封山育林地风速高于葡萄基地；其余时间段内均低于葡萄基地风速。

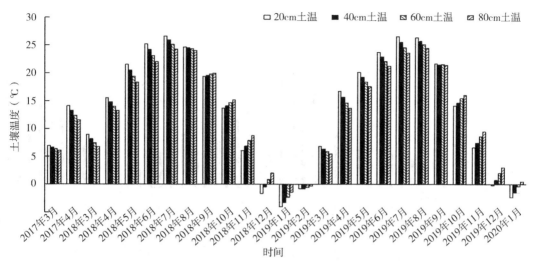

图 4-9 封山育林地土壤温度变化

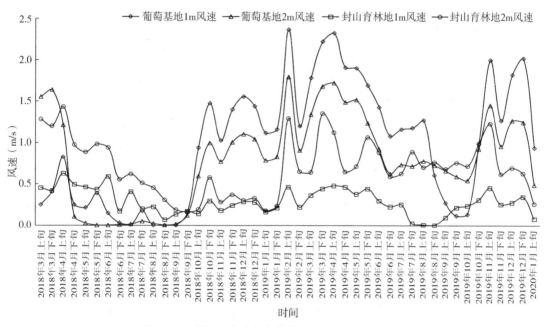

图 4-10 封山育林地与葡萄基地 1m、2m 风速差异

2. 封山育林地与葡萄基地 2m PM2.5、PM10 浓度差异

由图 4-8 与图 4-4 可知，葡萄基地 2m 高度 PM2.5 浓度为 0 ～ 600，PM10 浓度 0 ～ 900；封山育林地 2m 高度 PM2.5 为 0 ～ 20，PM10 为 0 ～ 120。葡萄基地同年同月份的 PM2.5、PM10 数值远高于封山育林地。

3. 封山育林地与葡萄基地二氧化碳浓度差异

由图 4-11 可知，2018 年 3 月上旬至 2020 年 1 月上旬，葡萄基地二氧化碳浓度为 500 ～ 800，封山育林地二氧化碳浓度为 500 ～ 950。在同年同月份，封山育林地二氧化碳浓度高于葡萄基地。

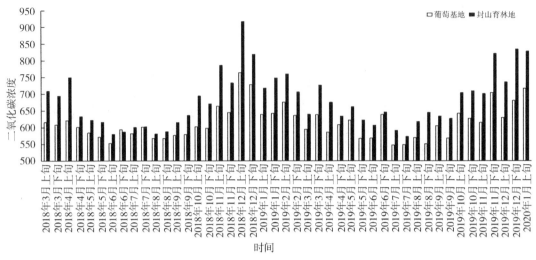

图 4-11　封山育林地与葡萄基地二氧化碳浓度差异

4. 封山育林地与葡萄基地土壤湿度差异

监测可知，0 ～ 60cm 封山育林地土壤湿度在 2% ～ 12%，葡萄基地土壤湿度在 0 ～ 100%。同年同时期 0 ～ 60cm 封山育林地土壤湿度始终低于葡萄基地。

5. 封山育林地与葡萄基地土壤温度差异

封山育林地与葡萄基地土壤温度在 –5 ～ 25℃。2018 年 10 月至 2019 年 2 月封山育林地 20cm 与 40cm 土层土壤温度低于葡萄基地；其余时间高于葡萄基地。在 60cm 与 80cm 深度下，封山育林地土壤温度一直高于葡萄基地。

第二节　宁夏贺兰山葡萄开荒种植对荒漠草原土壤温度和湿度的影响

葡萄是干旱半干旱地区农业种植的主要经济作物，在农业中占有重要地位。宁夏作为干旱半干旱地区酿酒葡萄的主产区，近年来种植面积逐年增加。贺兰山酿酒葡萄基地位于宁夏贺兰山东麓（105°45′ ～ 106°27′ E，37°43′ ～ 39°05′ N），属于宁夏黄河冲积平原和贺兰山冲积扇之间的绿洲—荒漠交错带，是典型的中温带干旱气候区，具备独特的土壤、光照、温度、降水、地形、水热系数等风土条件，植被为山前荒漠草原，使得当地葡萄酒在品质上具有卓越表现。随着生态移民与产业开发，人类活动对退化土地的扰动日益突出。贺兰山东麓由于特殊的冷凉气候与沙质土壤，特别适合酿酒葡萄的栽植，是宁夏回族自治区人民政府根据相关产业规划确定的 2 个重点产业带之一，近年来发展速度明显加快。2011 年至今，宁夏贺兰山东麓葡萄种植面积已发展至 3.8 万 hm²。如此大规模的开发种植葡萄是否会对产区周边原始地貌及林草覆盖区土壤温湿度产生影响，是本课题组研究的主要内容之一。

土壤温湿度变化的研究目前已有大量文献报道。赵维俊等对祁连山林草复合流域不同下垫面土壤温度变化规律进行研究发现，浅层（10～20cm）土壤温度日变化呈正弦曲线变化，深层（40～80cm）土壤温度日变化呈直线变化，林地土壤湿度年动态变化呈正弦曲线趋势，草地在土壤结冻后和未消融期间土壤湿度较低且变化不明显。韩璐等对柴达木盆地土壤温湿度变化特征进行分析发现，浅层土壤温湿度变化剧烈，深层土壤变化相对平稳。袁余等研究发现，葡萄园近地表处土壤温度日变化幅度相对较大，深层土壤温度日变化趋势平缓。土壤温湿度在一定土壤剖面深度的年变化特征和地表植被类型影响土壤温湿度变化的研究较少。因此，深入研究葡萄大规模开发种植对产区周边原始地貌及林草覆盖区土壤温湿度产生的影响具有重要意义。

贺兰山东麓地区较为特殊，当地的葡萄林与荒漠草原植被组合特征较为典型，再加上当地的水分受季节变化影响较大，因此对当地土壤干湿状况进行细致研究，有利于深入了解大规模种植葡萄对土壤的影响。为此，本研究以原始地貌荒漠草原为对照，系统全面的开展葡萄开荒种植对不同深度土壤温度和湿度变化的影响研究，利用宁夏农林科学院设在贺兰山东麓葡萄种植基地和荒漠草原气象观测场一年的土壤温湿度数据资料，分析葡萄园和荒漠草原在土壤深度范围内温湿度变化情况，为监测和评价葡萄开荒种植对土壤温湿度的影响提供了及时、准确和系统的监测数据，为制定科学合理的田间管理措施提供参考。

一、不同深度土壤温度的变化规律

1. 葡萄基地

从图4-12看出，2017年3月开始，葡萄基地20cm、40cm和60cm深度土壤温度的变化基本一致，均为上升趋势，7月平均温度达最大值，8月开始，各土层土壤温度均呈下降趋势，2018年1月和2月时均降至0℃以下，最小值均出现在2月。其中2017年3—7月，20cm深度土壤温度均显著高于其他深度，随土层深度增加呈下降趋势。8—9月土壤温度在3个深度间差异不显著；10月至2018年2月，各深度土壤温度均为60cm＞40cm＞20cm，3个土层的土壤温度存在显著差异（$P < 0.05$）。

2. 荒漠草原

从图4-13看出，2017年3月开始，荒漠草原20cm、40cm和60cm深度的土壤温度均呈上升趋势，5月之前，各深度土壤温度均处在0℃以下，至9月平均温度均达最高值；10月开始各土层土壤温度开始下降，直至2018年2月土壤温度降至0℃以下，最小值出现在3月。其中5—11月，各深度温度均呈规律的20cm＞40cm＞60cm，20cm深度土壤温度均显著高于40cm和60cm深度；3—4月、12月至2018年2月各土层温度也呈规律的60cm＞40cm＞20cm，且差异显著。

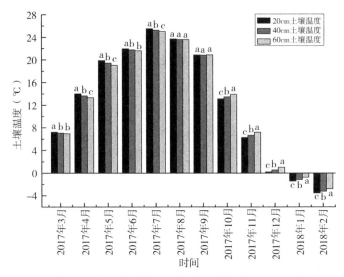

图 4-12　葡萄基地不同深度土壤温度月平均温度

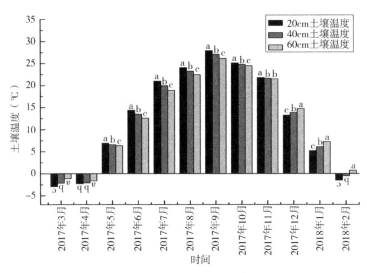

图 4-13　荒漠草原不同深度土壤月平均温度

3. 葡萄基地与荒漠草原土壤温度的差异性

从图 4-14 和表 4-1 看出，葡萄基地和荒漠草原 20cm、40cm 和 60cm 深度土壤温度近似趋于正弦分布。2017 年 3—8 月，葡萄基地各深度土壤温度均高于荒漠草原；8 月之后，荒漠草原各深度土壤温度高于葡萄基地，说明荒漠草原土壤温度变化存在滞后性。其中在 20cm、40cm、60cm 深度，葡萄基地 3—7 月土壤温度均极显著高于荒漠草原（葡萄基地 7 月 20cm 土层除外）；8 月荒漠草原只有 20cm 处土壤温度显著高于葡萄基地，其他土层差异不显著；9 月至 2018 年 1 月荒漠草原 20cm、40cm 和 60cm 深度土壤温度均极显著高于葡萄基地；2 月葡萄基地不同深度的土壤温度显著低于荒漠草原，20cm 深度土壤温度差异达极显著水平。

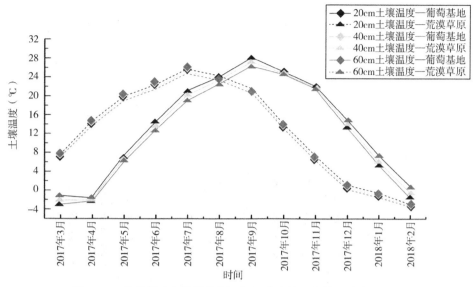

图 4-14　葡萄基地和荒漠草原不同深度土壤温度的月均变化趋势

表 4-1　葡萄基地和荒漠草原不同深度土壤温度的配对 *t* 检验

年份	葡萄基地	荒漠草原	葡萄基地	荒漠草原	葡萄基地	荒漠草原
	20cm 土层		40cm 土层		60cm 土层	
2017 年 3 月	7.24±0.04**	−2.96±0.02	7.05±0.03**	−2.17±0.02	6.95±0.03**	−1.14±0.01
2017 年 4 月	14.01±0.07**	−2.28±0.07	13.65±0.05**	−2.12±0.05	13.33±0.05**	−1.66±0.03
2017 年 5 月	19.87±0.09**	6.92±0.05	19.42±0.08**	6.61±0.03	19.02±0.07**	6.36±0.01
2017 年 6 月	21.94±0.06**	14.37±0.07	21.75±0.05**	13.51±0.06	21.60±0.05**	12.61±0.06
2017 年 7 月	25.51±0.07*	21.00±0.08	25.26±0.06**	19.97±0.07	25.04±0.05**	18.90±0.06
2017 年 8 月	23.72±0.08	24.05±0.07*	23.62±0.07	23.27±0.05	23.61±0.06	22.44±0.04
2017 年 9 月	20.85±0.04	27.91±0.08**	20.81±0.03	27.10±0.06**	20.87±0.03	26.17±0.04**
2017 年 10 月	13.12±0.07	25.10±0.08**	13.45±0.07	24.78±0.06**	13.91±0.06	24.48±0.05**
2017 年 11 月	6.27±0.07	21.82±0.04**	6.66±0.07	21.64±0.03**	7.21±0.07	21.51±0.02**
2017 年 12 月	0.21±0.03	13.26±0.07**	0.54±0.02	13.85±0.07**	1.03±0.03	14.75±0.06**
2018 年 1 月	−1.42±0.02	5.22±0.08**	−1.15±0.02	6.08±0.07**	−0.75±0.02	7.26±0.07**
2018 年 2 月	−3.54±0.02**	−1.51±0.03	−3.25±0.02*	−0.54±0.03	−2.80±0.02*	0.74±0.03

注：表中 ** 和 * 分别表示 $P < 0.01$，$P < 0.05$，下同。

二、不同深度土壤湿度的变化规律

1. 葡萄基地

从图 4-15 看出，随时间变化，葡萄基地 20cm、40cm 和 60cm 深度土壤湿度均变化明显。2017 年 4—8 月各深度土壤湿度均呈逐渐增加趋势；9—11 月呈下降趋势；12 月至

2018年1月土壤湿度略微上升,至2月开始下降。其中2017年3—11月及2018年1—2月,60cm深度土壤湿度均显著高于20cm和40cm;而12月20cm深度土壤湿度显著高于40cm和60cm。

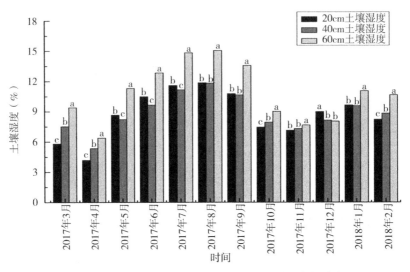

图4-15 葡萄基地不同深度土壤湿度的月变化动态

2. 荒漠草原

从图4-16看出,随时间变化,不同深度土壤湿度均变化明显。2017年3—8月各深度土壤湿度呈逐渐升高趋势,9—11月呈下降趋势;12月至2018年2月,60cm深度土壤湿度呈增加趋势,40cm深度土壤湿度呈先升后降趋势,而20cm深度土壤湿度呈降低趋势。其中2017年3—9月、11月至2018年1月,40cm深度土壤湿度均显著高于20cm和60cm深度;10月和2018年1月40cm和60cm深度土壤湿度显著高于20cm深度。

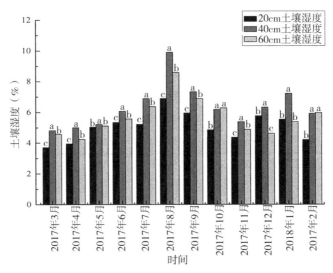

图4-16 荒漠草原不同深度土壤湿度的月变化动态

3. 葡萄基地与荒漠草原土壤湿度的差异性

从图4-17和表4-2看出，不同深度土壤湿度随时间变化呈波浪形分布。总体上，葡萄基地各深度土壤湿度均高于荒漠草原。其中2017年5月至2018年2月，葡萄基地20cm深度土壤湿度与荒漠草原同一深度土壤湿度差异极显著，而3月差异显著。2017年3月、5—7月、9月和2018年1—2月，葡萄基地40cm深度土壤湿度与荒漠草原同一深度土壤湿度差异均极显著，8月、10—12月差异显著。3月至2018年2月葡萄基地0～60cm土壤湿度均极显著高于荒漠草原同一深度。

表4-2　葡萄基地与荒漠草原不同深度土壤湿度的配对 *t* 检验

年份	葡萄基地	荒漠草原	葡萄基地	荒漠草原	葡萄基地	荒漠草原
	20cm 土层		40cm 土层		60cm 土层	
2017 年 3 月	5.81±0.03*	3.71±0.01	7.53±0.02**	4.82±0.01	9.39±0.01**	4.57±0.01
2017 年 4 月	4.19±0.01	3.95±0.02	5.35±0.01	5.00±0.02	6.38±0.03**	4.24±0.02
2017 年 5 月	8.66±0.01**	5.04±0.01	8.21±0.01**	5.21±0.01	11.30±0.02**	5.11±0.01
2017 年 6 月	10.49±0.04**	5.34±0.01	9.66±0.04**	6.07±0.01	12.84±0.04**	5.57±0.01
2017 年 7 月	11.60±0.03**	5.22±0.01	11.15±0.03**	6.88±0.01	14.83±0.02**	6.36±0.01
2017 年 8 月	11.86±0.03**	6.89±0.04	11.82±0.02*	9.90±0.05	15.05±0.01**	8.57±0.04
2017 年 9 月	10.77±0.06**	5.95±0.04	10.65±0.04**	7.32±0.05	13.56±0.06**	6.88±0.04
2017 年 10 月	7.45±0.05**	4.85±0.02	7.93±0.04*	6.18±0.03	9.01±0.07**	6.28±0.04
2017 年 11 月	7.13±0.06**	4.37±0.01	7.30±0.05*	5.37±0.01	7.66±0.05**	4.88±0.01
2017 年 12 月	8.97±0.01**	5.76±0.03	8.12±0.01*	6.32±0.03	8.03±0.01**	4.62±0.01
2018 年 1 月	9.63±0.03**	5.53±0.01	9.55±0.03**	7.21±0.01	11.05±0.05**	5.38±0.01
2018 年 2 月	8.20±0.02**	4.21±0.01	8.81±0.01**	5.91±0.02	10.65±0.01**	5.96±0.01

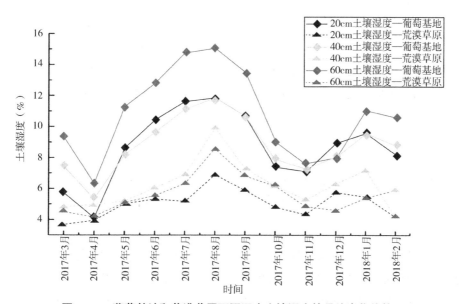

图 4-17　葡萄基地和荒漠草原不同深度土壤湿度的月均变化趋势

三、结论与讨论

土壤温度除与区域性因素（海拔、经度及纬度）有关外，还受地表覆盖物、土壤湿度等因素影响，特别是亚高山地带，土壤温度明显受局部因素影响。土壤温度直接影响土壤呼吸、碳排放等植物根系生长代谢。研究结果表明，葡萄基地和荒漠草原年变化呈正弦型曲线。葡萄基地与荒漠草原土壤温度从2017年3月至2018年2月均呈先上升后下降趋势，与袁余等的研究结果相似。葡萄基地和荒漠草原月平均土壤温度最高值分别出现在7月和9月，葡萄基地从8月开始表现出降温趋势，降温时间早于荒漠草原，原因在于葡萄基地7月中旬葡萄叶片大部分覆盖地面，葡萄基地的植被覆盖面积较大，土壤墒情较好，有效避免了太阳光的直接照射，减少了昼夜和季节温差变化幅度，使得该地区地表温度和地层深度的温度相差不大；而荒漠草原的植被覆盖面积较小，土壤墒情较差，地表温度和地层温度的昼夜与季节温度差异较为明显，这与陈娜娜等的研究结果一致。荒漠草原月平均土壤温度最低值出现在2018年3月，葡萄基地月最低温度出现在2018年2月，葡萄基地封冻时长较荒漠草原少30d。该研究结果与赵维俊等长期监测结果相反，原因在于葡萄基地冬天地上部分凋落，而荒漠草原地上部分阻隔了热量与水汽的交换。

地表植被盖度、土壤粒度、土地利用类型和农田防护林网特征等均可影响地表风蚀，进而影响土壤湿度。贺兰山东麓葡萄基地和荒漠草原对照区不同深度土壤湿度随时间变化呈波浪形分布。不同月份，荒漠草原40cm处土壤湿度较大，葡萄基地60cm处土壤湿度较高。总体上，葡萄基地土壤湿度高于荒漠草原，与赵维俊等的研究结果相似。主要原因是荒漠草原对照区属于自然干旱区，降水量较少、地表植被盖度较低，使得该地区的土壤水分蒸发较快，光照强度较高，植被的蒸腾作用加快，导致该地区土壤不能有效地储存水分，以至于水分大量流失，即便在雨季土壤湿度也不足10%。葡萄基地在葡萄休眠期地表裸露水分散失较为严重。因此，在3—4月的土壤湿度不足10%，但随着葡萄的生长，能避免太阳光的直射，降低地表水分的蒸发。在葡萄生长期间，还不定期地对葡萄林地进行补水灌溉，补充植株消耗的水分，因此，葡萄基地土壤湿度相对较大，与对照区存在显著差异。研究结果对葡萄覆土越冬保护、葡萄节水灌溉、拓荒建设对环境影响均具有一定的指导意义。

第三节　宁夏贺兰山东麓葡萄林地 PM10 浓度时间分布特征及气象影响因素分析

试验位于腾格里沙漠边缘宁夏沙坡头自然保护区管理局治沙试验葡萄基地，该沙漠是中国沙尘主要源区（丁凯，刘吉平，2011）。沙尘暴、扬沙天气发生时，大风将沙尘卷入空气中，不仅会造成周围环境空气严重污染，颗粒较细的沙尘会被卷入到上层气流，进行远距离传输，对于整个西北和华北地区空气质量产生影响（王巍等，2010）。

大气可吸入颗粒物（PM10）指环境空气中空气动力学当量直径小于等于 10μm 的颗粒物，影响全球气候变化，降低大气能见度，危害森林和农作物，减少生态系统多样性（Myhre，2009；施悯悯等，2017），更重要的是严重危害人类呼吸系统以及心肺功能（曾强等，2018；金曼等，2016），是学者们广泛重视的大气环境问题。从研究内容看，国内学者们从 PM10 形成和演变机制（黄毅等，2016）、时间和空间变化特征（Chen et al.，2015；史宇等，2017）、环境健康气候效应（陈晓秋等，2009；邱雪等，2015）等方面进行了深入研究。从研究区域角度看，PM10 研究主要聚集在北京（刘旭辉等，2014；赵晨曦等，2014）、南京（张玮等，2016）等城市发展水平比较高的中东部地区，以及兰州（王芳等，2016）、银川（马筛艳，2013）等污染较为严重和经济比较发达的西北地区，但是缺乏对沙化沙漠化地区的研究。研究证实，当污染源比较稳定时，PM10 浓度主要受到气象因素影响。赵晨曦等（2014）发现，风速和相对湿度是影响北京冬季 PM10 浓度分布的主要因素；王芳等（2016）研究了兰州市 PM10 浓度与气象因素之间的关系，发现温度、风向、风度、气压、降水量等都会影响 PM10 浓度；苏维等（2017）通过对空气动态颗粒物浓度变化及影响因素的研究发现，气压、温度、相对湿度、风速、降水量、日照时数等显著影响 PM10 浓度，这意味 PM10 浓度会受到温度、湿度、风向、风度、降水量、相对湿度、日照时数等气象因素的影响。

本文于 2017 年对宁夏沙坡头地区 PM10 进行了连续 1 年在线观测研究，分析了其时间分布特征及气象影响因素，不仅有助于了解沙尘源区 PM10 动态变化特征及其对周围城市空气质量影响程度，还能通过天气要素的预测结果预测大气污染状况，期望为空气污染治理提供数据支持。

一、PM10 浓度的时间分布特征

1. PM10 浓度的月变化特征

由图 4-18 可以看出，宁夏沙坡头地区 PM10 月均浓度整体为波浪形分布，5 月浓度最高，达 76.29μg/m³。该地区位于腾格里沙漠东南边缘，是遭受沙尘天气灾害最为严重的地区之一（刘洒发等，2010），可能是导致 4 月（61.57μg/m³）和 6 月（65.12μg/m³）具有较高 PM10 浓度的原因。此外，8 月和 9 月 PM10 浓度较低，分别为 36.21μg/m³、34.47μg/m³，主要原因是该时期空气对流比较旺盛，大气垂直运动增强，易于 PM10 扩散（李令军等，2011），再加上较高的降水量和相对湿度为 PM10 沉降提供良好气象条件，有利于空气净化（王芳等，2016）。

2. PM10 浓度的季节变化特征

依据气象局划分方法，春、夏、秋、冬四季分别包括 3—5 月、6—8 月、9—11 月和 12 月至翌年 2 月，从 PM10 浓度季节均值变化（图 4-19）可以看出，春季具有最高 PM10 浓度，为 64.93μg/m³；冬季和夏季次之，分别为 52.68μg/m³ 和 51.52μg/m³；秋季

PM10 浓度最低，为 43.54μg/m³。史宇等（2017）对 2012—2016 年北京市 PM10 浓度的时间变化特征研究发现，春季最高，冬季次之，夏末秋初最低；邱雪等（2015）对中国西北地区 PM10 浓度特征的探究发现，冬春季 PM10 浓度相对较高，秋季次之，夏季最低，这与该研究结果基本一致。在宁夏沙坡头地区春季 PM10 浓度较高的原因是地表植被条件比较差，加之大风频繁发生，导致沙尘天气出现（张智等，2006），由于受到冷空气影响，大规模高浓度空气污染物进行区域性传输，研究发现，地表扬尘和跨境输送的沙尘等尘粒是中国北方地区春季空气颗粒物污染的主要来源（王巍等，2010；佘峰，2011）。

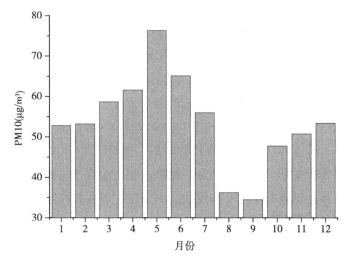

图 4-18　宁夏沙坡头葡萄基地 PM10 浓度的月变化特征（李龙等，2019）

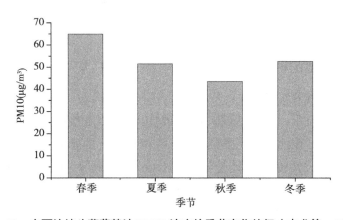

图 4-19　宁夏沙坡头葡萄基地 PM10 浓度的季节变化特征（李龙等，2019）

二、PM10 浓度随气象因子的变化特征

1. 温度

PM10 浓度与温度之间关系见图 4-20。总体来说，PM10 浓度随温度变化不明显，但是在 11—12 月和 1—2 月，随着温度降低，PM10 浓度呈增加趋势，其原因是气温较低时，

低层大气对流运动和垂直湍流运动相对较弱，还容易发生逆温现象，空气中的颗粒物难以被转移扩散到远处，持续累积，导致PM10浓度升高；在3—7月，即使温度变化不大，PM10浓度也比较高，这是因为宁夏沙坡头位于腾格尔沙漠边缘，该时期沙尘天气频繁发生，使得PM10浓度居高不下；到8—10月，温度较高，PM10浓度也逐渐降低，其原因是高温易造成空气上下对流扰动，加剧大气垂直对流作用，空气中的颗粒物稀释扩散，再加上该时期植被茂盛，对颗粒物的净化能力增强，导致PM10浓度下降。

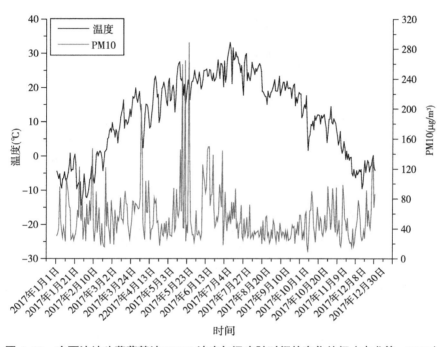

图4-20　宁夏沙坡头葡萄基地PM10浓度与温度随时间的变化特征（李龙等，2019）

2. 风速

从图4-21可知，当风速低于1.5m/s时，PM10浓度随风速增加而逐渐降低，这是因为当风速比较小甚至是静风时，不利于PM10向外部扩散，形成局部累积；当风速高于1.5m/s时，PM10浓度开始逐渐升高，这与在塔克拉玛干沙漠腹地及周边地区的研究结果一致，风速增加能够促进PM10浓度的增加（刘新春等，2011）。主要原因是宁夏沙坡头地区3—6月风速超过1.5m/s，为沙尘天气高发期，风速大小关系沙尘天气的产生，直接影响大气中颗粒物浓度，使得风速越大，PM10浓度越高，当风速超过3m/s时，PM10浓度达到最高，为186.49μg/m³。

3. 风向

将风向分为8个方向，计算不同风向出现的频率和PM10浓度。结果如图4-22所示，宁夏沙坡头地区全年主导风向为NW（23.38%），其次是NE（17.95%）和SE（17.77%）。风向为N时，PM10浓度为49.62μg/m³；风向为NE时，PM10浓度为48.04μg/m³；风向为 E 时，PM10 浓度为 62.39μg/m³；风向为 SE 时，PM10 浓度为 58.95μg/m³；风向为 S 时，PM10 浓度为 52.91μg/m³；风向为 SW 时，PM10 浓度为 51.99μg/m³；风向为 W 时，PM10 平均浓度为 51.36μg/m³；风向为 NW 时，PM10 浓度为 49.62μg/m³。这表明，北风对 PM10 污染有较明显驱散作用，东风则对 PM10 污染起着显著累积作用。

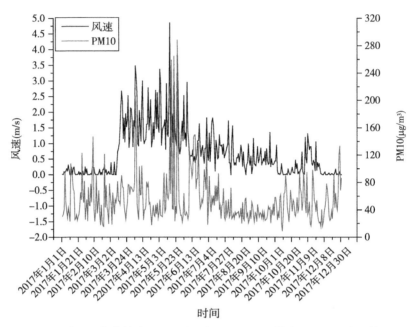

图 4-21　宁夏沙坡头葡萄基地 PM10 浓度与风速随时间的变化特征（李龙等，2019）

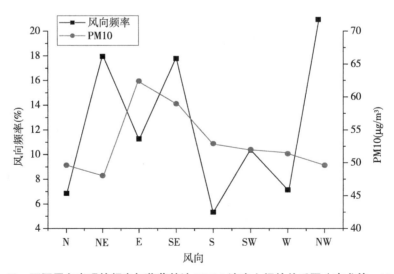

图 4-22　不同风向出现的频率与葡萄基地 PM10 浓度之间的关系图（李龙等，2019）

4. 降水量

宁夏沙坡头地处沙漠边缘，降水量较少，且大多数集中在 7—10 月，2017 年无降水日达 171d，PM10 浓度为 56.65μg/m³，而降水日 PM10 浓度平均值为 30.31μg/m³，比无降水日降低 46.50%（图 4-23）。详细来说，小于 5mm 降水日 PM10 浓度平均值为 37.60μg/m³，比无降水日减少了 33.63%；5～10mm 降水日 PM10 浓度平均值为 34.13μg/m³，比无降水日减少 39.75%；10～15mm 降水日 PM10 平均浓度为 25.11μg/m³，比无降水日减少 55.68%；大于 15mm 降水日 PM10 平均浓度为 24.40μg/m³，比无降水日减少 56.93%。这说明，随着降水量增大，PM10 逐渐变小，主要原因是降水对空气颗粒物有清除和冲刷作用，且清除量与降水量有较大关系（付桂琴等，2016；王芳等，2016）。

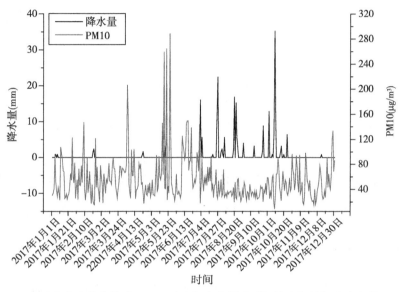

图 4-23　宁夏沙坡头葡萄基地 PM10 浓度与降水量随时间的变化特征（李龙等，2019）

5. 相对湿度

如图 4-24 所示，随着相对湿度增加，PM10 浓度呈现出增加趋势，当相对湿度增加到 50% 时，PM10 浓度达到最高值 62.17μg/m³，之后就开始降低。这是因为大气中水汽对空气颗粒物具有吸附作用，再加上相对湿度越大越容易导致气体转变成为粒子，使空气中颗粒物浓度升高，但是随着相对湿度持续增加，更容易发生降水，此时 PM10 颗粒大量吸附在水汽表面，进而沉降到地面，使 PM10 浓度显著降低（刘旭辉等，2014）。

三、PM10 浓度与气象要素之间的逐步回归分析

当排放源较稳定时，气象要素是导致 PM10 浓度变化的主要原因。本研究中，以 PM10 浓度为因变量，5 种气象要素为自变量进行逐步回归分析。首先从不同月份分析了影响 PM10 浓度的主要气象因素（表 4-3）。结果表明，1 月 PM10 浓度与相对湿度有密切关系，2 月、4 月和 5 月 PM10 浓度与风速呈极显著线性关系，3 月 PM10 浓度受到风向影响，6 月温度与相对湿度显著影响 PM10 浓度，7 月 PM10 浓度与风速、降水量相关性比较大，8 月温度、降水量和相对湿度是影响 PM10 浓度的主要因子，9 月 PM10 浓度与降水量和

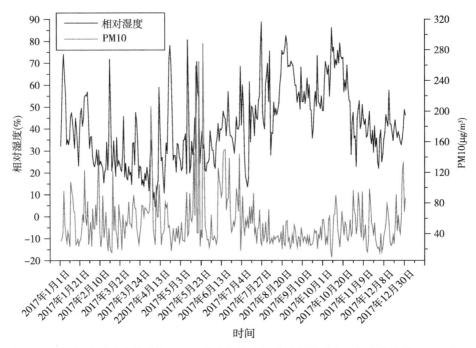

图4-24 宁夏沙坡头葡萄基地PM10浓度与降水量随时间的变化特征（李龙等，2019）

相对湿度具有非常密切的关系，10月PM10浓度与降水量呈极显著线性关系，11月风速与相对湿度对PM10浓度的影响极显著，12月温度、风向和相对湿度与PM10浓度的关系密切。

表4-3 宁夏沙坡头自然保护区不同月份PM10浓度与气象因素的回归分析

月份	日期	回归方程	R^2	P
1	1月1—31日	$y=0.970x_5+9.129$	0.173	0.022
2	2月1—28日	$y=156.847x_2+39.610$	0.198	0.018
3	3月1—31日	$y=0.168x_3+33.738$	0.136	0.049
4	4月1—30日	$y=43.469x_2-39.468$	0.566	0.001
5	5月1—31日	$y=41.191x_2-50.919$	0.425	0.012
6	6月1—30日	$y=7.146x_1+3.430x_5-191.454$	0.588	0
7	7月1—31日	$y=36.704x_2-16.352x_4+60.780$	0.426	0.029
8	8月1—31日	$y=0.814x_1-5.510x_4+0.513x_5+1.615$	0.502	0.008
9	9月1—30日	$y=-11.404x_4+0.518x_5+7.701$	0.305	0.009
10	10月1—31日	$y=-5.442x_4+51.543$	0.218	0.008
11	11月1—25日	$y=-20.823x_2+1.729x_5-7.795$	0.497	0.001
12	12月4—31日	$y=9.015x_1+0.506x_3+1.581x_5-34.393$	0.665	0

注：x_1：温度；x_2：风速；x_3：风向；x_4：降水量；x_5：相对湿度；下同（李龙等，2019）。

在不同季节建立的回归模型中（表4-4），春季PM10浓度与风速呈极显著线性关系，夏季PM10浓度与降水量相关性较大，秋季风速和降水量是影响PM10浓度的主要原因；冬季PM10浓度主要受风速和风向显著影响。但是从全年来看，温度、风速和降水量显著影响PM10浓度（表4-4）。

表4-4　宁夏沙坡头葡萄基地不同季节及全年PM10浓度与气象因素的多元线性回归分析（李龙等，2019）

季节	日期	回归方程	R^2	P
春季	12月4—28日	$y=28.644x_2+19.783$	0.311	0
夏季	2月1—28日	$y=-8.505x_4+58.988$	0.098	0.014
秋季	3月1—31日	$y=-18.729x_2-5.090x_4+51.865$	0.176	0
冬季	4月1—30日	$y=114.537x_2+0.219x_3+20.993$	0.128	0.012
全年	1—12月	$y=-0.380x_1+17.771x_2-7.710x_4+32.927$	0.154	0

总体而言，各个月份、季节和全年导致PM10浓度差异的因子有所差别，郑胡飞等（2017）发现在全年范围内PM10与气温、相对湿度及风速均呈负相关；张玮等（2016）指出在冬春季节PM10浓度与风速、最大风速和能见度显著相关；赵晨曦等（2014）发现在冬季PM10浓度受到风速和相对湿度的显著影响，意味着不同时间尺度影响PM10浓度的气象要素是不同的，后续研究可以从不同时间尺度综合分析影响空气颗粒物浓度的主要因子。

四、结论

2017年宁夏沙坡头葡萄基地PM10浓度存在明显的月和季节变化特征且差异显著，分别为5月＞4月＞6月＞3月＞7月＞12月＞1月＞2月＞11月＞10月＞8月＞9月，以及春季＞冬季＞夏季＞秋季。

PM10浓度受到气象因子的影响：风速低于1.5m/s时，PM10浓度随风速的增加而降低，大于1.5m/s，PM10浓度开始逐渐升高；北风对PM10污染有较明显的驱散作用，东风则对PM10污染起着明显累积作用；降水对空气颗粒物有清除和冲刷作用，无降水日PM10平均浓度为56.65μg/m³，降水日PM10浓度平均值为30.31μg/m³，比无降水日降低46.50%；相对湿度为50%左右，PM10浓度达到最高值为62.17μg/m³，随后逐渐降低。

影响PM10浓度的气象要素在不同时间尺度存在明显差异，其中对PM10浓度产生显著影响的气象因子，春季为风速，夏季为降水量，秋季为风速和降水量，冬季为风速和风向，全年为温度、风速和降水量。因此，可以从不同时间尺度综合分析影响空气颗粒物浓度的主要气象要素。

第四节　葡萄基地建设对贺兰山东麓地下水位影响监测研究

由于贺兰山酿酒葡萄基地为新建灌区，现有引黄灌溉设施还不完善，再加上葡萄基地多为滴灌，对引水沉淀、过滤水质要求较高，因此，不少酒庄近几年均采用直接抽取地下水灌溉措施。由于贺兰山东麓酿酒葡萄涉及面广，灌溉用水量大，然而地下水由于其形成过程、形成历史与当地生态、植被和环境可持续发展密切相关，同时又是黄河流域生态保护与高质量发展主导因素之一。因此，开展葡萄基地建设对地下水位的影响监测研究就显得尤为必要。

本研究在大范围空间尺度内，采用野外打井法，利用地下水位自动记录传感器，持续动态监测分析不同种植年限、不同区域内葡萄基地地下水位的影响。为制定合理的灌溉制度、盐渍化防治措施，以及土地可持续经营对策提供理论依据。地下水位自 2017 年 7 月开始监测，使用美国生产的 HOBO 水位计进行实时监测水位的变化。2018 年 7 月后，更换为澳大利亚生产的 Odyssey 水位计。所有设备数据记录间隔均为每 30min 自动记录一次。上述设备均购自易科泰生态技术有限公司。分别在贺兰山七泉沟葡萄基地、银川园林场葡萄基地、贺兰山农牧场苜蓿基地（对照区）打取地下水监测水井后放置。

一、园林场葡萄基地水位变化情况分析

如图 4-25 所示，水位较高的季节分别在 2017 年 11 月、12 月和 2018 年 5 月、6 月（绝对压力在 14.5psi 上下波动），在一年时间内出现两次峰值，分别是 2017 年 11 月（15.41psi）和 2018 年 5 月（14.47psi）。在 8—10 月和 11 月至 2018 年 2 月水位明显下降，在 2017 年 10 月水位最低（13.74psi）。分别于 2017 年 8 月至 2018 年 6 月对宁夏银川市园林场葡萄基地水位进行了每隔 30min 的实时监测（图 4-26）。

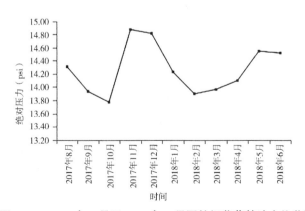

图4-25　2017年8月至2018年6月园林场葡萄基地水位监测

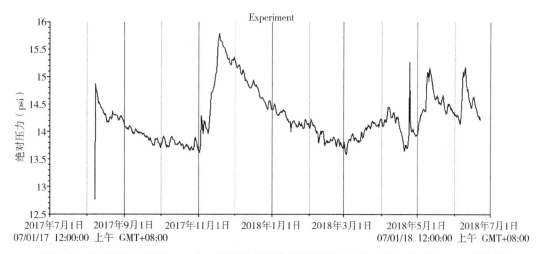

图 4-26 2017 年 8 月至 2018 年 6 月园林场葡萄基地地下水位绝对压力实时（30min）监测

二、贺兰山农牧场苜蓿地（对照）水位变化分析

数据显示，贺兰山农牧场苜蓿地水位整体数据较为平稳。2017 年 8 月至 2018 年 4 月期间，每月的平均绝对压力在 15.00psi 上下波动，2018 年 1 月相比绝对压力有下降的趋势。从图 4-27 中可以看出，4 月之后绝对压力呈现增加的趋势，可以得出该区域未进行地下水分的抽取，同时冬季的来临，气温降低及风速的增加只是缓慢的降低水位的绝对压力。相应的 4 月之后雨季的水分补充抬升了水位的绝对压力，因此在 4—6 月，绝对压力呈现增加趋势，并且在 6 月达到最高，为 19.01psi。分析原因是农牧场周围生长有大量苜蓿，在 5 月初苜蓿返青期，消耗大量水分，又正值春灌，附近抽水灌溉，抽取大量地下水，导致地下水供应不足水位突然降低，在灌溉完毕后，水分又从地表大量渗透，补充地下水位，又导致地下水位抬高，高于 4 月以前水位，实时监测数据如图 4-28 所示。

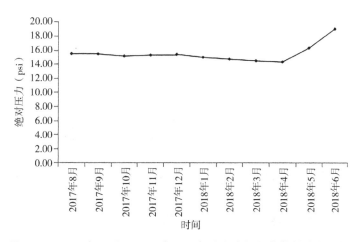

图 4-27 2017 年 8 月至 2018 年 6 月贺兰山农牧场苜蓿基地水位监测

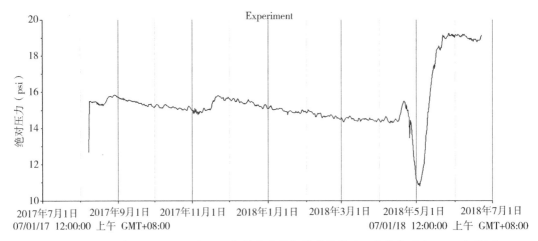

图4-28　2017年8月至2018年6月贺兰山农牧场苜蓿基地地下水位实时（30min）监测

图4-29为2019年2月至2020年10月贺兰山苜蓿地水位实时（30min）监测数据，自2019年2月至2020年7月底，苜蓿地水位的变化一直呈线性下降的趋势。苜蓿为多年生草本植物，具有强大的根系，有研究表明苜蓿的根系可以深到土层1m以下，样地中有种植苜蓿，即使没有人为抽水，苜蓿本身生长就能引起地下水位的下降；2020年8—10月水位呈现缓慢上升，主要是降雨的补给增加土壤含水量，也补充了地下水，引起水位升高。

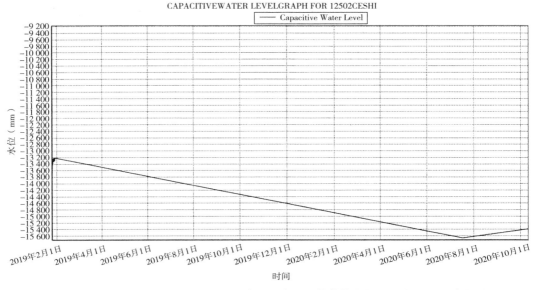

图4-29　2019年2月至2020年10月贺兰山农牧场苜蓿基地水位实时（30min）监测

三、七泉沟葡萄基地地下水位变化分析

按气象划分中将一年分为不同的季节，地下水位数据监测显示如图4-30所示，葡萄基地地下水位随季节呈波动变化，6—8月的水位在一年中最低，地下水位在12月至2020年

2月最高；在2020年春季，地下水位与前一年基本持平，而夏季随着年份的增加，水位较前一年降低。

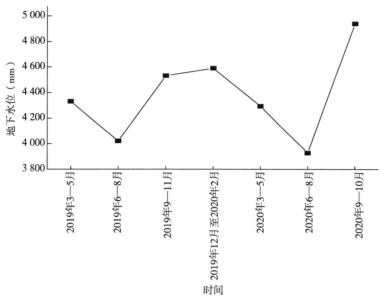

图4-30 贺兰山七泉沟葡萄基地地下水位季节性动态变化

葡萄也是一种高耗水植物，葡萄萌芽期就需要较多水分以促进新枝萌发，春季降水少，水位下降也与葡萄的灌溉有直接的关系，随着夏季雨水的补给，地下水位也不断升高，冬季主要是葡萄基地冬灌，相对而言耗水较少，再加上温度降低蒸发也减少，地下水位缓慢增加，再到2020年春季又是一个新的水位下降。另外，随着葡萄种植年限的增加，夏季需水也增加，水位较前一年变低，如图4-31所示。

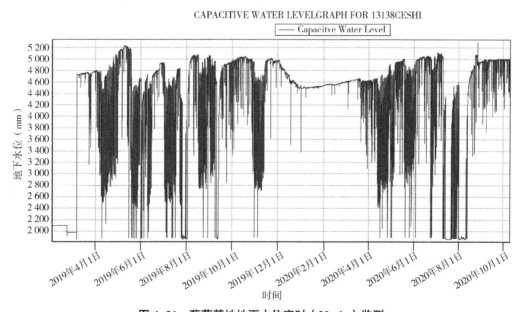

图4-31 葡萄基地地下水位实时（30min）监测

图 4-32 为贺兰山七泉沟 2019 年 3 月至 2020 年 10 月地下水位月动态变化。两年的水位监测数据发现，葡萄基地水位的变化年间月变化相似，均在每年的 7 月水位最低，在葡萄的整个生育期需要较高的水量，7 月正是新梢生长期，大量的抽水灌溉降低了地下水位，7 月之后，地下水位通过天然降水的补给不断上升，在 10 月左右达到一年中的最高水位，春季气温较低蒸发也小，同样春季葡萄的萌芽期灌溉也干扰地下水位的变化，在两年中均表现出明显的相似性。

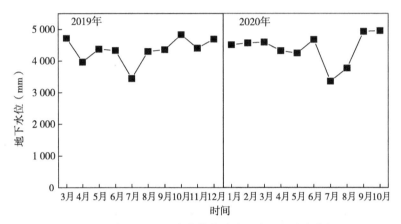

图 4-32　贺兰山七泉沟葡萄基地地下水位月动态变化

四、葡萄基地地下水位年度、月度、日变化规律分析

1. 年度变化

在翌年的春季，葡萄基地地下水位与前一年基本持平，而夏季随着年份的增加，水位较前一年降低。分析原因主要是由于葡萄萌芽期就需要高的水分促进新枝萌发，春季降水少水位的下降也与葡萄的灌溉有直接的关系，随着夏季雨水的补给，地下水位也不断升高，葡萄基地冬灌相对而言耗水较少，再加上温度的降低蒸发也减少，周边地下水回流后表现为地下水位的缓慢增加，再到翌年的春季又是一个新的水位下降。

2. 月度变化

按气象划分中将一年分为不同的季节，于 2019 年 3 月至 2020 年 10 月对贺兰山七泉沟葡萄基地地下水位进行了动态监测。两年的水位监测数据发现，葡萄基地地下水位随季节呈波动变化的趋势，年、月间变化相似，均在每年的 12 月至翌年 2 月最高，7 月最低。在葡萄的整个生育期需要较高的水量，7 月正是新梢生长期，大量的抽水灌溉降低了地下水位，7 月之后地下水位通过天然降水的补给不断上升，在 10 月左右达到一年中的最高水位，春季气温较低，蒸发也小，同样春季葡萄的萌芽期灌溉也干扰地下水位的变化，在两年中均表现出明显的相似性。

3. 日变化规律

由于葡萄基地地下水位日变化规律受月度变化和季节变化影响很大，以春夏变化最明显，冬季日变化基本趋于稳定。因此日变化规律基本受月度、季度、年度变化影响较大。

五、研究小结

通过近 4 年的持续监测表明，在所布设的贺兰山七泉沟葡萄基地贺兰山园林场葡萄基地和贺兰山农牧场苜蓿基地（对照）内，地下水位波动均呈较为规律的季节性动态变化，从每年的 4 月初开始到 10 月末结束，以春、夏之交季节最为明显，其中葡萄基地波动幅度明显高于对照苜蓿基地。说明葡萄生产干预对地下水位的影响明显较苜蓿强烈。

对葡萄及对照苜蓿基地监测表明，冬季地下水较为稳定，并呈规律的显著上升趋势，进一步说明灌溉抽取地下水的生产干预是引起地下水位扰动的主导因素。

由于葡萄基地地下水位日变化规律受月度变化和季节变化影响很大，以春夏变化最明显，冬季日变化基本趋于稳定。因此日变化规律基本受制于月度、季度、年度变化影响较大。

现有监测表明，随着葡萄种植年限的增加，夏季需水的增加，水位较前一年变低。但由于地下水位是一个综合的、复杂的动态变化系统，因此需开展长期、定位监测，才能科学准确掌握相关变化规律。

对贺兰山东麓酿酒葡萄基地地下水的抽取与利用应慎之又慎，同时应加大其动态监测，密切关注地下水位动态变化，为制定科学合理的管护与利用措施提供数据支撑。

第五节 宁夏贺兰山东麓葡萄基地早春冻害危害程度空间差异性对比研究

早春冻害，特别是每年 4 月中下旬晚霜冻害通常是严重影响葡萄产量及效益的主要自然灾害之一，例如 2020 年 4 月 21—25 日的晚霜冻害致使贺兰山东麓部分葡萄酒庄严重减产甚至绝产，因此开展不同区域早春冻害危害程度空间差异化对比研究，对有效防控贺兰山酿酒葡萄冻害发生及危害意义重大。分别在贺兰山东麓核心区域振兴路美贺酒庄、大武口、永宁县望洪镇园林村、宁夏河东机场马鞍山保护区、中卫沙坡头设置了小气候自动监测站，自 2016—2021 年，陆续建设完成，数据记录为每 30min 记录一次。根据研究内容需要，重点提取了每年 3—5 月 2m 高度、1m 高度大气温度、大气湿度，以及相关的土壤 20cm、40cm、60cm、80cm、100cm 不同深度土壤温度、湿度差异性。对比分析了贺兰山东麓酿酒葡萄基地早春冻害危害程度空间差异化，总结如下。

一、不同地区 3—5 月大气温度的变化

1. 大武口大气温度的变化

大武口的大气温度变化如图 4-33 所示，不同年份 3—5 月的大气温度均呈上升趋势。

但 2018—2021 年 4 年中，2018 年的大气温度高于其他年份。尤其 5 月显著高于 2019—2021 年，为 23.50℃，而 2021 年温度最低为 17.1℃，较 2018 年降低了 27.23%。4 月的大气温度呈下降趋势，2021 年大气温度最低，为 11.30℃。3 月的大气温度变化与 5 月相似，2018 年温度最高为 9.43℃，是 2019 年（3.02℃）的 3.12 倍。

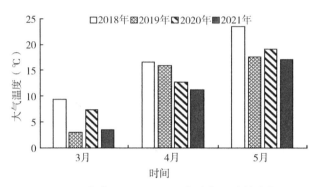

图 4-33　大武口 2018—2021 年大气温度的变化

2. 贺兰山美贺葡萄基地大气温度的变化

如图 4-34 所示，不同年份贺兰山葡萄基地大气温度差异较明显，3—5 月大气温度呈上升趋势。3 月和 5 月，2017 年温度最低，分别为 5.96℃、15.96℃；2018 年温度较高，分别为 9.80℃、20.00℃，较 2017 年分别提高了 64.43%、25.31%。而 4 月的大气温度在最近几年中呈先升后降趋势，2019 年最高为 15.88℃，2021 年最低为 11.94℃，较 2019 年下降了 24.81%。

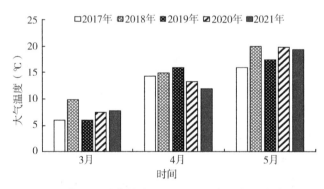

图 4-34　贺兰山葡萄基地 2017—2021 年大气温度的变化

3. 马鞍山地区大气温度的变化

2019—2021 年马鞍山地区 1m、2m 处的大气温度变化相似（图 4-35），且差异不明显，3 月和 5 月均表现为上升趋势，而 4 月表现为下降趋势。2021 年 3 月的大气温度较其他年份高，1m、2m 处的温度分别为 6.99℃、7.45℃，较 2019 年分别增加了 36.52%、42.45%；4 月的大气温度在 2019 年较高，分别为 15.76℃、15.28℃，2021 年最低为 10.93℃、

11.35℃。5月的大气温度变化与3月相似，均是2021年较高，1m、2m处的温度分别为20.53℃、21.35℃，较2019年分别增加了20.91%、26.18%。

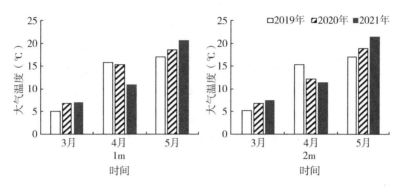

图4-35 马鞍山地区2019—2021年大气温度的变化

4. 永宁地区大气温度的变化

2019—2021年永宁地区大气温度变化如图4-36所示，3—5月呈上升趋势，但2019年4—5月的变化不明显。3月的大气温度为5.09～6.58℃，3年的变化差异不大；4月的大气温度在2019年最高，为15.13℃，较2020年、2021年分别提高了25.87%、25.35%；5月的大气温度呈上升趋势，2021年最高为20.21℃，2019年最低为16.25℃。

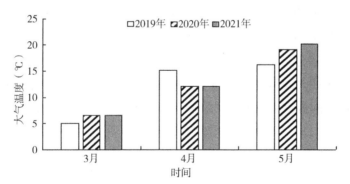

图4-36 永宁地区2019—2021年大气温度的变化

5. 中卫地区大气温度的变化

如图4-37所示，中卫地区3—5月的大气温度变化明显，2018—2021年3月和5月的变化规律相似，均为先下降后上升再下降趋势，而4月表现为先升高后降低趋势。3月的大气温度在2018年最高，为11.08℃，2019年最低为6.80℃，较2018年降低了38.63%；4月、5月的大气温度均在2020年最高，分别为16.62℃、21.61℃，较其他年份分别提高了1.65%～32.85%、6.93%～20.39%。

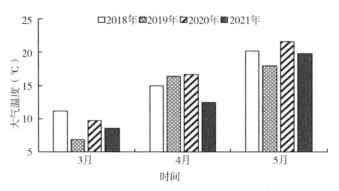

图 4-37　中卫地区 2018—2021 年大气温度的变化

二、贺兰山东麓不同区域晚霜冻害空间差异性分析（以 2020 年为例）

2020 年 4 月 21—25 日，由于冻害发生季节正值葡萄放苗展叶时期，临界温度低，发生过程持续时间长，因此给葡萄基地造成了很大损失。该次霜冻是贺兰山东麓酿酒葡萄产区二十年不遇的严重晚霜冻害，持续时间长、危害范围广、降温幅度大、受灾程度大。据研究显示，葡萄春季晚霜冻危害程度与葡萄出土早晚、发芽程度有很大关系。葡萄出土较早、发芽早的园区受晚霜冻害程度较重。一般春季膨大的芽眼能忍受 –1℃的低温，当温度下降到 –4～ –3℃时常发生冻害；而较早展叶抽生的嫩梢和叶片在 –1℃的低温时就开始受冻，温度越低冻害越重；抽生的花序在 0 ℃时就会受冻（陈卫平等，2020）。因此，本研究重点分析了本次冻害在贺兰山葡萄基地发生危害的表现。

1. 大武口晚霜冻害分析

2020 年 4 月 24 日大武口全天气温变化整体为先降低后升高再下降趋势，如图 4-38 所示，0:00—6:30 期间温度低于 0℃，低温持续 6h 以上，最低温出现在 6:00，为 –2.5℃，大气温度迅速上升至 11℃（8:00）后缓慢上升，15:00 温度达全天最高值 21.6℃，之后缓慢下降至 7.6℃。

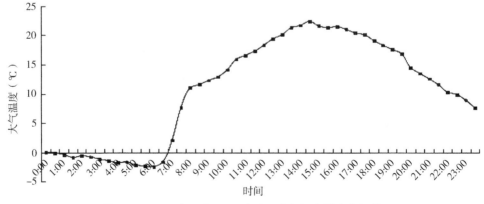

图 4-38　2020 年 4 月 24 日大武口大气温度的变化规律

大武口在 2021 年 4 月 17 日出现了晚霜引起的冻害现象。如图 4-39 所示，4 月 17 日全天气温变化趋势为先降低后升高再降低，其中 3:00 温度下降至 0℃，之后持续下降，6:00 出现最低温度 -1.6℃，低温时间持续 3h，6:00 之后开始回升，15:30 温度达最大值 18.9℃，之后下降至 4.4℃。

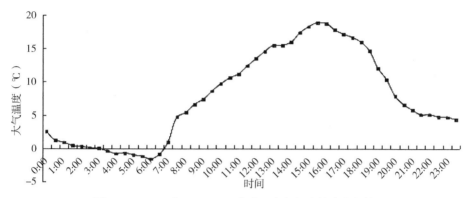

图 4-39　2021 年 4 月 17 日大武口大气温度的变化规律

2. 2017 年 3 月贺兰山葡萄基地冻害分析

贺兰山葡萄基地在 2017 年 3 月 25—26 日连续出现了低温现象，如图 4-40 所示，两天的大气温度变化趋势相似，均为先降低后升高再下降趋势，3 月 25 日夜间温度高于 3 月 26 日，但白天的温度明显低于 3 月 26 日。两天 0℃ 以下低温均持续 7h，其中 3 月 25 日的最低温出现在 6:00—6:30，为 -3.6℃，而 3 月 26 日的最低温出现在 5:30，为 -4.1℃，明显低于 3 月 25 日。25 日的最高温为 6.1℃，26 日的最高温为 10.9℃。

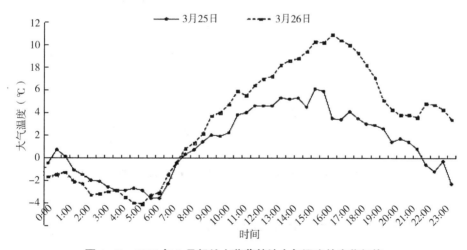

图 4-40　2021 年 3 月贺兰山葡萄基地大气温度的变化规律

3. 2018 年 4 月中卫地区冻害分析

2018 年 4 月 7 日中卫地区的大气温度变化规律如图 4-41 所示，大气温度整体呈先降低后升高再下降趋势。0:00—8:30，大气温度始终低于 0℃，低温持续 8h 以上，7:00 气温最低，为 -7.2℃，之后缓慢上升，16:30 温度达当天最大值 20.1℃。早晚温差较大，且低温持续时间较长，出现冻害现象。

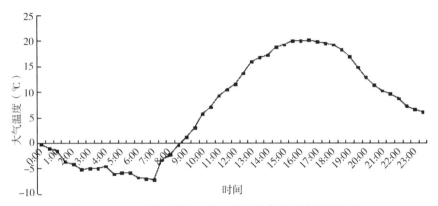

图 4-41　2018 年 4 月 7 日中卫地区大气温度变的化规律

4. 2019 年 4 月马鞍山地区冻害分析

马鞍山地区 2019 年 4 月 11 日的大气温度变化如图 4-42 所示，1m、2m 高度的大气温度无明显差异，且全天的变化趋势相似，均为先降低后升高再下降趋势。夜间时 1m、2m 高度的大气温度基本相同，但白天 1m 大气温度稍高于 2m。4:30—7:00 气温低于 0℃，其中最低温出现在 6:00，1m、2m 高度的气温分别为 -1.9℃、-1.5℃。7:30 以后温度开始回升，16:30 达当天气温的最大值 15.9℃、15.4℃。

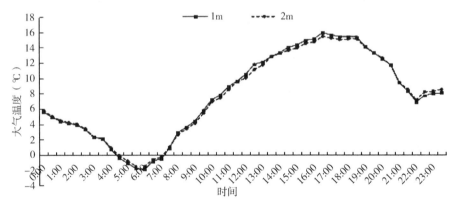

图 4-42　2019 年 4 月 11 日马鞍山地区大气温度的变化规律

三、2020 年 4 月 21—25 日低温冻害的影响

1. 2020 年 4 月 21—25 日马鞍山地区冻害分析

如图 4-43 所示，2020 年 4 月 21—25 日马鞍山地区全天的大气温度变化差异明显，均表现为先降低后升高再下降。21 日最低温为 0.4℃，22 日 4:30 开始，温度低于 0℃，最低温出现在 7:30，为 -2.1℃，低温持续近 4h，较 21 日下降了 2.5℃；23 日 5:30 温度低

于 0℃（-1.8℃），持续 2h 以上，最低温为 -2.3℃；24 日大气温度稍有回升，只在 5:30 温度低于 0℃，为 -1.5℃，之后升高。21—24 日凌晨的连续低温导致葡萄等作物出现严重冻害现象。25 日气温明显升高，夜间最低温为 8.7℃，分别是 22 日、23 日最低温的 4.14、3.78 倍。

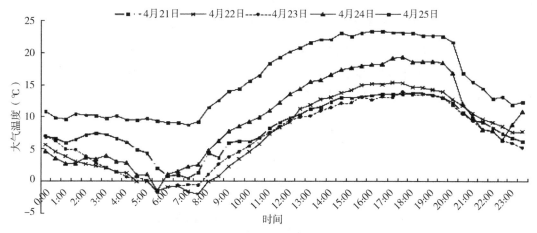

图 4-43　2020 年 4 月 21—25 日马鞍山地区大气温度的变化规律

2. 2020 年 4 月 21—25 日贺兰山葡萄基地冻害分析

贺兰山葡萄基地 2020 年 4 月 21—25 日的大气温度变化如图 4-44 所示，21—25 日全天大气温度变化呈先降低后升高再下降的趋势，但 25 日气温变化不明显。21 日最低温出现在 5:00，为 2.6℃，22 日的最低温（0.7℃）亦在 5:00，但明显低于 21 日，较 21 日下降了 73.08%。23 日 5:30 大气温度为 -0.1℃，24 日 0:00—2:30 温度虽高于 23 日，但 4:00 最低温度（-0.2℃）低于 23 日的最低温，是该地区最近几天中气温最低的。0:00—5:30 的大气温度表现为 21 日 > 22 日 > 23 日。25 日温度明显回升，夜间最低温为 15.4℃。

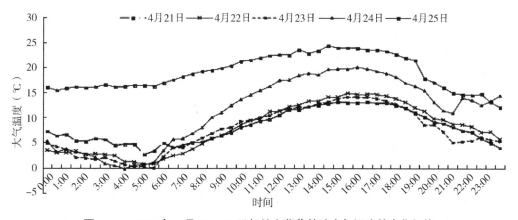

图 4-44　2020 年 4 月 21—25 日贺兰山葡萄基地大气温度的变化规律

3. 2020 年 4 月 21—25 日大武口冻害分析

2020 年 4 月 21—25 日大武口大气温度的变化规律如图 4-45 所示，全天温度基本呈先降后升再降的趋势，25 日的大气温度明显高于其他时间。21 日 3:30 温度为 0℃，5:00 出现当天最低温 -0.5℃，之后缓慢升高；22 日 1:30—9:00 的温度明显低于 21 日，其中 5:00 的最低温（-1.2℃）较 21 日下降了 0.7℃，0℃以下低温持续 4h；23 日 3:00—6:30 的温度明显低于 22 日，最低温度为 -2.7℃，21—23 日的最高温度无明显差异，分别为 15.6℃、15.9℃、15.9℃。24 日夜间 0℃以下低温是近几天中持续时间最长的，最低温为 -2.5℃，但 24 日的白天温度明显高于 21—23 日。连续 4 天的低温天气严重影响了作物的正常生长，制约了产量与品质的形成。

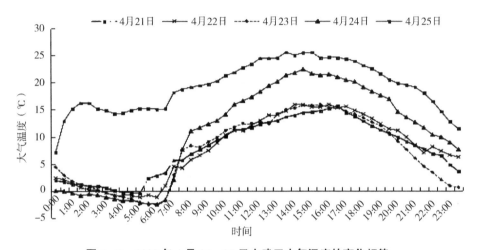

图 4-45　2020 年 4 月 21—25 日大武口大气温度的变化规律

4. 2020 年 4 月 21—25 日永宁地区冻害分析

永宁地区晚霜冻期间大气温度的变化如图 4-46 所示，2020 年 4 月 21—25 日永宁地区大气温度整体呈先降后升再降的趋势。21—23 日大气温度变化的差异不明显，最低温出现在 6:00—7:30，分别为 0.6℃、0.1℃、0.4℃，但 24 日 0:00—9:00 的温度明显低于其他时间，其中 2:30—8:00 温度低于 0℃，最低温度出现在 5:00，为 -3.2℃，是近几天中温度最低的，但 24 日白天的温度明显高于 21—23 日。25 日大气温度回升，最低温度为 1℃，最高温度为 24.5℃，较 21—24 日提高了 23.12% ～ 78.83%。

综上所述，2020 年 4 月 21—25 日发生的晚霜冻天气中，贺兰山葡萄基地大气温度稍高于其他地区，发生冻害的现象不明显。21—24 日大武口的低温持续时间长，温度明显低于其他地区；永宁 24 日的低温天气最严重，最低温达 -3.2℃，25 日 0:00—8:00 的温度虽有所升高，但低于贺兰山、马鞍山、大武口地区。贺兰山地区地势高，有高大山体遮挡，且防护林体系完善，所以受冻害的影响较小，而永宁及大武口地区地势低洼、平坦，夜间降温幅度大，易发生晚霜冻害现象，应提前采取防护措施。

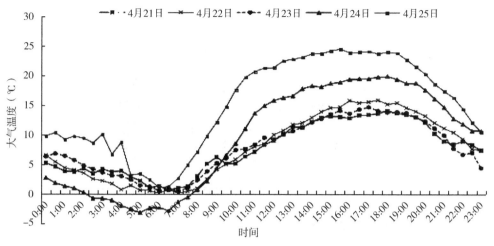

图 4-46　2020 年 4 月 21—25 日永宁地区大气温度的变化规律

四、不同地区 3—5 月大气湿度的变化

1. 大武口大气湿度的变化

如图 4-47 所示，大武口 3—5 月的大气湿度变化差异明显，2020 年的大气湿度最低。3 月的大气湿度在 2019 年最高，达 75.94%，2020 年最低为 35.95%，较 2019 年下降了 52.66%。4 月的大气湿度在 2021 年最高，达 60.00%，较其他年份增加了 7.84% ~ 94.99%；5 月的大气湿度基本呈下降趋势，但变化不明显。

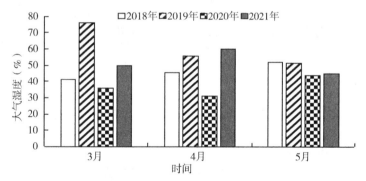

图 4-47　大武口 2018—2021 年大气湿度的变化

2. 贺兰山葡萄基地大气湿度的变化

2017—2021 年贺兰山葡萄基地 3—5 月的大气湿度变化如图 4-48 所示，2017 年和 2021 年的大气湿度变化差异较大，2018—2020 年的大气湿度变化较平稳。3 月的大气湿度在 2017 年明显高于其他年份，为 48.53%，是其他年份的 1.36 ~ 2.14 倍，2020 年大气湿度最低为 22.63%；4 月的大气湿度在 2021 年最高（53.88%），是 2020 年的 3.61 倍，其他年份的大气湿度相差不大；2017—2021 年 5 月的大气湿度变化较小，2019 年最高，为 37.14%。

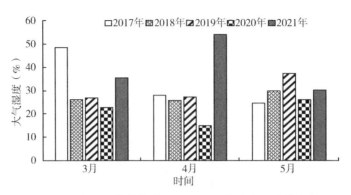

图 4-48 贺兰山葡萄基地 2017—2021 年大气湿度的变化

3. 马鞍山地区大气湿度的变化

2019—2021 年马鞍山地区 1m、2m 处大气湿度的变化相似，且差异不明显。如图 4-49 所示，1m 高度时，3 月、4 月的大气湿度均在 2021 年达最大，分别为 42.83%、55.82%，2020 年最低为 28.08%、19.13%，5 月的大气湿度呈下降趋势，2019 年最高，2021 年最低。2m 高度与 1m 高度的大气湿度变化相似，2021 年 3 月、4 月的大气湿度最高，分别为 41.30%、49.42%，而 5 月最低为 27.01%。

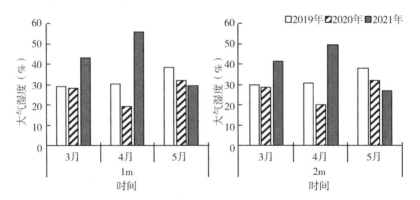

图 4-49 马鞍山地区 2019—2021 年大气湿度的变化

4. 永宁地区大气湿度的变化

如图 4-50 所示，2019—2021 年永宁地区 3—5 月的大气湿度变化差异较大，均表现为先降低后升高，其中 2020 年的大气湿度最低，分别为 26.18%、19.14%、32.63%。3 月的大气湿度在 2021 年最高，4 月、5 月在 2019 年最高，分别为 28.71%、41.39%，较 2020 年分别增加了 50%、26.85%。

5. 中卫地区大气湿度的变化

2018—2021 年中卫地区 3—5 月的大气湿度变化如图 4-51 所示，2020 年大气湿度均最低，2021 年 3 月、4 月的大气湿度最高，分别为 37.96%、63.02%，是 2020 年的 1.91、4.51 倍，2018 年、2019 年的变化差异不明显。5 月的大气湿度在 2019 年最高，为 41.84%，较其他年份增加了 14.47% ～ 23.13%。

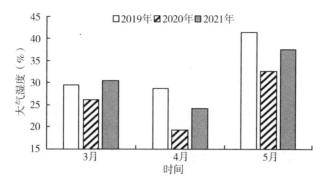

图 4-50　永宁地区 2019—2021 年大气湿度的变化

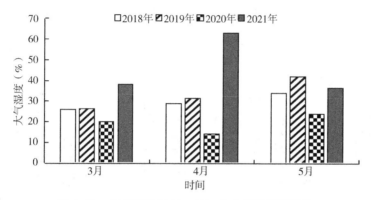

图 4-51　中卫地区 2018—2021 年大气湿度的变化

五、不同地区 3—5 月土壤温度的变化

1. 大武口土壤温度的变化

大武口不同土层土壤温度的变化如图 4-52 所示，3—5 月土壤温度整体呈上升趋势，2018—2021 年土壤温度变化趋势相似，但 40cm 与 60cm 处无明显差异。2020 年 3 月的土壤温度在 40cm、60cm 时均最高，分别为 6.70℃、6.15℃，2019 年最低，分别为 5.57℃、2.23℃。4 月的土壤温度在 40cm、60cm 深度均表现为下降趋势，2018 年最高，分别为 15.11℃、13.81℃，较 2021 年增加了 36.87%、34.60%。5 月的土壤温度亦是 2018 年最高，40cm、60cm 深度分别为 18.53℃、17.15℃。

2. 贺兰山葡萄基地土壤温度的变化

如图 4-53 所示，2017—2021 年贺兰山葡萄基地 3—5 月的土壤温度呈上升趋势，20～80cm 深度土壤温度呈下降趋势，但变化差异不明显。20cm 土层的土壤温度最高，80cm 时最低。3 月的土壤温度在 2018 年最高，20cm、40cm、60cm 和 80cm 深度的土壤温度分别为 8.68℃、8.42℃、8.00℃、8.13℃；4 月的土壤温度在 2019 年最高，20～80cm 深度的土壤温度分别为 15.12℃、14.64℃、14.24℃、13.96℃；5 月各土层的土壤温度也是 2018 年最高，分别为 20.30℃、19.86℃、19.42℃、19.26℃。

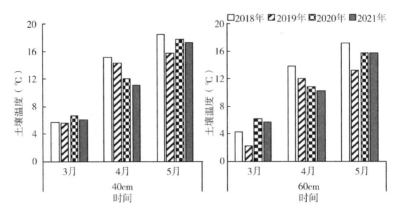

图 4-52　大武口 2018—2021 年不同土层土壤温度的变化

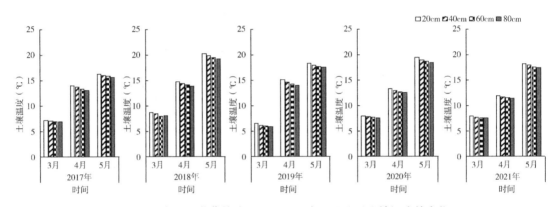

图 4-53　贺兰山葡萄基地 2017—2021 年不同土层土壤温度的变化

3. 马鞍山地区土壤温度的变化

如图 4-54 所示，2019—2021 年马鞍山地区 3—5 月的土壤温度呈上升趋势，但不同土层间表现为下降趋势，20cm 深度土壤温度最高，100cm 最低。3 月的土壤温度在 2020 年最高，20 ～ 100cm 深度分别为 9.01℃、8.42℃、7.62℃、7.11℃、6.74℃，分别较 2019 年增加了 36.72%、38.03%、38.80%、38.06%、35.89%；4 月的土壤温度在 2019 年最高，2021 年最低，分别为 13.14℃、12.33℃、11.36℃、10.59℃、9.85℃；5 月的土壤温度在 2020 年最高，20 ～ 100cm 深度分别为 21.98℃、21.29℃、19.14℃、17.73℃、16.28℃。

4. 永宁地区土壤温度的变化

2019—2021 年永宁地区 20 ～ 80cm 土层土壤温度的变化如图 4-55 所示，3—5 月的土壤温度表现为上升趋势，2019 年和 2020 年的变化相似，20 ～ 80cm 均表现为下降趋势，其中 20cm 的土壤温度最高，80cm 最低。2021 年的土壤温度较 2019 年和 2020 年高，尤其 3 月和 5 月的差异较大，2021 年 5 月，80cm 深度的土壤温度虽有升高趋势，但始终低于 20cm 和 40cm。

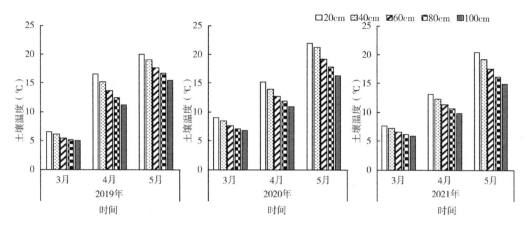

图 4-54 马鞍山地区 2019—2021 年不同土层土壤温度的变化

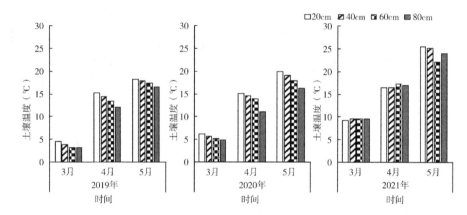

图 4-55 永宁地区 2019—2021 年不同土层土壤温度的变化

5. 中卫地区土壤温度的变化

2018—2021 年中卫地区土壤温度的变化如图 4-56 所示，3—5 月的土壤温度呈上升趋势，且差异明显。3 月、4 月的土壤温度在 2018 年最高，分别为 9.79℃、15.86℃，3 月的土壤温度在 2020 年最低，而 4 月的呈下降趋势，在 2021 年最低（14.04℃），较 2018 年下降了 11.48%。5 月的土壤温度在 2019 年最高，为 21.38℃，2020 年最低为 20.02℃。

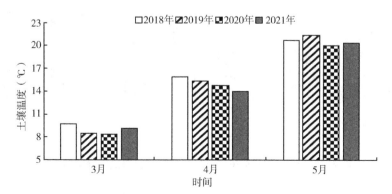

图 4-56 中卫地区 2018—2021 年土壤温度的变化

六、不同地区 3—5 月土壤湿度的变化

1. 贺兰山葡萄基地土壤湿度的变化

2017—2021 年贺兰山葡萄基地 3—5 月不同土层土壤湿度的变化如图 4-57 所示，随土层深度增加，土壤湿度基本呈先降低后升高趋势，且变化趋势明显。20cm 时，3—5 月的土壤湿度在 2021 年最高，分别为 11.51%、13.93%、13.84%，2018 年最低。40cm 土层的土壤湿度在 2021 年最高，2017 年最低，3—5 月的最低值为 8.20%、9.66%、10.69%。60cm 土层的土壤湿度在 3—5 月的变化不一，这可能与当月降雨有关。

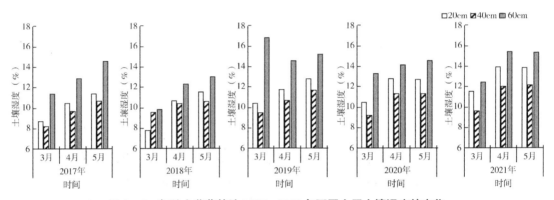

图 4-57 贺兰山葡萄基地 2017—2021 年不同土层土壤湿度的变化

2. 马鞍山地区土壤湿度的变化

如图 4-58 所示，2019—2021 年马鞍山地区 3—5 月的土壤湿度变化趋势明显，均表现为随土层深度的增加呈先上升后下降趋势，20cm 时土壤湿度最小，80cm 深度时最大。2021 年 3—5 月的土壤湿度呈上升趋势，且明显高于 2019 年和 2020 年，而 2019 年和 2020 年土壤湿度的变化无明显差异。

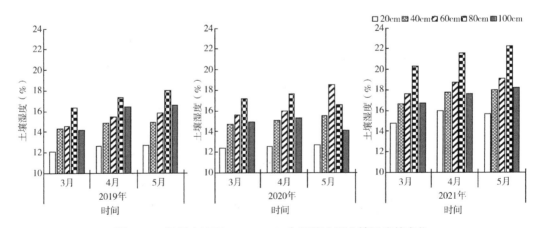

图 4-58 马鞍山地区 2019—2021 年不同土层土壤湿度的变化

3. 永宁地区土壤湿度的变化

2019—2021 年永宁地区土壤湿度在 20 ～ 60cm 土层基本呈下降趋势（图 4-59），这可能与当地降雨有关，降水量小，所以表层土壤湿度较高，水分渗透不足而导致土层较深处土壤湿度较低。其中 2019 年土壤湿度最高，2021 年最低，且 2021 年 3—5 月的土壤湿度呈下降趋势。3—5 月随着温度升高，土壤水分蒸发增加，降雨又不足，导致土壤湿度降低。

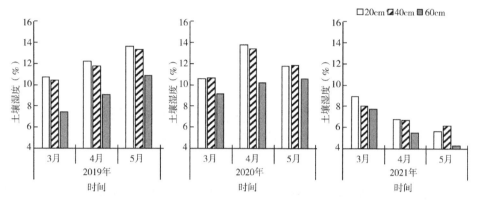

图 4-59　永宁地区 2019—2021 年不同土层土壤湿度的变化

4. 中卫地区土壤湿度的变化

2018—2021 年中卫地区不同土层土壤湿度的变化如图 4-60 所示，2018 年 3 月的土壤湿度最低，5 月最高，但均在土层为 80cm 时最高，这可能与 5 月的降水量多有关。2019 年 3—5 月不同土层土壤湿度的变化趋势相似，但差异不明显。2020 年的土壤湿度是近几年中最低的，这可能与当年气温低有关，在 20 ～ 100cm 的土层中，80cm 时土壤湿度最高，40cm 最低。2021 年土壤湿度变化明显，20 ～ 60cm 时呈下降趋势，40cm 与 60cm 的差异不明显，80cm 时土壤湿度明显升高，100cm 时明显高于其他土层，这可能与地下水位有关。

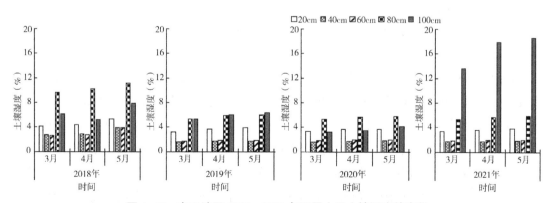

图 4-60　中卫地区 2018—2021 年不同土层土壤湿度的变化

第五章 宁夏贺兰山东麓酿酒葡萄基地建设对地表风蚀的影响研究

第一节 贺兰山东麓葡萄基地及周边典型地貌风蚀监测研究

风蚀沙化不但影响风蚀地区农业生产，也威胁着下风地区环境安全。贺兰山东麓地处绿洲—荒漠交错带，生态严酷，土地荒漠化严重，伴随着生态移民与产业开发，人类活动对退化土地的扰动日益突出。同时，贺兰山东麓由于特殊的冷凉气候与沙质土壤，特别适合酿酒葡萄的栽植，而且近年来发展速度明显加快。因此，明确不同风蚀环境地表风蚀水平通量，量化不同林龄酿酒葡萄种植基地风蚀特征及相互差异，客观评价葡萄种植基地对周边沙尘暴贡献程度，制定科学合理的管理措施是亟待解决的问题。

当前，环境保护受到世界各国的广泛关注，成为提升人们生活质量的重要保证。宁夏地处中国西北干旱区，被腾格里沙漠、巴丹吉林沙漠和毛乌素沙漠三面环绕，土地沙漠化严重，导致沙尘暴、浮尘、扬沙等自然灾害频发。风蚀作用会严重破坏裸露地表，改变土壤环境，造成土壤养分损失，影响当地及周边生态环境，造成环境的持续恶化，严重危及人们生存环境。对此，宁夏第十二次党代会提出了生态立区战略，在加强经济建设的同时保护绿水青山，实现经济与环境的可持续发展。

目前退耕还林还草被认为是抑制风蚀、改善土壤肥力、恢复林地草地生态系统的有效手段之一。退耕还林还草不仅可以解决农田风蚀严重、土壤结构、养分损失等问题，还可以带动经济效益，保护生态环境。2011年，在广泛调研、深入论证的基础上，为转变经济发展方式，调整产业结构，同时保护生态环境，宁夏紧紧抓住机遇，按照优良品种、高新技术、高端市场、高效益的发展思路，结合当地自然环境选择在宁夏贺兰山东麓建设发展葡萄旅游文化长廊和以酿酒葡萄为导向的全产业链，创造中国葡萄酒可持续发展之路。紧紧围绕宁夏贺兰山东麓土地、光照等自然资源优势和沿线丰富的旅游资源为区域优势，大力发展葡萄产业，以及与其相匹配的体验经济、地产经济和文化旅游经济。通过文化打造、生态引领、产业推动，建设一个竞争力强、辐射面广、国内最大、全球知名的特色葡萄长廊文化和生态经济产业带。目前，宁夏贺兰山东麓葡萄酒依托独特风土条件，坚持走以提升品质为目标的品牌创新发展之路，已跻身全国地理标志产品区域品牌百强榜。出口美国、英国、法国、澳大利亚、德国等20多个国家和地区，成为宁夏农业发展的优势特色产业和自治区六大支柱产业之一。

由于贺兰山地处银川西北风口处，葡萄种植须春放苗、秋覆土，对地表扰动性很大，因此开展葡萄林地风蚀监测研究对生产实践具有重要指导意义。针对贺兰山东麓地区大面积新开垦的葡萄种植地，为探究葡萄基地建设对地表风蚀影响，在宁夏贺兰山东麓葡萄园基地开展了相关风蚀监测研究。从2016年3月至2019年6月，在该区域的大风季节，进行了各种覆被类型下土壤输沙量的实地监测，研究贺兰山东麓沿山区域玉米农田、天然草地、人工林、大规模新开垦的葡萄种植地4种地类的土壤性状和风蚀特征，揭示不同土地利用方式对土壤风蚀的影响。从改善环境和发展经济两方面综合考虑，明确不同风蚀环境地表风蚀水平通量，量化不同林龄酿酒葡萄种植基地风蚀特征及相互差异，探讨其对周边沙尘暴贡献程度，制定科学合理的管理措施，为推动葡萄基地建设以及贺兰山葡萄产业的发展，实施宁夏贺兰山东麓葡萄生态长廊工程，以及该区域未来生态保护与综合开发建设决策提供理论依据与技术参考。

一、诱捕法监测结果

1. 2016年监测结果

采用诱捕集沙法，以大面积分布的3年生葡萄农田为重点研究对象，以贺兰山沿山区域玉米农田、天然草地、道路防护林、农田防护林、正在大规模机械整地的葡萄施工基地等周边主要立地类型为对照。

自2016年5月下旬开始，分别进行了3次野外风蚀监测，为对比分析出不同风蚀环境地表风蚀水平通量、沙粒粒径分布特征等主要技术参数，量化酿酒葡萄种植基地及周边典型景观地貌风蚀规律及相互差异，明确葡萄基地建设对周边沙尘暴贡献程度。

葡萄基地和葡萄基地新开地风蚀量和风蚀强度明显高于其他环境类型的土壤风蚀情况（表5-1）。在各监测样地中，不同地貌类型地表风蚀量从大到小依次为葡萄基地新开地＞1年葡萄基地＞荒漠草原（对照）＞樟子松林地＞道路防护林。葡萄基地新开地累计风蚀量高达5 432.60t/km²，远高于葡萄基地累计风蚀量3 863.25t/km²。也就是说在葡萄基地建立后，随着时间的推移，葡萄基地路、渠、道等地被物越稳定，基地防护林网越完善，地表风蚀越小，对周边沙尘暴防护的贡献率越高。

表 5-1   贺兰山酿酒葡萄基地不同风蚀环境土壤风蚀状况对比监测

监测地点	2016 年 6 月 13 日		2016 年 7 月 2 日		2016 年 9 月 20 日		监测期累计风蚀强度（t/km²）
	风蚀量（g）	风蚀强度（t/km²）	风蚀量（g）	风蚀强度（t/km²）	风蚀量（g）	风蚀强度（t/km²）	
1 年葡萄基地	2.84						
	0.2		0.62		9.31		
	0.29						
	0.33						
平均	0.915	237.88	1.51	392.56	12.435	3 232.81	3 863.25
道路防护林	0.6		0.87				
	0.49		0.53				
			0.63				
平均	0.545	141.69	0.68	175.92			317.6
荒漠草原（对照）	0.4		1.06		3.77		
	0.41		0.29		8.53		
	0.32		0.83		6.62		
	0.03		0.51				
	0.56						
平均	0.344	89.43	0.67	174.83	6.31	1 639.24	1 903.51
葡萄基地新开地	0.85		2.01		17.89		
	1.03		1.64		17.48		
	0.85		2.57				
	1.22		1.98				
	1.18		2.36				
	1.47						
平均	1.1	285.97	2.112	549.07	17.6845	4 597.56	5 432.6
樟子松林地	0.2		1.68				
	0.14		1.22				
	0.17		1.45		376.97		
	0.11						
平均	0.155	40.3	1.45	376.97			417.26

2. 2016—2017 年诱捕法监测结果

2017 年监测结果表明（表 5-2），不同土地利用类型地表风蚀量从大到小依次为 3 年葡萄基地＞樟子松林地＞9 年葡萄基地＞道路防护林＞荒漠草原（对照）＞玉米农田。但道路防护林、樟子松林地、9 年葡萄基地之间相差不大，均在 964.903 ～ 1 028.717t/（km²·年）。

与对照组荒漠草原相比，除玉米农田由于冬灌措施和在完善的防护林体系保护下风蚀量相对较小外，3年葡萄基地、9年葡萄基地、道路防护林、樟子松林地等地貌类型风蚀量均明显较高。其中以3年葡萄基地地表风蚀量最大，是对照荒漠草原的2.2倍。主要是由于3年葡萄基地秋翻耕覆土后地表机械扰动性大，无植被覆盖，土壤质地疏松，土壤含水量较低，但有相当比例的砾石，防护林网健全但未成林，防护功能不完善。与之相反的是9年葡萄基地虽然机械作业与3年葡萄基地相同，但由于灌溉时间较长，防护林网健全，防护功能完善，林、路、渠网配套后地表残留物覆盖率较高。同时，由于长时间的灌溉形成的灌淤土农田物理结皮明显，风蚀量明显较低。玉米农田由于冬灌后形成了冻凝层和物理结皮、完善的农田防护林网等，风蚀量与9年葡萄基地也较类似，为各监测地貌中最低。

表5-2　不同土地利用类型地表风蚀量监测结果　（单位：g）

地貌类型	12月	1月	2月	3月	4月	5月	6月	平均	侵蚀模数 ［t/（km²·年）］	较对照 倍数	侵蚀 强度
道路防护林	1.112	0.413	0.071	0.237	0.602	0.214	4.774	1.06	964.903	1.415	轻度
玉米农田	0.083	0.081	0.108	0.768	0.891	0.358	1.155	0.492	447.619	0.657	轻度
樟子松林地	0.308	0.318	0.587	1.863	0.879	0.159	3.8	1.131	1 028.717	1.509	轻度
3年葡萄基地	0.208	1.444	0.518	4.315	0.744	0.21	4.097	1.648	1 499.607	2.2	轻度
9年葡萄基地	0.097	0.876	0.072	0.147	0.36	0.228	5.744	1.075	978.01	1.435	轻度
荒漠草原 （对照）	0.77	0.133	0.082	0.523	0.545	0.037	3.155	0.749	681.767	1	轻度

注：土壤侵蚀强度参照《宁夏通志·地理环境卷》。

根据2016年监测结果表明，不同土地利用类型地表风蚀量从大到小依次为葡萄基地新开地＞1年葡萄基地＞荒漠草原（对照）＞樟子松林地＞道路防护林。葡萄基地新开地累计风蚀量高达5 432.60t/km²，远高于1年葡萄基地累计风蚀量3 863.25t/km²，也就是说在葡萄基地建立后，随着时间的推移，葡萄基地路、渠、道等地被物越稳定，基地防护林网越完善，地表风蚀越小，对周边沙尘暴防护的贡献率越高。

二、集沙仪法监测结果

1. 2016年监测结果

土地利用方式不同，在大风季节其地表输沙量差异明显，从图5-1的观测结果来看，4—7月，当年春开地输沙量最大，输沙总量为33.07g，玉米农田输沙量最小，输沙总量为2.557g。其输沙量大小顺序为当年春开地＞荒漠草原＞樟子松林地＞8年葡萄基地＞玉米农田，荒漠草原与8年葡萄基地输量居中，其总量分别为17.423g、2.926g。从垂直高度来看，几种土地利用方式下，输沙量多均集中在5～50cm，5cm输沙量最大。在没有覆被物或覆被较少的地面，随着高度增加，输沙量减少，如当年春开地、荒漠草原；有覆被物的地面，其总体规律是高度增加，输沙量减少，但由于覆被物不同，在不同的高度也有不同的变化，玉米农田和 8 年葡萄基地的规律相一致，均在 100cm 的高度输沙量呈现增加趋势，樟子松林在 150cm 输沙量有所增加，这是因为植被盖度对风沙流的影响，随着植被盖度与植被高度的增加输沙量的高度层有所上移。从时间跨度来看，当年春开地、荒漠草原、防护林在 5 月的输沙量最大，这与 5 月是大风高发季相吻合，玉米农田与 8 年葡萄基地在 5 月的输沙量最小，因为此时玉米、葡萄均已正常生长，增加了地表覆盖度，减小了起沙风与地面的接触面积，从而使输沙量减小。

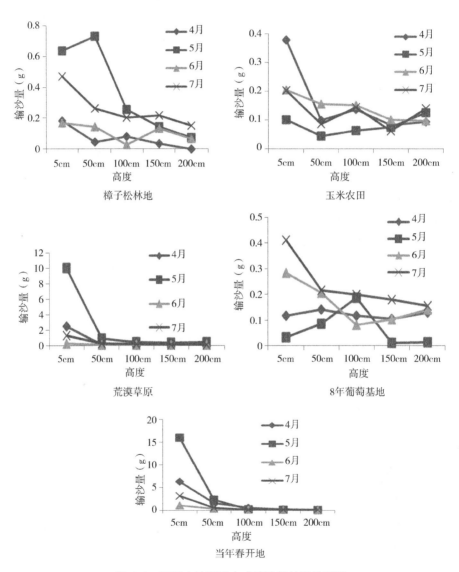

图 5-1　不同土地利用方式输沙量结果分析图

2. 2017 年集沙仪法监测结果

（1）不同土地利用类型

利用集沙仪法监测结果表明（表 5-3），在各监测样地中，不同土地利用类型地表风蚀量从大到小依次为3年葡萄基地＞荒漠草原（对照）＞樟子松林地＞玉米农田＞9年葡萄基地。但玉米农田、樟子松林地、9年葡萄基地集沙量之间相差不大，均在0.145～0.178g。随着监测高度的增加，每个监测点风蚀量均明显减少，说明所有监测点由风蚀产生的流沙量均以就地起沙为主，但9年葡萄基地总体集沙量最低，且5cm高度与50cm、100cm、150cm、200cm监测高度风蚀量非常接近，说明该样地外来沙粒占有相当比重，就地起沙现象不明显。

表5-3　不同土地利用类型不同监测高度地表风蚀量动态监测结果（单位：g）

风蚀环境	高度	3月	4月	5月	6月	平均
樟子松林地	5cm	0.181	0.636	0.215	0.309	0.335
	50cm	0	0.732	0.139	0.203	0.269
	100cm	0	0.258	0.145	0.212	0.154
	150cm	0	0	0.116	0.17	0.071
	200cm	0	0	0.091	0.155	0.062
	平均	0.036	0.325	0.141	0.21	0.178
玉米农田	5cm	0.907	0.157	0.196	0.338	0.399
	50cm	0.125	0.114	0.118	0.079	0.109
	100cm	0.137	0.089	0.136	0.112	0.119
	150cm	0.083	0.091	0.146	0.111	0.108
	200cm	0.094	0.109	0.168	0.122	0.123
	平均	0.269	0.112	0.153	0.153	0.172
3年葡萄基地	5cm	8.506	1.488	0.279	5.318	3.898
	50cm	0.92	0.188	0.082	0.268	0.364
	100cm	0.407	0.15	0.054	0.13	0.185
	150cm	0.183	0.162	0.08	0.095	0.13
	200cm	0.101	0.151	0.098	0.211	0.14
	平均	2.023	0.428	0.118	1.205	0.943
荒漠草原（对照）	5cm	2.212	7.68	0.278	2.455	3.156
	50cm	0.167	0.647	0.21	0.247	0.318
	100cm	0.081	0.411	0.101	0.18	0.193
	150cm	0	0.34	0.081	0.148	0.142
	200cm	0	0.376	0.13	0.121	0.157
	平均	0.492	1.891	0.16	0.63	0.793

风蚀环境	高度	3月	4月	5月	6月	平均
9年葡萄基地	5cm	0.129	0.063	0.211	0.287	0.173
	50cm	0.095	0.077	0.21	0.296	0.169
	100cm	0.163	0.104	0.138	0.237	0.16
	150cm	0.065	0.071	0.083	0.179	0.099
	200cm	0.129	0.065	0.14	0.164	0.124
	平均	0.116	0.076	0.156	0.233	0.145
平均	5cm	2.007	3.222	0.273	1.201	1.676
	50cm	0.403	0.689	0.17	0.24	0.375
	100cm	0.179	0.235	0.123	0.188	0.181
	150cm	0.063	0.126	0.102	0.157	0.112
	200cm	0.068	0.11	0.106	0.133	0.104
	平均	0.544	0.877	0.155	0.384	0.49

（2）不同月份风蚀量差异

从2017年集沙仪法监测结果表明（图5-2），3月、4月各处理风蚀量最大，5月最小。

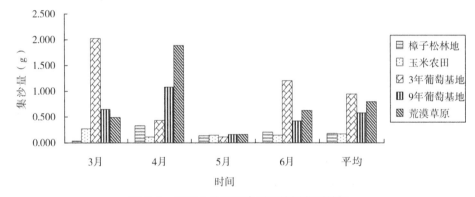

图5-2　不同土地利用类型风蚀量监测结果

（3）不同测量高度对集沙量的影响

从不同监测高度集沙量来看（图5-3），各处理间均以5cm高度集沙量最大，且随着监测高度的增加呈规律的递减。

从不同监测高度集沙量所占比例来看（图5-4），5cm、50cm、100cm、150cm和200cm高度分别占总集沙量的72%、11%、7%、5%和5%（图5-5）。

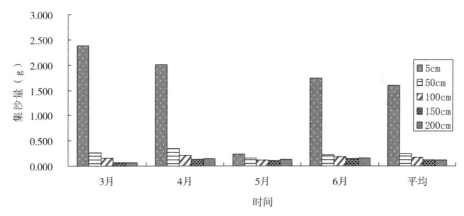

图 5-3　不同土地利用类型不同监测高度集沙量

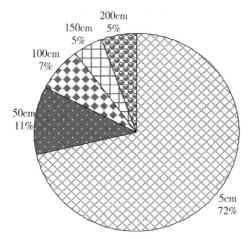

图 5-4　不同立地类型不同监测高度平均集沙量所占比例

研究不同监测高度对确定该风蚀环境沙粒来源、风沙流结构特征意义重大。通常情况下，就地起沙现象越明显，底层沙量所占比例越高。反之，如果该区域不易发生风蚀现象，则监测到的集沙量一般以距离地表较高的周边环境外来沙粒为主。

分别对宁夏贺兰山 3 年葡萄基地、9 年葡萄基地、玉米农田、樟子松林地、荒漠草原（对照）等周边风蚀环境监测表明（图 5-5），3 年葡萄基地、荒漠草原（对照）距离地表 5cm 垂直高度的集沙量所占比例分别达到了 82% 和 79%，说明上述两类监测区域由于地表覆盖度低，农田防护林系统不完善，就地起沙明显。而 3 年葡萄基地 150cm、200cm 较高层集沙量所占比例均为 3%，荒漠草原（对照）集沙量所占比例均为 4%。

与之相反的是，9 年葡萄基地、玉米农田、樟子松林地 5cm 高度集沙量所占比例分别为 24%、46%、38%；150cm 高度集沙量所占比例分别可达 14%、13%、8%；200cm 高度集沙量所占比例分别可达 17%、14%、7%。由于上述风蚀环境中农田防护林体系完善、土壤墒情较好、地表覆盖或质地环境较稳定，地表自身防风固土能力较高，而周边外来

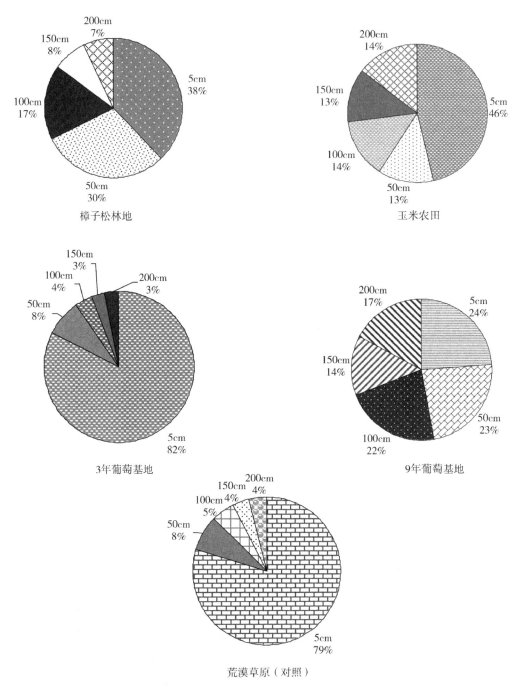

图 5-5　不同立地类型不同监测高度集沙量所占比例

"入侵"沙粒所占比例较大，因此不是风蚀防控重点区域。从另一方面也表明，完整的农田防护林体系、有效地表覆盖或墒情保障、完善的地表覆盖或多年耕种后形成的稳定的物理结皮系统，均可很好的防治风蚀起沙现象发生，减少沙害损失。

三、不同土地利用类型集沙量与监测高度相关性

研究不同土地利用类型集沙量与监测高度之间的相关性，可以明确集沙量与监测高度之间的关系，判断和估测随着高度的规律变化，集沙量随之发生的相关变化，为充分了解和掌握不同土地利用类型垂直梯度内可能产生的风蚀量提供可估判的数学模型，从而为确定该区域风蚀环境沙粒主要来源提供判断依据。通常情况下，就地起沙现象越明显，底层沙重量百分比越高，并且随着高度的增加，集沙量会呈乘幂或多项式规律的递减。本次试验将所有地貌类型的集沙量进行平均后，分析发现不同土地利用类型集沙量平均值与监测高度符合乘幂关系（R^2=0.906 1）（图5-6）。

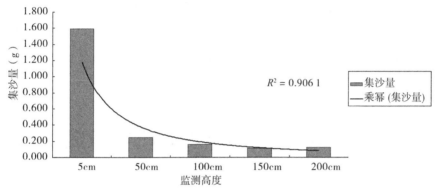

图5-6 监测高度与集沙量相关性

四、讨论

开垦时间不同，地表结构改变和地表裸露时长不同，造成春开地与秋开地输沙量的差异。葡萄种植年限的长短也直接影响地表抗风蚀程度强弱。土地利用类型与风蚀因子和输沙量有一定的相关性，土地利用方式不仅影响土壤的理化性质，同时地表植被也影响着地表粗糙度，造成地表输沙量的差异。文中通过对天然草地、人工林、农田和葡萄种植地调查研究表明，樟子松林土壤水分和有机质含量较天然草地高，但输沙量高于天然草地，是因为天然草地的地表硬度较大，表层土壤细颗粒含量低，输沙量较小，9年葡萄基地由于长期施肥浇水，土壤含水量和有机质不断增加，已改变了土壤原有结构，土壤团粒结构增加，地表张力增加，加之行间植被种类与数量的增多，地表减小风蚀，输沙量随之减小。从防风蚀方面考虑，应优先保护原生植被，不应盲目改变当地区域原生植被；农田土壤性状相对其他地类较差，输沙量较9年葡萄基地和人工林大，说明农田不适合当地生态环境，应减少农田面积；合理的耕作管理方式可以有效减小土壤风蚀，可通过增加地表植被覆盖率，减小垄宽或提高葡萄种植密度来保持土壤水分，以及合理布局农田田块的地垄方向有效增加地表粗糙度。从发展经济与改善民生方面考虑，葡萄种植是当地适合发展的经济作物，而且大面积种植葡萄，形成局部小气候，降低风速，改良土壤结构，增加地表覆

盖度，抗风蚀效果明显。

五、结论

宁夏贺兰山东麓地处银川西北风口，劲风经贺兰山的阻挡途径葡萄基地后正处于抬升过程，春放苗秋覆土的农艺操作工序对地表风蚀影响很大，为下风口银川及周边主要沙尘源地。主要发生于春季，以草原新开垦地和 1～3 年的葡萄基地最为严重。葡萄基地建设 8～9 年后，由于防护林网日趋完善，地表灌淤土日渐形成，地表物理结皮明显，地被物增多，地表风蚀量相对较小。

完善防护林体系可有效缓解和防治地表风蚀。因此在建植葡萄基地前必须营建完善的防护林地，形成稳定的环境，减少葡萄林地建植初期的风蚀影响。

通过雨前耕作、耕后灌溉形成土壤物理结皮，以及营建葡萄修剪挂枝风障、种植绿肥、增加物理覆盖、铺盖草席、提高农艺水平、喷涂可降解液态地膜等均可有效减少风蚀发生。

第二节　贺兰山东麓不同林龄葡萄基地土壤风蚀特征研究

一、不同林龄葡萄基地输沙量特征

1. 2016 年诱捕法监测

监测结果表明，种植耕作年份不同，其输沙量也有明显的差异，其中当年春季新开地地面输沙量最大，4—7 月累计达到 27.39g，3 年葡萄基地输沙量次之，4—7 月累计输沙量为 16.976g，1 年葡萄基地地面输沙量为 11.549g，8 年葡萄基地地面输沙量最小，4—7 月累计输沙量为 2.722g（图 5-7）。

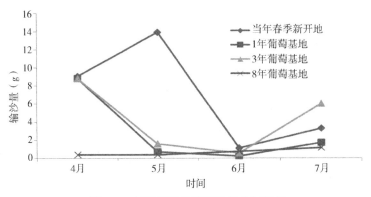

图 5-7　不同林龄葡萄基地输沙量特征

当年新开葡萄基地，由于地表疏松裸露，5月的大风天气较多，此时输沙量明显增加；由于植物生长，枝叶遮盖地表，6月输沙量降低，7月又随人为干扰活动增多输沙量也增加。而有植物生长的1年、3年、8年葡萄基地，输沙量大小变化趋势为4—5月呈现下降趋势，6—7月呈上升趋势，其输沙量变化基本与苗木是否生长、人为活动多少一致。在种植管理过程中人为干扰活动增多，使土壤表层土结构疏松裸露，输沙量变大，但长期的耕作过程，土壤结构发生变化，土壤含水量增大，粒径小的沙粒在水的作用下结合在一起，不易被风吹起，而且地面已经有相对较多的植物生长，增加了地面覆盖度，裸露的地表形成结皮，地表硬度也增加，所以随种植年限增加输沙量不断变小。

2. 2016—2017年诱捕法监测

从不同监测时间段看（图5-8），以6月、3月、1月、4月风蚀量最大，其中6月主要是降雨与风蚀共同作用的结果，以降雨飞溅为主，这也是诱捕法监测地表风蚀技术缺陷之一。因此以3月、1月、4月风蚀量最大。

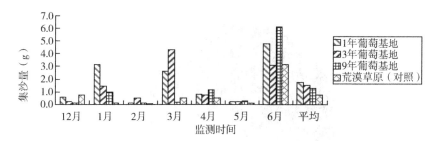

图5-8 不同林龄葡萄基地表风蚀量动态监测结果

二、不同林龄葡萄基地集沙量对比

集沙仪法监测表明，各样地集沙量大小顺序为：当年春季新开地（33.07g）＞3年葡萄基地（20.708g）＞荒漠草原（12.895g）＞1年葡萄基地（11.178g）＞9年葡萄基地（2.926g）。当年春季新开地是因为开垦深翻，使土壤表层变得疏松裸露，集沙量最大；3年葡萄基地集沙量大于1年葡萄基地，是因为3年葡萄基地被破坏的植被还未完全恢复，生长3年的葡萄苗木较大，春天放苗过程中对地表的影响干扰活动大于1年葡萄基地；9年葡萄基地集沙最小，是由于长期的灌水施肥，地表结构趋于好转，土壤表面张力增大，另外其地表覆盖度较大，提高了起沙风的临界值，同样风力下，其集沙量明显减小（图5-9）。

三、不同监测高度集沙量所占比例分析

不同立地类型和不同林龄下观测到的不同高度地表风蚀输沙量变化一致，均随监测高度增加而呈规律的递减。其中5cm高度集沙量占各监测样地平均总集沙量的78%，50cm、100cm、150cm、200cm高度分别占总集沙量的12%、5%、3%和2%（图5-10）。

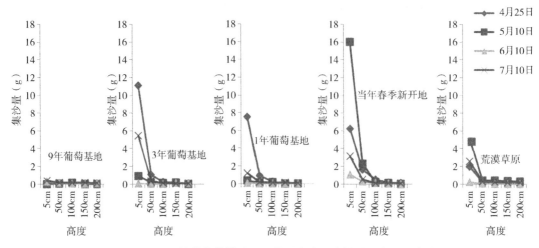

图 5-9　不同林龄葡萄基地不同监测高度风蚀量对比（2017 年）

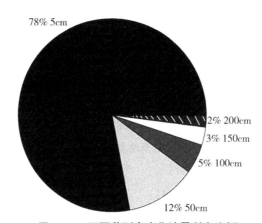

图 5-10　不同监测高度集沙量所占比例

四、不同林龄葡萄基地风蚀强度对比

1. 2016 年监测结果

从不同林龄酿酒葡萄基地风蚀状况监测数据表明（表 5-4），观测期内累计风蚀强度为：当年春季新开地＞1 年葡萄基地＞3 年葡萄基地＞荒漠草原＞9 年葡萄基地。当年春季新开地总风蚀强度为 5 432.6t/km²，属于强度风蚀；9 年葡萄基地的平均风蚀量为 0.4g，总风蚀强度为 211.88t/km²，属于微度风蚀范围。各样地的集沙量随高度增加而减少，从时间跨度来看，1 年、3 年、9 年葡萄基地集沙量高峰值出现在 4 月，这与田间生产活动相吻合，此时段葡萄放苗等田间活动较多，地表人为干扰大，土表疏松裸露，容易发生风蚀；而 5 月集沙量较小，是因为葡萄生长，地表覆盖度有所增加，同时枝叶也降低风速，另外地表灌水湿润，土壤表面张力增大，增加了起沙风的临界值，不易发生风蚀，则集沙量低。当年春季新开地与荒漠草原集沙量高峰值出现在 5 月，此时是大风多发时段，又无有效降水，地表含水量较低，这两类样地的地表处于裸露状态，很容易发生风蚀现象，因此集沙量高。说明葡萄基地建设时间越久，路、渠、道等地被物越稳定，基地防护林网越完善，地表风蚀越小，对周边沙尘暴防护的贡献率越高。

表 5-4　不同林龄葡萄基地风蚀强度对比

监测基地	2016 年 6 月 13 日		2016 年 7 月 2 日		2016 年 9 月 20 日		累计风蚀强度（t/km²）
	风蚀量（g）	风蚀强度（t/km²）	风蚀量（g）	风蚀强度（t/km²）	风蚀量（g）	风蚀强度（t/km²）	
1 年葡萄基地	2.84		2.4		15.56		
	0.2		0.62		9.31		
	0.29						
	0.33						
平均	0.915	237.88	1.51	392.56	12.435	3 232.81	3 863.25
3 年葡萄基地	0.2		2.35	610.95	6.36		
	0.5						
平均	0.35	90.99	2.35	610.95	6.36	1 653.45	2 355.39
9 年葡萄基地	0.2	52	0.31				
	0.63		0.61				
			0.28				
平均	0.415	107.89	0.4	103.99			211.88
荒漠草原	0.4		1.06		3.77		
	0.41		0.29		8.53		
	0.32		0.83		6.62		
	0.03		0.51				
	0.56						
平均	0.344	89.43	0.67	174.83	6.31	1 639.24	1 903.51
当年春季新开地	0.85		2.01		17.89		
	1.03		1.64		17.48		
	0.85		2.57				
	1.22		1.98				
	1.18		2.36				
	1.47						
平均	1.1	285.97	2.112	549.07	17.6845	4 597.56	5 432.6

2. 2017 年监测结果

从表 5-5 可以看出，输沙量大小顺序依次为：当年春季新开地＞3 年葡萄基地＞荒漠草原＞1年葡萄基地＞9年葡萄基地。当年新开垦葡萄基地风蚀输沙量最大，9年葡萄基地风蚀量最小。以荒漠草原为对照，1年葡萄基地、9年葡萄基地的风蚀量分别比对照减少了20.7％、73.0％；当年新开垦葡萄基地、3年葡萄基地的风蚀量比荒漠草原分别增加了46.4％、18.9％。当年春开垦地风蚀输沙量大主要是因为新开垦耕地深翻疏松，土壤表层变得疏松裸露，原有自然植被均被完全破坏，整个农田由于无防护林网等配套措施，几乎全裸的完全暴露于大自然之中，输沙量最大。3年葡萄基地输沙量也较大，也明显大于1年葡萄基地，主要是由于生长3年的葡萄苗木较大，秋天覆土和春天放苗过程中对地表的影响干扰活动较大于1年葡萄基地；9年葡萄基地输沙最小，主要是由于长期的灌水施肥，地表结构趋于好转，土壤表面物理结皮明显，地表黏结力大，抗风蚀能力增强，同时由于种植时间较长，农田防护林系统完善，在风蚀季节充分发挥了防护林网防风固土能力，地表粗糙力与覆盖度明显较大，减少了地表风蚀侵蚀力，提高了起沙风的临界值，输沙量明显减小。

表5-5　不同林龄葡萄基地风蚀量监测（单位：g）

地貌类型	高度	3月	4月	5月	6月	平均
当年春季新开地	5cm	6.605	7.575	0.466	2.614	4.315
	50cm	1.626	1.877	0.172	0.375	1.013
	100cm	0.513	0.315	0.096	0.196	0.28
	150cm	0.166	0.129	0.085	0.178	0.139
	200cm	0.119	0	0	0.105	0.056
	平均	1.806	1.979	0.164	0.694	1.161
1年葡萄基地	5cm	7.579	0.386	0.095	1.688	2.437
	50cm	1.279	0.126	0.043	0.171	0.405
	100cm	0.386	0.212	0.021	0.157	0.194
	150cm	0.159	0	0.038	0.126	0.081
	200cm	0	0	0.045	0.062	0.027
	平均	1.881	0.145	0.048	0.441	0.629
3年葡萄基地	5cm	8.506	1.488	0.279	5.318	3.898
	50cm	0.92	0.188	0.082	0.268	0.364
	100cm	0.407	0.15	0.054	0.13	0.185
	150cm	0.183	0.162	0.08	0.095	0.13
	200cm	0.101	0.151	0.098	0.211	0.14
	平均	2.023	0.428	0.118	1.205	0.943

续表

地貌类型	高度	3月	4月	5月	6月	平均
9年葡萄基地	5cm	2.526	0.129	0.032	0.563	0.812
	50cm	0.426	0.042	0.014	0.057	0.135
	100cm	0.193	0.071	0.007	0.052	0.081
	150cm	0.08	0	0.013	0.042	0.034
	200cm	0	0	0.015	0.021	0.009
	平均	0.645	0.048	0.016	0.147	0.214
荒漠草原	5cm	2.212	7.68	0.278	2.455	3.156
	50cm	0.167	0.647	0.21	0.247	0.318
	100cm	0.081	0.411	0.101	0.18	0.193
	150cm	0	0.34	0.081	0.148	0.142
	200cm	0	0.376	0.13	0.121	0.157
	平均	0.492	1.891	0.16	0.63	0.793
平均	5cm	5.485	3.452	0.23	2.528	2.924
	50cm	0.884	0.576	0.104	0.224	0.447
	100cm	0.316	0.232	0.056	0.143	0.187
	150cm	0.117	0.126	0.059	0.118	0.105
	200cm	0.044	0.105	0.058	0.104	0.078
	平均	1.369	0.898	0.101	0.623	0.748

五、结论

以贺兰山东麓酿酒葡萄种植基地为研究区，选取典型的不同林龄的葡萄林为试验样地，采用诱捕法，开展了不同林龄葡萄基地土壤风蚀监测研究，旨在为评价和制定葡萄林地风蚀防治措施提供决策依据。集沙仪法研究表明，集沙量为当年新开地＞3年葡萄基地＞荒漠草原＞1年葡萄基地＞9年葡萄基地。诱捕法研究表明，风蚀强度为当年新开地＞1年葡萄基地＞3年葡萄基地＞荒漠草原＞9年葡萄基地。当年新开垦及新种植葡萄基地均是主要沙尘源，应制定有效的防治措施。

第三节　贺兰山东麓葡萄基地不同开垦时间及微地貌土壤风蚀特征

一、不同开垦时间种植基地输沙量特征

1. 2016 年监测结果

利用诱捕法监测。从观测结果（图 5-11）可以看出，开垦 3 年撂荒的土地输沙量最大，1—6 月累计输沙量为 22.661g；春开地沟内输沙量次之，1—6 月累计输沙量为 17.314g；春开地地面输沙量最小，1—6 月累计输沙量为 3.304g。其输沙量大小顺序为开垦 3 年未种＞春开地沟内＞秋开地沟内＞8 年葡萄基地＞秋开地地面＞春开地地面。从时间来看，输沙量 5 月最大，2 月次之，3 月最小，4 月、6 月、1 月依次居中。由于开垦耕作，改变土壤原有结构，导致土质疏松，开垦后 3 年未种，疏松后表层土长期暴露，加速水分蒸发，使土壤含水量降低，易发生风蚀，输沙量最大；春开地地面未经开垦，人为干扰作用小，表层土基本保持原始状态，所以输沙量最小。5 月正是大风天气高发期，因此输沙量最大；3 月气温回升，土壤大面积解冻，土壤含水量增加，提高了起沙风速的临界要求，同时一些禾本科植物也开始萌发，增加了地表覆盖度，使这一时段的输沙量最小。

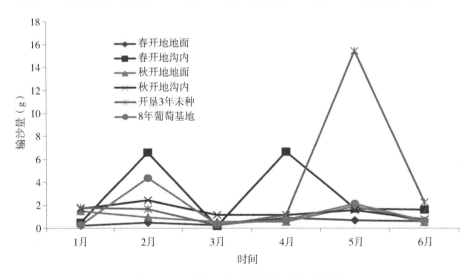

图 5-11　不同开垦时间种植地输沙量特征

2. 2017 年监测结果

开垦时间不同，地表土质结构不同，其输沙量有明显的不同。相对原有地表结构而言，春季开垦，此时正是大风少雨季节，破坏地表原有结构，使地表疏松裸露，增加了风沙流运动的有利条件，输沙量随之增加。秋季开垦，地表疏松裸露，短时期内无有效降

水，再经过冬天气温的变化，粒径大的土粒热胀冷缩逐渐变为小粒径土粒，更容易达到起沙风的要求，所以秋开地的输沙量大于春开地的输沙量。对于新开地，如果长时间撂荒，表土层长时间裸露，加速水分蒸发，容易发生风蚀，输沙量随之增大；如果进行合理的耕作，土壤水分含量和有机质含量增加，土层板结、吸附和地表张力作用明显增加，地表风蚀量显著减小，输沙量亦减小（表5-6）。

表5-6 不同开垦时间输沙量的变化 （2017年）（单位：g）

监测对象	重复	1月11日	2月10日	3月13日	4月6日	5月8日	6月10日	7月10日
开垦3年未耕种	1	0.947	0.813	0.1	0.285	2.718	0.738	6.012
	2	0.751	0.426	0.113	0.614	3.554	0.807	8.2
	3	0.1	0.456	0.059	0.178	2.668	0.418	7.656
	4	0.599	0.565	0.091	0.085	2.98	0.319	7.289
	5	0.599	0.565	0.091	0.291	2.98	0.571	7.289
	6	0.599	0.565	0.091	0.291	2.98	0.571	7.289
	平均	0.599	0.565	0.091	0.291	2.98	0.571	7.289
当年春季新开地	1	0.177	1.766	0.176	2.38	0.239	0.317	10.537
	2	0.205	1.468	0.078	1.126	0.241	0.432	12.491
	3	0.191	0.424	0.127	0.296	0.168	0.381	8.676
	4	0.191	1.22	0.127	1.268	0.304	0.377	10.568
	5	0.191	1.22	0.127	1.268	0.257	0.377	10.568
	6	0.191	1.219	0.127	1.267	0.242	0.377	10.568
	平均	0.191	1.219	0.127	1.267	0.242	0.377	10.568
上年秋季新开地	1	0.598	0.239	0.096	0.252	0.782	0.222	11.456
	2	0.272	0.183	0.194	0.231	0.408	0.19	12.227
	3	0.134	0.317	0.153	0.21	0.46	0.252	11.065
	4	0.199	0.311	0.21	0.219	0.388	0.221	11.583
	5	0.149	0.431	0.134	0.158	0.51	0.221	11.582
	6	0.265	0.216	0.112	0.214	0.509	0.221	11.582
	平均	0.269	0.283	0.149	0.214	0.509	0.221	11.582
9年葡萄基地	1	0.109	0.778	0.104	0.161	2.067	0.599	6.867
	2	0.147	1.084	0.099	0.348	0.614	0.252	5.054
	3	0.1	1.379	0.217	0.142	1.061	0.11	6.38
	4	0.117	1.159	0.126	0.155	1.446	0.32	6.098
	5	0.095	0.65	0.046	0.184	0.742	0.32	6.098
	6	0.113	1.01	0.118	0.198	1.16	0.32	6.099
	平均	0.113	1.01	0.118	0.198	1.181	0.32	6.099

3. 2016—2017 年监测分析结果

对不同开垦时间诱捕法监测结果表明（表 5-7、图 5-12），平均风蚀量为当年春季新开地＞上年秋季新开地＞开垦 3 年未耕种样地＞9 年葡萄基地＞荒漠草原（对照）。表明新开垦葡萄基地风蚀量均普遍大于耕种多年的葡萄样地和荒漠草原（对照）样地。从月变化规律看，以 6 月最多，主要是由于降雨飞溅造成数据偏大，其他以 4 月、1 月、3 月、5 月较多。

表 5-7　葡萄基地不同开垦时间地表风蚀量监测　（单位：g）

监测对象	12月	1月	2月	3月	4月	5月	6月	平均
开垦 3 年未耕种样地	0.599	0.565	0.091	0.291	2.98	0.571	7.289	1.769
当年春季新开地	0.191	1.219	0.127	1.267	0.242	0.377	10.568	1.998
上年秋季新开地	0.269	0.283	0.149	0.214	0.509	0.221	11.582	1.89
9 年葡萄基地	0.113	1.01	0.118	0.198	1.181	0.32	6.1	1.292
荒漠草原（对照）	0.77	0.133	0.082	0.523	0.545	0.037	3.155	0.749
平均	0.388	0.642	0.113	0.499	1.091	0.305	7.739	1.54

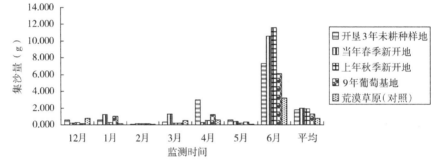

图 5-12　葡萄基地不同开垦时间风蚀量动态监测结果

二、不同微地貌环境风蚀特征研究

综合分析表明（表 5-8、图 5-13），除 1 年葡萄基地外，当年春季新开地、上年秋季新开地等监测样地平均风蚀量均为沟内大于地面，并且均大于荒漠草原对照组，平均风蚀量也均为地面大于沟内。说明由于葡萄种植耕作对增加地表风蚀具有一定促进作用。

表 5-8　不同葡萄农田微环境地表风蚀监测分析　（单位：g）

立地类型	地表微环境	12月	1月	2月	3月	4月	5月	6月	平均
当年春季新开地	地面	0.124	0.244	0.156	0.31	0.139	0.212	7.379	1.223
	沟内	0.258	2.195	0.098	2.225	0.345	0.541	13.756	2.774
	平均	0.191	1.219	0.127	1.267	0.242	0.377	10.568	1.998

续表

立地类型	地表微环境	12月	1月	2月	3月	4月	5月	6月	平均
上年秋季新开地	地面	0.25	0.162	0.1	0.192	0.484	0.179	8.34	1.387
	沟内	0.289	0.404	0.199	0.236	0.535	0.263	14.825	2.393
	平均	0.269	0.283	0.149	0.214	0.509	0.221	11.582	1.89
1年葡萄基地	地面	0.764	1.848	0.082	4.628	0.652	0.342	4.532	1.835
	沟内	0.399	4.386	0.216	0.613	0.944	0.11	5.014	1.669
	平均	0.582	3.117	0.149	2.62	0.798	0.226	4.773	1.752
3年葡萄基地	地面	0.215	1.445	0.115	4.506	0.726	0.207	3.182	1.485
	沟内	0.201	1.443	0.922	4.124	0.762	0.213	5.012	1.811
	平均	0.208	1.444	0.518	4.315	0.744	0.21	4.097	1.648
9年葡萄基地	地面	0.097	0.876	0.072	0.147	0.36	0.228	5.744	1.075
	沟内	0.13	1.143	0.164	0.249	2.003	0.413	6.456	1.508
	平均	0.113	1.01	0.118	0.198	1.181	0.32	6.1	1.292
荒漠草原（对照）		0.77	0.133	0.082	0.523	0.545	0.037	3.155	0.749

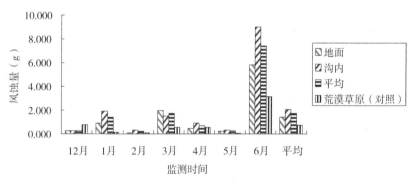

图 5-13 不同葡萄农田微环境地表风蚀量监测分析

三、风蚀较为严重的时期的确定

1. 不同土地利用类型诱捕法监测结果

试验通过对不同立地类型和不同林龄葡萄基地表风蚀量在不同月份的监测，可对一年中风蚀较为严重的时期进行判断，为建植葡萄林地和防止因地表风蚀带来的沙尘暴等灾害进行提前预防和治理提供依据。

通过诱捕法对全年主要风蚀季节不同时段风蚀量监测结果表明（图5-14），葡萄基地秋翻耕埋土后到翌年6月间均是风蚀量易发季节，其中以3月、4月、6月风蚀量最大。6月由于采用的诱捕监测法，期间降水量明显影响到了风蚀监测结果，实际收集到的沙粒是风蚀与降雨时雨滴溅起的沙粒，而实际监测发现由于降雨溅入的沙量明显高于风蚀量，因此最大风蚀量产生在3—4月，以3月为最高。秋埋土后当年12月，风蚀量也占有一定比例但不严重。

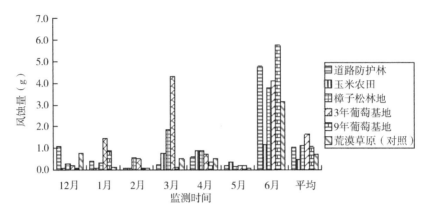

图5-14　不同土地利用类型地表风蚀量动态监测

2. 不同土地利用类型集沙仪法监测结果

从2017年集沙仪法监测结果表明（图5-15），3月、4月各处理风蚀量最大，5月最小。

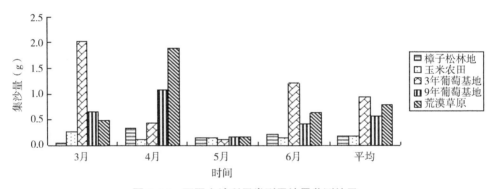

图5-15　不同土地利用类型风蚀量监测结果

3. 不同林龄集沙仪法监测结果

从时间跨度来看（图5-16），1年、3年、9年葡萄基地输沙量高峰值出现在3月，当年春季新开地、荒漠草原最大输沙量出现在4月。这与田间生产活动相吻合，此时段春暖地融，土表疏松裸露，又是大风多发时段，无有效降水，地表含水量较低，地表处于裸露状态，很容易发生风蚀现象，因此输沙量高。而5月输沙量较小是因为防护林原始植被等均开始展枝吐叶，地表覆盖度有所增加，对降低风速作用明显，另外地表开始灌水湿润，土壤表面张力增大，增加了起沙风的临界值，不易发生风蚀，则输沙量低。由以上可知葡萄产区及周围环境在每年1月、3月、4月、6月为主要地表风蚀时期，要防治需要从这几个月重点治理。

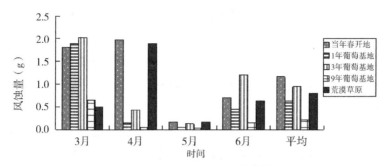

图 5-16　不同林龄不同监测时间葡萄基地风蚀量

4. 近 20 年中国各月沙尘过程分析结果

根据中国气象报社（王美丽等，2021）对 2000—2019 年中国各月沙尘发生过程分析统计结果表明，近 20 年来，中国沙尘主要发生在 3—5 月，其中 3 月、4 月、5 月发生次数分别为 3.4 次、4.5 次、3.1 次，以 4 月发生次数最多。据此表明，春季 4 月是沙尘危害防治主要月份（图 5-17）。

图 5-17　中国各月沙尘过程分布图

［根据《2019 年大气环境气象公报》2000—2019 年平均沙尘
次数绘制。引自中国气象报社（王美丽等，2021）］

四、结论与讨论

在酿酒葡萄基地建设前期、初期的 1～3 年内，秋覆土春放苗过程中，风蚀量明显较大，地表风蚀量与葡萄林龄相关性不显著。但耕种 9 年后，基地防护林基本完善，地表风蚀量与周边的道路防护林、樟子松林地、玉米农田等典型地貌风蚀状况接近或减少，说明葡萄基地建设时间越久，地表风蚀越小。

当年 12 月至翌年 6 月，葡萄基地易发生风蚀，春季风蚀量一般均较秋冬季严重。风蚀过程可明显增加地表风蚀集沙量和 PM2.5、PM10 等可吸入颗粒，7—10 月基本无风蚀现象发生。

集沙仪法监测结果表明，各样地的输沙量大小均随监测高度增加而呈规律的递减，随着葡萄农田开垦后耕种时间越长，风蚀集沙量越小，到 8～9 年后风蚀集沙量明显较荒漠草原（对照）低。

葡萄基地开发对产区风蚀影响作用明显，特别是新开地和种植 3 年左右的新基地，对产区风蚀量特别是 PM2.5、PM10 增加作用非常明显。其中 2m 高度 PM2.5 是增加了 10～15 倍，PM10 增加了 10～40 倍。但当葡萄林龄达到 9 年左右，由于地表土壤稳定、防护林系统不断完善，风蚀量明显减少。因此，开发过程中，特别要注重新开地和新基地的风蚀防护，尽可能避开风害严重的 3—5 月，同时，应该制定配套完善的风蚀防护措施，如开发前期营建完善有效的防护林体系，分区域、分时段逐步开发，以及保证较高的地表墒情等。由此可见，贺兰山葡萄产业开发必须与防护林网建设、整体规律、生态保护等有机结合，才能保证生态、经济与社会效益共赢。

第四节　贺兰山东麓葡萄基地不同沙粒粒径特征研究

一、不同风蚀环境沙粒粒径组成分析

开展了的 1 年、3 年、5 年、8 年等不同林龄的葡萄基地，以及葡萄基地与周边农田、防护林、天然草地、正在大面积施工的新建葡萄基地等不同风蚀环境条件下的不同风蚀特征研究。主要监测指标包括不同监测高度平均风速、地表粗糙度、摩阻速度、风脉动性、防风效能等主要风蚀特征。

对不同环境沙粒粒径和风蚀沙粒分粒径监测表明（表 5–9），粒径范围最广区域内变化较小且粒径大小较一致的为新开葡萄基地，其粒径区间为 50～2 000μm，以大颗粒风蚀沙粒为主。粒径区间最大的为荒漠地，其粒径区间在 250～2 000μm。粒径区间最小的是 9 年葡萄基地，其粒径区间在 2～250μm，说明主要是外源输入沙粒。因此表明合理的耕作使沙粒粒径变小，9 年葡萄基地 99.93％以上的沙粒均小于或等于 100μm，为细沙粒，说明土壤风蚀减少，质地趋于好转。

表 5–9　不同风蚀环境沙粒粒径组成分析（2016 年）

采集地	取样时间	沙粒粒径组成（μm）						
		2	50	100	250	500	1 000	2 000
新开垦葡萄基地 1	7 月 2 日	0	13.19	67.97	93.47	99.46	99.98	100
新开垦葡萄基地 2	6 月 13 日	0	32.42	80.08	96.32	99.55	99.99	100
新开垦葡萄基地 3	6 月 13 日	0	10.38	65.93	94.86	99.73	99.99	100

采集地	取样时间	沙粒粒径组成（μm）						
		2	50	100	250	500	1 000	2 000
新开垦葡萄基地 4	6 月 13 日	0	32.83	81.24	96.49	99.69	99.98	100
新开垦葡萄基地 5	6 月 13 日	0	21.62	72.06	95.74	99.77	99.99	100
新开垦葡萄基地 6	6 月 13 日	0	25.69	74.34	96.48	99.8	99.99	100
平均数	6 月 13 日	0	22.69	73.6	95.56	99.67	99.99	100
1 年葡萄基地 1	7 月 2 日	0	84.79	97.99	99.98	100		
1 年葡萄基地 2	9 月 20 日	0	99.87	99.98	100			
1 年葡萄基地 3	6 月 13 日	0	96.94	99.56	99.98	100		
1 年葡萄基地 4	6 月 13 日	0	80.54	95.44	99.81	100		
1 年葡萄基地 5	6 月 13 日	0	74.08	93.62	99.37	99.97	100	
1 年葡萄基地 6	6 月 13 日	0	71.15	93.04	99.52	99.96	100	
平均数		0	84.56	96.61	99.78	99.99	100	100
3 年葡萄基地	9 月 20 日	0	99.54	99.95	100			
3 年葡萄基地	6 月 13 日	0	79.85	96.32	99.79	99.99	100	
3 年葡萄基地	7 月 2 日	0	98.06	99.74	99.99	100		
平均数		0	92.48	98.67	99.93	100	100	
9 年葡萄基地	7 月 2 日	0	99.42	99.93	100			
9 年葡萄基地	6 月 13 日	1.22	99.9	99.99	100			
平均数		0.61	99.66	99.96	100			
荒漠草原 1	6 月 13 日	0	0	0	40.02	92.07	99.76	100
荒漠草原 2	6 月 13 日	0	0	0	40.02	92.07	99.76	100
荒漠草原 3	7 月 2 日	0	20.53	75	94.8	99.48	99.98	100
荒漠草原 4	9 月 20 日	0	0	0	38.15	89.05	99.27	100
平均数		0	5.13	18.75	53.25	93.17	99.69	100

二、不同风蚀环境沙粒分级维数分析

分级维数是表示生态环境改良与否的一项重要指标，数值越大，表示环境改善效果越明显。对不同环境的沙粒粒径分级维数检测数据表明（表 5-10），葡萄基地新开地沙粒分级维数 0.242 1～0.491 2；樟子松林地 0.162～0.512 1；葡萄种植基地 0.000 6～0.099 5。样地的沙粒分级维数存在极显著差异（$P < 0.000\ 1$），从大到小依次为：9 年葡萄基地（3.0）＞3 年葡萄基地（2.96）＞1 年葡萄基地（2.95）＞新开葡萄基地（2.66）＞樟子松林地（2.64）＞荒漠（2.603）。

表 5-10　不同风蚀环境沙粒分级维数分析（2016 年）

采集地	取样时间	沙粒粒径组成（μm）							D		分级维数 D
		2	50	100	250	500	1 000	2 000			
3 年葡萄基地	6 月 13 日	0	79.85	96.32	99.79	99.99	100		D=3-0.064 4	0.06	2.94
3 年葡萄基地	7 月 2 日	0	98.06	99.74	99.99	100			D=3-0.007 7	0.01	2.99
平均数		0	88.96	98.03	99.89	100	100			0.04	2.96
新开葡萄基地 1	7 月 2 日	0	13.19	67.97	93.47	99.46	99.98	100	D=3-0.441 4	0.44	2.56
新开葡萄基地 2	6 月 13 日	0	32.42	80.08	96.32	99.55	99.99	100	D=3-0.246 3	0.25	2.75
新开葡萄基地 3	6 月 13 日	0	10.38	65.93	94.86	99.73	99.99	100	D=3-0.491 2	0.49	2.51
新开葡萄基地 4	6 月 13 日	0	32.83	81.24	96.49	99.69	99.98	100	D=3-0.242 1	0.24	2.76
新开葡萄基地 5	6 月 13 日	0	21.62	72.06	95.74	99.77	99.99	100	D=3-0.337 9	0.34	2.66
新开葡萄基地 6	6 月 13 日	0	25.69	74.34	96.48	99.8	99.99	100	D=3-0.300 5	0.3	2.7
平均数		0	22.69	73.6	95.56	99.67	99.99	100		0.34	2.66
1 年葡萄基地 1	7 月 2 日	0	84.79	97.99	99.98	100			D=3-0.064 9	0.06	2.94
1 年葡萄基地 2	9 月 20 日	0	99.87	99.98	100				D=3-0.000 8	0	3
1 年葡萄基地 3	9 月 20 日	0	99.54	99.95	100				D=3-0.002 7	0	3
1 年葡萄基地 4	6 月 13 日	0	96.94	99.56	99.98	100			D=3-0.012 3	0.01	2.99
1 年葡萄基地 5	6 月 13 日	0	80.54	95.44	99.81	100			D=3-0.087 8	0.09	2.91
1 年葡萄基地 6	6 月 13 日	0	74.08	93.62	99.37	99.97	100		D=3-0.088	0.09	2.91
1 年葡萄基地 7	6 月 13 日	0	71.15	93.04	99.52	99.96	100		D=3-0.099 5	0.1	2.9
平均数		0	86.7	97.08	99.81	99.99	100			0.05	2.95
9 年葡萄基地	7 月 2 日	0	99.42	99.93	100				D=3-0.003 5	0	3
9 年葡萄基地	6 月 13 日	1.22	99.9	99.99	100				D=0.000 6	0	3
平均数		0.61	99.66	99.96	100					0	3
樟子松林地 1	6 月 13 日	0	24.89	72.12	97.4	99.77	100		D=3-0.410 9	0.41	2.59
樟子松林地 2	6 月 13 日	0	9.79	61.18	93.3	99.65	99.99	100	D=3-0.162 0	0.16	2.84
樟子松林地 3		0	57.04	90.09	98.97	99.92	100		D=3-0.512 1	0.51	2.49
平均数		0	30.57	74.46	96.56	99.78	100	100		0.36	2.64
荒漠草原 1	6 月 13 日	0	0	0	40.02	92.07	99.76	100	D=3-0.407 9	0.41	2.59
荒漠草原 2	6 月 13 日	0	0	0	40.02	92.07	99.76	100	D=3-0.407 9	0.41	2.59
荒漠草原 3	7 月 2 日	0	20.53	75	94.8	99.48	99.98	100	D=3-0.343 2	0.34	2.66
荒漠草原 4	9 月 20 日	0	0	0	38.15	89.05	99.27	100	D=3-0.432 7	0.43	2.57
平均数		0	20.53	37.5	66.475	94.265	99.625	100		0.398	2.603

监测表明葡萄基地新开地生态系统处于不稳定状态，风蚀现象明显，樟子松林地较葡萄基地新开地稳定，而多年的葡萄种植基地，由于地处引黄灌区核心区域，具备完备的防护林体系和稳定的田间生态系统，风蚀较轻。

三、相关问题讨论

在不同林龄葡萄基地的下垫面上，新开葡萄基地风蚀量最大，9年葡萄基地风蚀量最小。当年新开垦及新种植葡萄基地均是主要沙尘源，应制定有效的防治措施，但9年左右葡萄基地，由于地处引黄灌区腹地，林网防护能力完备，风蚀量明显较小，小环境稳定。

开垦时间不同，地表土质结构不同，其输沙量明显不同。秋季开垦地如果无降雨压实，输沙量大于春季开垦地。

种植时间越长，由于每年施肥浇水，土壤含水量及有机质含量不断增加，土壤结构趋于良性化，地表风蚀减小，另外，葡萄种植沟间的地表覆盖度不断增加，也减小了起沙风与地表的接触，从而降低了输沙量。

荒漠草原没有人为破坏，保持了原生状态，但其本身也处于沙化状态，地表水分含量低，输沙量相对较高，农田由于长期耕作，使得表层土壤疏松，裸露的土壤加速水分蒸发，导致土壤含水量降低，易发生风蚀，输沙量最大，樟子松林地因地表人为破坏，地表硬度小，较荒漠草原输沙量大；8年葡萄基地，因定期浇水以及茂密的枝叶遮挡了大部分阳光的照射，使地表土壤中的水分得以保持，土壤含水量较高，输沙量较低；道路防护林因地表覆盖枯枝落叶，地表硬度较高，土壤含水量也高，输沙量最小。由此表明地表覆盖度与土壤含水量是影响输沙量的主要因素。

第五节　贺兰山东麓葡萄基地建设对土壤风蚀的影响评价与防治研究

一、不同立地类型土壤风蚀监测结果小结

葡萄基地新开垦地以及1～3年葡萄基地风蚀量均明显高于荒漠草原（对照）、樟子松林地、道路防护林、玉米农田等周边典型景观地貌，但8～9年葡萄基地内防护林日渐成熟、地表土壤结皮及渠道植被防护日渐完善后，地表风蚀明显减少。因此新开垦或新种植葡萄基地是周边主要沙源地，应重点防护。

二、不同林龄土壤地表风蚀监测结果小结

在不同林龄葡萄基地的下垫面上，新开葡萄基地风蚀量最大，9年葡萄基地风蚀量最小。当年新开垦及新种植葡萄基地均是主要沙尘源，应制定有效的防治措施，但9年左右

葡萄基地，由于地处引黄灌区腹地，林网防护能力完备，风蚀量明显较小，小环境稳定。

三、不同月份土壤风蚀强度监测评价

监测表明，在 2016—2018 年风蚀较强的 3—5 月，风蚀强度分别在 3、4、5 月均有出现，可能是监测周期较短的原因。参照中国气象报社 2000—2019 年中国各月沙尘过程中分布图可知，风蚀较强的 3—5 月，沙尘过程分别出现了 3.4 次、4.5 次和 3.1 次。由此可见，在过去的 20 年间，沙尘危害主要出现在 3—5 月，其中最强的月份在春季 4 月，是沙尘危害防治重点时期。

四、不同监测方法分析评价

集沙仪法和诱捕法均是研究地表风蚀主要方法之一，其中集沙仪法主要监测近地表以上一定高度单位时间内的风蚀量，通常在退化环境中以地表以上 0 ~ 5cm 风蚀量占总风蚀量的 80% 以上而被治理，通常收集到的沙尘以外来沙粒为主。因此，采用集沙仪法收集到的中上部风蚀量占比较大。诱捕法主要监测贴近地表的风蚀沙粒，较集沙仪更能准确直观反应监测对象的风蚀程度，但如果有降雨过程，则很容易受雨水飞溅后沙粒进入监测容器，无法区分风蚀物和雨水飞溅物，导致数据明显偏大。同时，集沙仪法如果降水量较大也会受到降水量的影响而导致沙尘外漏。因此，通常情况下，应在两种方法结合应用的基础上，采用现代电子设备 PM 粉尘监测仪，结合集沙仪法、诱捕法综合分析评价，才是研究地表风蚀最理想的方法。

五、制定科学、合理、系统的葡萄基地防护措施

监测表明，贺兰山沿山区域是宁夏主要的风害分布区域之一。冬春季盛行的西北风由于山体的阻挡后，经过贺兰山东麓部分地段又处于加速过程，地表风蚀明显增大，成为银川城区及周边主要沙尘源。因此应根据风蚀现状，谨慎开荒种植葡萄，并在对风速及近地表 PM 等主要因素长期定位充分监测研究的基础上，结合现有保护区、军事管理区等界线，科学划定禁耕区、限耕区和适耕区，制定红线严格保护区、黄线谨慎开发区和绿线适耕区。

完善防护林体系可有效缓解和防治地表风蚀。因此在建植葡萄林地前必须营建完善的防护林地，形成稳定的环境，减少葡萄林地建植初期的风蚀影响。

地表植被、土壤粒度、土地类型和林网布局及特征均可影响地表风蚀及空气湿度（左忠，2020）。因此，采用乔灌结构营建主副林网结合的疏透型速生完备防护林网，以及通过雨前耕作、耕后灌溉形成土壤物理结皮、利用生草法、种植绿肥、增加物理覆盖、营建葡萄挂枝风障越冬、秋埋土春放苗后喷水、选用抗冻不埋土品种、培植天然草本地被等均可减少葡萄基地风蚀（温淑红，2019），保持良好稳定的温湿度环境（左忠，2020），减少葡萄种植对周边空气质量的影响，实现生态、经济、社会效益共赢。

第六章

宁夏贺兰山东麓酿酒葡萄产品质量安全评价

第一节　酿酒葡萄产品品质与质量安全监测研究

一、研究目标

本研究以酿酒葡萄种植基地为重点研究对象，监测酿酒葡萄主要产地土壤重金属及果实、葡萄酒中重金属、硝态氮等的变化，对主要危害因子进行深入调查研究与监测，根据相关限量标准以及每日允许摄入量（ADI 值）或用 % ADI 和 % ARfD 对危害因子进行慢性和急性膳食摄入风险评估，并参照国内外相关技术标准及已有研究基础，对原料质量进行安全性评价。另外，监测不同种植基地的酿酒葡萄中的糖、酸、硝酸盐、微量元素等有效成分，从而确定酿酒葡萄的品质状况，最终制定酿酒葡萄安全生产技术规程。

二、主要研究内容

以酿酒葡萄果实为重点监测对象，在葡萄种植基地进行监测试验，监测酿酒葡萄中重金属、硝态氮等变化情况。

对酿酒葡萄基地土壤中 As、Hg、Pb、Cd、Cr、Fe、Cu 等重金属及硝态氮等进行分析，确定关键风险因子，并分析可能产生风险的原因。

对不同种植基地的酿酒葡萄中营养成分，如糖、酸、硝酸盐、微量元素等有效成分进行监测分析，确定酿酒葡萄的品质状况。

三、主要评价依据

1. 土壤重金属（表 6–1、表 6–2）

表 6–1　农用地土壤污染风险筛选值（基本项目）（单位：mg/kg）

序号	污染物项目[①][②]		风险筛选值			
			pH 值≤ 5.5	5.5 < pH 值≤ 6.5	6.5 < pH 值≤ 7.5	pH 值 > 7.5
1	Cd	水田	0.3	0.4	0.6	0.8
		其他	0.3	0.3	0.3	0.6

序号	污染物项目①②		风险筛选值			
			pH 值 ≤ 5.5	5.5 < pH 值 ≤ 6.5	6.5 < pH 值 ≤ 7.5	pH 值 > 7.5
2	Hg	水田	0.5	0.5	0.6	1.0
		其他	1.3	1.8	2.4	3.4
3	As	水田	30	30	25	20
		其他	40	40	30	25
4	Pb	水田	80	100	140	240
		其他	70	90	120	170
5	Cr	水田	250	250	300	350
		其他	150	150	200	250
6	Cu	果园	150	150	200	200
		其他	50	50	100	100
7	Ni		60	70	100	190
8	Zn		200	200	250	300

注：①重金属和类金属 As 均按元素总量计；②对于水旱轮作地，采用其中较严格的风险筛选值；引自《土壤环境质量 农用地土壤污染风险管控标准（试行）》（GB 15618—2018）。

表 6-2　农用地土壤污染风险管制值　（单位：mg/kg）

序号	污染物项目	风险管制值			
		pH 值 ≤ 5.5	5.5 < pH 值 ≤ 6.5	6.5 < pH 值 ≤ 7.5	pH 值 > 7.5
1	Cd	1.5	2.0	3.0	4.0
2	Hg	2.0	2.5	4.0	6.0
3	As	200	150	120	100
4	Pb	400	500	700	1 000
5	Cr	800	850	1 000	1 300

注：引自《土壤环境质量 农用地土壤污染风险管控标准（试行）》（GB 15618—2018）。

2. 灌溉水质

参照《农田灌溉水质标准》（GB 5084—2021）执行。

3. 硝态氮

秦遂初等（1988）研究了蔬菜地土壤障碍的诊断指标，指出蔬菜地土壤 NO_3^--N 累积量在 0 ~ 33.8mg/kg 内为安全范围，45.2mg/kg 为污染临界点，超过 67.7mg/kg 为严重污染水平。通常认为，地下水中 NO_3^--N 的浓度超过 3.0mg/L 时，便是由人类活动造成的。国际上对饮用水中 NO_3^--N 含量的最大允许值（Maximum acceptable concentration，MAC）有多个标准，最常用的有 2 个，即美国标准为 10mg/L；世界卫生组织（WHO）制定的标准为 11.3mg/L。中国规定饮用地下水源的Ⅲ类标准 NO_3^--N 浓度为 20mg/L［《地下水质量标准》（GB/T 14848—2017）］。

4. 酿酒葡萄重金属

按照《中国药典》2010 版（1 部），规定了药材重金属限度中 Pb ≤ 5.0mg/kg，Cd ≤ 0.3mg/kg，Hg ≤ 0.2mg/kg，Cu ≤ 20.0mg/kg，As ≤ 2.0mg/kg。中国《药用植物及制剂外经贸绿色行业标准》（WM/T 2—2004）规定重金属总量应 ≤ 20.0mg/kg。

四、主要监测结果

（一）2016 年调查结果

1. 葡萄生长中期产品品质与质量安全监测评价

（1）鲜果重金属元素含量

对 7 月 2 日采集到的 3 份葡萄鲜果样品检测分析表明，Pb 含量为 0.41 ～ 0.44mg/kg；Cd 含量为 0.002 6 ～ 0.006 7mg/kg；Cr 含量为 0.62 ～ 1.2mg/kg；As 含量为 0.078 ～ 0.14mg/kg；Hg 含量为 0.005 52 ～ 0.006 41mg/kg；Cu 含量为 4.7 ～ 10.5mg/kg。Fe 含量为 158 ～ 426mg/kg。

（2）鲜叶重金属元素含量

对 7 月 2 日采集到的 4 份葡萄鲜叶样品中 As、Hg、Pb、Cd、Cr、Cu 6 种重金属检测分析表明，Pb 含量为 1.4 ～ 2.6mg/kg；Cd 含量为 0.018 ～ 0.026mg/kg；Cr 含量为 0.65 ～ 0.94mg/kg；As 含量为 0.20 ～ 0.34mg/kg；Hg 含量为 0.010 8 ～ 0.015 2mg/kg；Cu 含量为 5.4 ～ 6.6mg/kg。Fe 含量为 302 ～ 399mg/kg。

（3）全株重金属元素含量

对 7 月 2 日采集到的 7 份葡萄样品中 As、Hg、Pb、Cd、Cr、Cu 6 种重金属检测分析表明（表 6-3），Pb 含量为 0.41 ～ 2.6mg/kg；Cd 含量 0.002 6 ～ 0.026mg/kg；Cr 含量为 0.62 ～ 1.2mg/kg；As 含量为 0.078 ～ 0.34mg/kg；Hg 含量为 0.005 52 ～ 0.015 2mg/kg；Cu 含量为 4.7 ～ 10.5mg/kg。重金属总量为 5.91 ～ 12.2mg/kg。Fe 含量为 158 ～ 426mg/kg。

表 6-3　生长中期葡萄植株中重金属元素含量检测结果（单位：mg/kg）

样品名称	As	Hg	Pb	Cd	Cr	Fe	Cu	重金属总量
贺兰山七泉沟 8 年鲜果	0.078	0.005 52	0.41	0.002 6	1.2	158	10.5	12.2
百胜王朝鲜果	0.14	0.006 14	0.44	0.006 7	0.62	194	4.7	5.91
美御 3 年鲜果	0.12	0.005 98	0.44	0.005	0.66	426	9.9	11.13
贺兰山七泉沟 8 年鲜叶	0.2	0.013 5	1.4	0.026	0.94	326	6.3	8.88
美御 3 年鲜叶	0.33	0.015 2	1.5	0.018	0.88	399	5.4	8.14
美御 1 年鲜叶	0.34	0.011 2	1.2	0.02	0.94	399	6.6	9.11
百胜王朝贺兰山鲜叶	0.23	0.010 8	2.6	0.025	0.65	302	6.4	9.92
最大残留限量	无							

备注：采样日期为 2016 年 7 月 2 日。

2. 葡萄成熟期产品品质与质量安全监测评价

（1）成熟期葡萄叶片样品重金属元素监测检验

对成熟期采集到的葡萄叶片中 As、Hg、Pb、Cd、Cr、Cu、Fe 7 种重金属元素检测分析表明（表 6-4），Pb 含量为 1.0～1.3mg/kg；Cd 含量为 0.020～0.041mg/kg；Cr 含量为 0.72～0.92mg/kg；As 含量为 0.32～0.48mg/kg；Hg 含量为 0.031 8～0.043 0mg/kg；Cu 含量为 6.1～236mg/kg，以玉泉营 10 年、18 年含量最高，分别为 178mg/kg、236mg/kg，其他样品含量均低于或等于 50.0mg/kg；重金属总量在 8.48～238.57mg/kg，Fe 含量为 324～394mg/kg。重金属监测完全符合《中国药典》及中国《药用植物及制剂外经贸绿色行业标准》（WM/T 2—2004）规定的重金属总量。同时发现各类葡萄叶片样品重金属含量及其重金属总含量均显著低于土壤样品。

表 6-4 成熟期葡萄叶片中重金属元素含量检测结果（单位：mg/kg）

样品名称	As	Hg	Pb	Cd	Cr	Fe	Cu	重金属总量
贺兰山美御 3 年葡萄叶	0.4	0.031 8	1	0.022	0.92	352	50	52.37
兰一酒庄 5 年葡萄叶	0.37	0.037 4	1.2	0.03	0.74	367	6.1	8.48
贺兰山七泉沟 8 年葡萄叶	0.32	0.033 2	1	0.02	0.8	394	8	10.17
玉泉营 10 年葡萄叶	0.42	0.043	1.1	0.041	0.72	378	178	180.32
玉泉营 18 年葡萄叶	0.48	0.041 7	1.3	0.033	0.72	324	236	238.57
最大残留限量				无				

注：采样日期为 2016 年 9 月 19 日。

（2）葡萄品质检验

对 9 月 20 日采集的酿酒葡萄品质检测结果表明（表 6-5），所采样品总糖含量为 20.2～22.4g/100g，以美御 3 年最高，玉泉营 18 年最低；总酸含量为 0.55～0.70g/100g，以玉泉营 10 年最高，七泉沟 8 年最低，但总体相差不大；硝酸盐含量为 254～460mg/kg，美御 3 年最高，玉泉营 10 年最低；铁元素含量为 7.24～18.5mg/kg，玉泉营 18 年最低，美御 3 年最高。

表 6-5 葡萄主要成分含量检测产品与产品品质评价

样品名称	总糖（g/100g）	总酸（g/100g）	硝酸盐（mg/kg）
贺兰山美御 3 年葡萄	22.4	0.66	460
兰一酒庄 5 年葡萄	20.4	0.59	396
贺兰山七泉沟 8 年葡萄	21.2	0.55	324
玉泉营 10 年葡萄	20.4	0.7	254
玉泉营农场 18 年葡萄	20.2	0.62	262

注：采样日期为 2016 年 9 月 20 日。

（3）成熟期葡萄植株重金属元素监测检验

对成熟期葡萄样品中 As、Hg、Pb、Cd、Cr、Cu 6 种重金属检测分析表明（表 6-6），

Pb 含量为 0.038 ～ 0.098mg/kg；Cd 含量为 0.000 24 ～ 0.000 66mg/kg；Cr 含量为 0.035 ～ 0.078mg/kg；As 含量为 0.009 7 ～ 0.015 mg/kg；总 Hg 含量为 0.000 694 ～ 0.001 14mg/kg；重金属总量在 1.03 ～ 1.39mg/kg。Fe 含量为 7.24 ～ 18.5mg/kg。

　　按照《中国药典》2010 版（1 部），规定了药材重金属限度中 Pb ≤ 5.0mg/kg，Cd ≤ 0.3mg/kg，Hg ≤ 0.2mg/kg，Cu ≤ 20.0mg/kg，As ≤ 2.0mg/kg。中国《药用植物及制剂外经贸绿色行业标准》（WM/T 2—2004）规定重金属总量应 ≤ 20.0mg/kg。重金属监测完全符合《中国药典》及中国《药用植物及制剂外经贸绿色行业标准》（WM/T 2—2004）规定的重金属总量。各葡萄重金属及其重金属总含量均显著低于土壤样品。

表 6–6　葡萄主要重金属元素含量检测结果（单位：mg/kg）

样品名称	As	Hg	Pb	Cd	Cr	Fe	Cu	重金属总量
贺兰山美御 3 年葡萄	0.015	0.000 891	0.098	0.000 66	0.078	18.5	1.2	1.39
兰一酒庄 5 年葡萄	0.009 7	0.000 778	0.08	0.000 55	0.077	10.5	0.86	1.03
七泉沟 8 年葡萄	0.011	0.001 14	0.066	0.000 51	0.062	8.04	1	1.14
玉泉营 10 年葡萄	0.012	0.000 694	0.038	0.000 38	0.058	9.94	1.2	1.31
玉泉营 18 年葡萄	0.009 8	0.000 866	0.039	0.000 24	0.035	7.24	1.3	1.38

注：采样日期为 2016 年 9 月 20 日。

3. 葡萄产品安全相关影响因素监测评价

　　分别在 7 月 2 日、9 月 20 日及时收集了前半年及成熟后的不同林龄区域，以及正在新建设葡萄基地与周边农田、道路防护林、农田防护林、天然草地等对照监测样区的 0 ～ 20cm 土壤样品、灌溉井水、黄河水等影响葡萄生产的主要外源输入因素的样品进行了及时收集，为研究不同外源输入对葡萄安全生产的影响提供了供试对象。

　　（1）土壤质量安全监测与评价

　　① 葡萄生长中期农田土壤质量安全监测评价。从 7 月 2 日所有送检土壤样品检测结果来看（表 6–7），pH 值为 7.89 ～ 8.60，全盐含量为 0.26 ～ 1.44g/kg，硝态氮含量为 3.59 ～ 90.4mg/kg；总 As 含量为 10.2 ～ 14.0mg/kg；总 Hg 含量为 0.0144 ～ 0.398mg/kg。同时，108 种农药均未检出。

表 6–7　土壤养分和重金属元素检测结果（单位：mg/kg）

样品名称	pH 值	全盐	硝态氮	As	Hg	重金属总量
贺兰山美御 3 年	7.98	1.44	50.6	14	0.029	14.03
百盛王朝 3 年	8	1.24	90.4	11	0.019 4	11.02
樟子松林地	8.08	1.36	45.6	12	0.030 2	12.03
贺兰山美御 1 年	8.06	0.96	66	11.4	0.032 7	11.43
贺兰山七泉沟 8 年	8.6	0.3	3.59	13.4	0.019 5	13.42

样品名称	pH	全盐	硝态氮	As	Hg	重金属总量
防护林地	8.22	0.48	3.65	11.2	0.039 8	11.24
葡萄基地新开地	8.26	0.52	19.5	10.2	0.018	10.22
天然草地	8.41	0.26	33.1	11.8	0.014 4	11.81
葡萄基地新开地	7.89	1.34	33.8	13.6	0.036 1	13.64

注：采样日期为 2016 年 7 月 2 日。

② 葡萄成熟期农田土壤质量安全监测评价。从 9 月 20 日（成熟期）送检的所有土壤样品检测结果来看，pH 值在 8.10 ～ 8.49，全盐含量为 0.36 ～ 0.78g/kg，硝态氮含量为 2.48 ～ 75.5mg/kg；总 As 含量为 8.67 ～ 14.0mg/kg；总 Hg 含量为 0.0211 ～ 0.393mg/kg。同时，108 种农药，检出的有吡虫啉、莠去津、烯酰吗啉、嘧霉胺、腐霉利、氟硅唑、嘧菌酯、氯氟氰菊酯、苯醚甲环唑，其最大值分别为 0.022mg/kg、0.008 0mg/kg、0.1mg/kg、0.035mg/kg、0.013mg/kg、0.025mg/kg、0.024mg/kg、0.011mg/kg、0.025mg/kg、0.16mg/kg，其他均未检出。

（2）灌溉水质质量安全监测评价

① 生长中期监测评价。对 7 月 2 日送检的美御基地地下井水、引黄灌溉水源进行检测表明（表 6-8），pH 值为 7.15 ～ 8.09，全盐含量为 302 ～ 497mg/L，Pb、Cd、总 Cr、Fe、Cu 均未检出；总 As 含量为 2.44 ～ 3.16 μg/L；总 Hg 含量为 0.053 ～ 0.078μg/L，含量较低，灌溉水源安全。同时，108 种农药均未检出。总体来看，地下井水较引黄灌溉水源品质好。

表 6-8 灌溉水样 pH 值、全盐和重金属元素检测结果

样品名称	pH 值	全盐（mg/L）	As（μg/L）	Hg（μg/L）	Pb（μg/L）	Cd（μg/L）	Cr（μg/L）	Fe（mg/L）	Cu（mg/L）	重金属总量（μg/L）
地下井水	8.09	302	2.44	0.078	未检出	未检出	未检出	未检出	未检出	2.52
引黄灌溉水	7.15	497	3.16	0.053	未检出	未检出	未检出	未检出	未检出	3.21

注：采样日期为 2016 年 7 月 2 日。

② 成熟期监测评价。对 9 月 20 日（成熟期）送检的美御基地井水、玉泉营井水、引黄灌溉水源进行检测表明（表 6-9），pH 值为 7.56 ～ 8.05，全盐含量为 341 ～ 733mg/L，Pb、Cd、总 Cr、Fe、Cu 均未检出；总 As 含量为 2.82 ～ 7.78μg/L；总 Hg 含量为 0.068 ～ 0.093μg/kg，含量均非常低，灌溉水源安全。同时，108 种农药均未检出。总体来看，除 Hg 含量外，灌溉水品质为贺兰山地下井水＞玉泉营地下井水＞引黄灌溉水源。

表6-9　水样pH值、全盐和重金属元素检测结果

样品名称	pH值	全盐 (mg/L)	As (μg/L)	Hg (μg/L)	Pb (μg/L)	Cd (μg/L)	Cr (μg/L)	Fe (mg/L)	Cu (mg/L)	重金属总量 (μg/L)
美御贺兰山地下井水	7.56	341	2.82	0.086	未检出	未检出	未检出	未检出	未检出	2.91
玉泉营地下井水	7.64	733	3.08	0.093	未检出	未检出	未检出	未检出	未检出	3.17
金山葡萄基地引黄灌溉水	8.05	536	7.78	0.068	未检出	未检出	未检出	未检出	未检出	7.85

注：采样日期为2016年9月20日。

（3）葡萄基地与农田、林地等土壤养分、重金属元素比较评价

针对影响酿酒葡萄基地土壤、产品质量安全等因素，分别于7月上旬、9月下旬对3年、5年、8年、10年、18年等不同种植年限酿酒葡萄及农田开展了两次全面的取样，同时以周边粮食作物农田、林地、枸杞农田等样地为空白对照，重点对不同种植时间土壤养分、重金属元素进行了对比检测，分析其主要差异及成因。

对不同种植年限酿酒葡萄及周边农田、林地进行检测数据表明（表6-10），pH值为8.10～8.49，全盐含量为0.36～0.78g/kg，硝态氮含量为2.48～75.5mg/kg，全量氮为0.60～1.32g/kg，全量钾为12.8～20.2g/kg，速效氮含量为41～110mg/kg；总As含量为8.67～14.0mg/kg；总Hg含量为0.021 1～0.039 3mg/kg，含量均非常低。重金属总量为8.71～14.03mg/kg。

表6-10　土壤养分和重金属元素检测结果

样品名称	pH值	全盐 (g/kg)	硝态氮 (mg/kg)	全量氮 (g/kg)	全量钾 (g/kg)	速效氮 (mg/kg)	速效磷 (mg/kg)	As (mg/kg)	Hg (mg/kg)	重金属总量 (mg/kg)
玉米农田	8.25	0.66	20.8	1.04	14	83	21.5	10.2	0.029 5	10.23
贺兰山美御3年	8.1	0.72	19.8	0.96	17.1	61	51.8	12.8	0.035 5	12.84
兰一酒庄5年	8.49	0.36	2.5	0.88	20.2	47	11.2	10.6	0.021 1	10.62
贺兰山七泉沟8年葡萄	8.18	0.78	51	0.74	12.8	68	12.4	11	0.025 9	11.03
10年枸杞地	8.16	0.76	75.5	1.32	15.5	110	55.8	8.67	0.039 3	8.71
玉泉营葡萄10年	8.33	0.6	2.48	0.6	16.8	41	26.5	14	0.029 4	14.03
玉泉营18年土壤	8.18	0.7	6.15	0.66	16	63	15	13.1	0.031 8	13.13

注：采样日期为2016年9月20日，取样深度0～20cm。

（二）2017年调查检测结果

1. 主要调查取样地信息

课题组在2016年调查取样的基础上，针对上年未取样的片区、部分样品质量安全值得深入研究探讨的样地、部分待检样品持续未涉及的内容进行了有针对性的调查取样，从

取样地点来看，涉及贺兰山金山片区、主产区青铜峡甘城子片区、主产区红寺堡片区、贺兰山沿山地带等。从采样生产对象来看，有贺兰山具用酿酒葡萄生产悠久历史的王牌生产企业，如御马酒庄、西夏王酒庄、广夏葡萄基地，有部分近些年刚兴起的贺兰晴雪酒庄、贺兰山百胜王朝酒庄等；从经营主体来看，有酒庄、农场、合作社、零散农户等；从经营时间来看，有近 30 年的历史生产酒庄、企业，有近几年刚新建投产的酒庄、农户及企业；从采集品种来看，以酿酒葡萄主打王牌品种赤霞珠、蛇龙珠、梅鹿辄等为主；从食用方法来看，有酿酒葡萄，也有鲜食葡萄玫瑰香等。以便于多方位、全角度反应不同区域、不同经营历史、不同经营主体的产品品质、质量安全现状等（表 6-11）。

表 6-11　2017 年贺兰山酿酒葡萄主要调查取样的信息

样品编号	采样地点	生产者性质	葡萄品种	采样地理坐标	
				N	E
2072	红寺堡汇达置业	酒庄	赤霞珠	37°27′55″	106°5′49″
2073	红寺堡汇达置业	酒庄	维戴尔	37°28′5″	106°5′51″
2074	红寺堡中圈塘村	村民	赤霞珠	37°21′57″	106°6′49″
2075	红寺堡中圈塘村 3 组	村民	赤霞珠	37°21′33″	106°6′59″
2076	红寺堡明雨酒庄	酒庄	赤霞珠	37°21′40″	106°7′50″
2077	青铜峡树新林场村民	村民	赤霞珠	38°41′9″	105°55′40″
2078	青铜峡广夏葡萄基地	企业	赤霞珠	38°4′10″	105°55′29″
2079	青铜峡御马酒庄	酒庄	梅鹿辄	38°5′0″	105°54′28″
2080	青铜峡御马酒庄	酒庄	梅鹿辄	38°5′0″	105°54′28″
2111	贺兰山百胜王朝酒庄	酒庄	红葡萄	38°36′7″	106°0′1″
2112	贺兰山贺兰晴雪酒庄	酒庄	美乐	38°29′18″	106°1′19″
2113	贺兰山贺兰晴雪酒庄	酒庄	赤霞珠	38°29′17″	106°1′15″
2114	贺兰山贺兰晴雪酒庄	酒庄	美乐	38°29′17″	106°1′15″
2115	贺兰山贺兰晴雪酒庄	酒庄	赤霞珠	38°29′17″	106°1′15″
2116	闽宁镇福宁村	村民	蛇龙珠	38°15′29″	105°58′59″
2117	闽宁镇福宁村	村民	赤霞珠	38°15′29″	105°58′59″
2118	农垦集团黄羊滩农场	村民	蛇龙珠	38°15′29″	106°0′15″
2119	玉泉营西夏王酒庄	酒庄	赤霞珠	38°15′20″	106°2′22″
2120	玉泉营西夏王酒庄	酒庄	鲜食葡萄玫瑰香对照	38°15′46″	106°2′23″

注：采样时间为 2017 年 9 月 25—26 日。

2. 葡萄农田硝态氮与重金属安全监测评价

研究证实，饮用水硝态氮超标，与婴儿高铁血红蛋白症、成人胃癌、肝癌、食道癌以及淋巴瘤等发病率上升有直接关系，如何控制农业地下水硝态氮污染成为当前氮肥有效利用与水资源保护研究的热点。埋深不同对地下水中硝态氮含量差异影响很大。硝态氮在土壤中很容易随水淋洗，往往浅层地下水最先受到污染，深层地下水相对滞后，较大的地下水埋深容易造林硝态氮在土壤中累积。灌水量越大，对硝态氮淋洗越明显。为准确评价硝态氮、重金属等有害物质对葡萄产品质量安全的影响，在2016年工作的基础上，2017年度新增监测样地20个。持续对包括红寺堡、青铜峡、玉泉营、黄羊滩、闽宁镇，以及贺兰山沿山全区域葡萄基地，对灌溉水质、土壤、肥料等可能影响葡萄质量安全的硝态氮含量，有计划地进行了采样分析。

根据《土壤环境质量 农用地土壤污染风险管控标准（试行）》（GB 15618—2018），所有参检样品土壤重金属含量均远低于《土壤环境质量农用地土壤污染风险管控标准》的一级限值，土壤生产质量安全。从硝态氮含量来看，变化幅度较大，为1.12～37.9mg/kg。重金属As含量为9.58～14.57mg/kg，Hg含量为0.012 6～0.035 7mg/kg，Pb含量为14.3～27.0mg/kg，Cd含量为0.074～0.192mg/kg，Cr含量为41.6～77.8mg/kg，Cu含量为15.9～26.9mg/kg（表6–12）。

表6–12　2017年葡萄农田重金属与硝态氮含量监测结果

样品编号	硝态氮（mg/kg）	As（mg/kg）	Hg（mg/kg）	Pb（mg/kg）	Cd（mg/kg）	Cr（mg/kg）	Cu（mg/kg）	Zn（mg/kg）	Mn（mg/kg）	Fe（g/kg）	有效Cu（mg/kg）	有效Zn（mg/kg）	有效Mn（mg/kg）	有效Fe（mg/kg）
2084	3.82	12.38	0.012 6	17.4	0.106	57.4	18.8	47.9	459	24	0.632	1	1.7	3.31
2085	7.92	10.6	0.014 4	19.2	0.11	63.1	22.5	52.7	528	25.2	1.188	0.7	2.6	3.67
2086	5.72	11.14	0.014 8	19.1	0.112	65.6	21	60.4	592	27.2	0.714	0.7	3.5	4.07
2087	1.92	14.57	0.015 1	24.9	0.124	67.2	23.8	67.2	658	29	0.695	1.1	4.2	5.9
2088	6.66	10.4	0.016 2	15.3	0.124	56.9	16.7	51.5	524	24.7	0.489	1	5.4	6.1
2089	9.94	11.43	0.023 9	22	0.192	77.8	19.1	60.7	566	27	0.664	1.7	5.4	8.76
2090	5.27	9.58	0.024 1	17.2	0.121	66.2	21.2	54.4	513	25.4	1.738	1.5	3.1	8.62
2091	2.29	11.47	0.013 4	14.3	0.1	65	17.4	43.4	402	22.2	1.132	1.4	5	5.4
2092	6.1	13.14	0.013 3	16	0.121	64.1	18.1	48.5	398	22.7	0.657	1.1	2.8	5.42
2121	2.85	10.39	0.035 7	19	0.106	61	21	61.4	553	33.1	0.477	2.3	3.4	7.17
2122	37.9	10.77	0.03	18	0.125	49	19.2	62.1	481	26.6	0.703	3.2	2.6	6.55
2123	11.6	12.74	0.033 3	14.4	0.125	57.4	19.2	59.2	513	23.8	0.892	3	9.1	10.34
2124	19.2	10.87	0.035	16.2	0.104	51.4	19.9	58.4	511	23.6	0.937	2.8	4.5	8.36
2125	7.98	10.98	0.027 4	16.8	0.096	49.8	18.9	59.1	531	24.1	0.885	2.2	4.6	9.56
2126	1.12	12.45	0.033 5	19.8	0.092	55.9	19.9	57.1	476	24.1	0.918	2.6	6.8	7.61
2127	3.94	13.45	0.028 2	27	0.136	57.7	26.9	76.5	569	27.3	2.313	3.4	5	8.3
2128	5.76	12.97	0.018 2	17.3	0.074	46.4	15.9	54.4	398	19.6	1.049	3.7	3.1	7.97
2129	6.06	11.93	0.025 2	18	0.078	41.6	18.6	58.8	489	21.2	0.805	4.2	7.3	7.39
限量标准		≤25	≤3.4	≤170	≤0.6	≤250	≤100	≤300						

注：限量标准 GB 15618—2018（pH值＞7.5）。

3. 葡萄品质监测评价

糖酸比（M = S/A），S 表示还原糖含量（葡萄糖，g/L），A 表示总酸含量（酒石酸，g/L）。优质的葡萄酒，M 值必须大于或等于 20。计算得出所采样品葡萄的糖酸比值为 21.69 ～ 52.68，对应样品分别为 2073 号和 2114 号，平均值为 31.33，且样品之间差异较大。因此所有样品 M 值均大于 20，具有良好的糖酸比，符合优质葡萄原料品质评价标准（表 6-13）。

表 6-13　贺兰山酿酒葡萄品质监测结果

样品编号	采样地点	生产者性质	葡萄品种	树龄（年）	糖（g/100g）	酸（g/100g）	糖酸比
2072	红寺堡汇达置业	酒庄	赤霞珠	4	19.6	0.54	36.3
2073	红寺堡汇达置业	酒庄	维戴尔	4	19.3	0.89	21.69
2074	红寺堡中圈塘村	村民	赤霞珠	6	19.4	0.82	23.66
2075	红寺堡中圈塘村 3 组	村民	赤霞珠	6	19.6	0.75	26.13
2076	红寺堡明雨酒庄	酒庄	赤霞珠	4	22.6	0.61	37.05
2077	青铜峡树新林场村民	村民	赤霞珠	15	20	0.68	29.41
2078	青铜峡广夏基地	企业	赤霞珠	20	17.8	0.68	26.18
2079	青铜峡御马酒庄	酒庄	梅鹿辄	10	23	0.61	37.7
2080	青铜峡御马酒庄	酒庄	梅鹿辄	15	20.8	0.75	27.73
2111	贺兰山百胜王朝	酒庄	红葡萄	5	20.8	0.61	34.1
2112	贺兰山贺兰晴雪酒庄	酒庄	美乐	5	18.8	0.68	27.65
2113	贺兰山贺兰晴雪酒庄	酒庄	赤霞珠	5	20.8	0.61	34.1
2114	贺兰山贺兰晴雪酒庄	酒庄	美乐	6	21.6	0.41	52.68
2115	贺兰山贺兰晴雪酒庄	酒庄	赤霞珠	6	19.6	0.54	36.3
2116	闽宁镇福宁村	村民	蛇龙珠	6	17.7	0.68	26.03
2117	闽宁镇福宁村	村民	赤霞珠	6	18.4	0.68	27.06
2118	农垦集团黄羊滩农场	村民	蛇龙珠	7	19.3	0.61	31.64
2119	玉泉营西夏王酒庄	酒庄	赤霞珠	5	18.6	0.68	27.35
2120	玉泉营西夏王酒庄	酒庄	鲜食葡萄玫瑰香对照	5	16.6	0.51	32.55
平均					19.7	0.65	31.33

注：采样时间为 2017 年 9 月 25—26 日。

4. 葡萄重金属安全监测评价

从酿酒葡萄品质看，所采样品中糖含量为 16.6 ～ 23.0g/100g，平均值为 19.7 g/100g，酸含量为 0.41 ～ 0.89g/100g，平均值 0.65g/100g。重金属 Cu 含量为 0.81 ～ 2.0mg/kg，Cr

含量为 0.034 ～ 0.1mg/kg，Pb 含量为 0.003 5 ～ 0.019mg/kg，Cd 含量为 0.000 4 ～ 0.003 2mg/kg，As 含量为 0.002 59 ～ 0.007 01mg/kg，Hg 含量为 0.000 301 ～ 0.000 474mg/kg，Zn 含量为 0.62 ～ 1.63mg/kg，Mn 含量为 0.9 ～ 1.9mg/kg（表 6–14）。

表 6–14　2017 年葡萄重金属含量监测结果（单位：mg/kg）

样品编号	采样地点	Cu	Cr	Pb	Cd	As	Hg	Zn	Mn	Fe
2072	红寺堡 汇达置业	1.6	0.066	0.007 6	0.001 6	0.006 57	0.000 301	1.07	1	9.4
2073	红寺堡 汇达置业	1.6	0.06	0.008 2	0.000 68	0.003 22	0.000 416	0.84	1.2	9.5
2074	红寺堡 中圈塘村	1.2	0.065	0.006 8	0.000 57	0.002 59	0.000 336	0.74	1.5	8.1
2075	红寺堡 中圈塘村 3 组	1.3	0.071	0.003 5	0.000 4	0.003 24	0.000 474	0.62	1.5	5.3
2076	红寺堡 明雨酒庄	1.6	0.064	0.007 4	0.000 68	0.003 49	0.000 371	0.86	1.9	8.7
2077	青铜峡 树新林场村民	1	0.065	0.019	0.003 2	0.005 64	0.000 31	0.66	1.1	7.3
2078	青铜峡 广夏基地	1.5	0.037	0.009	0.001 8	0.006 44	0.000 39	0.88	1.2	6.4
2079	青铜峡 御马酒庄	1.4	0.067	0.014	0.001 4	0.005 1	0.000 446	0.92	1.5	6.4
2080	青铜峡 御马酒庄	1.6	0.068	0.012	0.002 4	0.004 66	0.000 433	0.83	1.1	6.4
2111	贺兰山 百胜王朝	0.99	0.061	0.006 9	0.000 6	0.004 24	0.000 439	0.74	1.1	6.3
2112	贺兰山 贺兰晴雪酒庄	1.5	0.034	0.006 7	0.000 17	0.004 75	0.000 354	1.63	0.9	12
2113	贺兰山 贺兰晴雪酒庄	1.4	0.073	0.006	0.001 6	0.007 01	0.000 433	1.05	1	9.1
2114	贺兰山 贺兰晴雪酒庄	0.95	0.057	0.014	0.000 88	0.003 33	0.000 449	0.91	1.2	7.6
2115	贺兰山 贺兰晴雪酒庄	1.1	0.072	0.016	0.001 6	0.005 87	0.000 444	0.9	1.2	9.7
2116	闽宁镇 福宁村	0.81	0.048	0.018	0.001 5	0.004 13	0.000 429	0.83	1.2	7.2

样品编号	采样地点	Cu	Cr	Pb	Cd	As	Hg	Zn	Mn	Fe
2117	闽宁镇 福宁村	0.98	0.056	0.018	0.001 2	0.003 22	0.000 458	0.85	1.4	6.6
2118	农垦集团 黄羊滩农场	2	0.056	0.017	0.002	0.005 35	0.000 428	1.29	1.9	18.1
2119	玉泉营 西夏王酒庄	1.8	0.052	0.012	0.001 2	0.003 1	0.000 389	1.08	1.1	8.6
2120	玉泉营 西夏王酒庄	1.1	0.1	0.01	0.002 4	0.005 34	0.000 416	0.82	1	7.9
平均		1.34	0.0617	0.0112	0.001 36	0.004 59	0.000 41	0.92	1.3	8.5

注：采样时间为2017年9月25—26日。生产者性质、葡萄品种、树龄、采样地理坐标等与上表相同。

按照《中国药典》2010版（1部），规定了药材重金属限度中Pb ≤ 5.0mg/kg，Cd ≤ 0.3mg/kg，Hg ≤ 0.2mg/kg，Cu ≤ 20.0mg/kg，As ≤ 2.0mg/kg。中国《药用植物及制剂外经贸绿色行业标准》（WM/T 2—2004）规定重金属总量应 ≤ 20.0mg/kg。重金属监测完全符合《中国药典》及中国《药用植物及制剂外经贸绿色行业标准》（WM/T 2—2004）规定重金属总量。同时发现各类葡萄重金属含量及其重金属总含量均显著低于土壤样品。

（三）2018年调查结果

1. 采样地相关信息（表6-15）

表6-15　2018年贺兰山酿酒葡萄基地采样地主要信息

样品编号	采样地点	葡萄品种	树龄（年）	采样地理坐标 N	采样地理坐标 E
2740	贺兰山美御葡萄基地	梅辘辄	5年	28°37'24"	106°0'57"
2741	迎宾酒庄葡萄基地	赤霞珠	9年	38°34'0"	106°1'57"
2742	迎宾酒庄葡萄基地	赤霞珠	5年	38°34'36"	106°2'18"
2743	源石酒庄葡萄基地	马瑟兰	4年	38°34'13"	106°0'52"
2744	爱尔普斯酒庄葡萄基地	赤霞珠	7年	38°36'28"	106°2'57"
2756	七泉沟	赤霞珠	7年	38°30'3"	106°1'11"
2757	贺兰山米擒酒庄	赤霞珠	7年	38°30'2"	106°1'11"
2758	贺兰山米擒酒庄	霞多丽	7年	38°30'2"	106°1'11"
2759	张裕酒庄	赤霞珠	7年	38°26'51"	106°6'0"
2760	玉泉营七队农户	赤霞珠	9年	38°16'46"	106°7'10"

样品编号	采样地点	葡萄品种	树龄（年）	采样地理坐标	
				N	E
2761	玉泉营七队农户	蛟龙珠	9 年	38°16'37"	106°2'33"
2762	玉泉营六队农户	赤霞珠	9 年	38°16'7"	106°1'44"
2763	黄羊滩农场农户	赤霞珠	7 年	38°16'55"	106°0'57"
2764	容园美酒庄	赤霞珠	22 年	38°7'45"	105°55'33"
2765	容园美酒庄	蛟龙珠	22 年	38°7'45"	105°55'33"
2766	甘城子大沟村 4 队	赤霞珠	13 年	38°6'26"	105°53'58"
2767	甘城子禹皇酒庄	赤霞珠	9 年	38°6'32"	105°53'17"
2768	甘城子荣光公司	赤霞珠	9 年	38°6'32"	105°52'50"
2769	甘城子密登堡酒庄	赤霞珠	20 年	38°6'34"	105°52'21"

注：采样时间为 2018 年 9 月 28—29 日。

2. 葡萄农田硝态氮与重金属安全监测评价

研究证实，饮用水硝态氮超标，与婴儿高铁血红蛋白症、成人胃癌、肝癌、食道癌以及淋巴瘤等发病率上升有直接关系，如何控制农业地下水硝态氮污染成为当前氮肥有效利用与水资源保护研究的热点。埋深不同对地下水中硝态氮含量差异影响很大。硝态氮在土壤中很容易随水淋洗，往往浅层地下水最先受到污染，深层地下水相对滞后。因此地下水埋深越浅，硝态氮淋洗到地下水中风险越大，而较大的地下水埋深容易造成硝态氮在土壤中累积。灌水量越大，对硝态氮淋洗越明显。

为准确评价硝态氮、重金属等有害物质对葡萄产品质量安全的影响，2018 年设置监测样地 31 个。持续对包括青铜峡、玉泉营、黄羊滩、闽宁镇，以及贺兰山沿山全区域葡萄基地，对灌溉水质、土壤、肥料等可能影响葡萄质量安全的硝态氮含量，有计划地进行了采样分析。

根据《土壤环境质量 农用地土壤污染风险管控标准（试行）》（GB 15618—2018），所有参检样品土壤重金属含量均远低于《土壤环境质量 农用地土壤污染风险管控标准（试行）》的一级限值，土壤生产质量安全。从硝态氮含量来看，变化幅度较大，为 1.39 ～ 96.9mg/kg，其中 2814 及 2750 土壤样品为干样，数据偏差较大。重金属 As 含量为 8.96 ～ 16.3mg/kg，Hg 含量为 0.013 ～ 0.080 2mg/kg，Pb 含量为 6.6 ～ 22.8mg/kg，Cd 含量为 0.030 ～ 0.078mg/kg，Cr 含量为 31.1 ～ 65.1mg/kg，Cu 含量为 14.0 ～ 42.4mg/kg，Zn 含量为 39.8 ～ 67.8mg/kg，Mn 含量为 360 ～ 594mg/kg，Fe 含量为 17.6 ～ 30.4g/kg，有效 Cu 含量为 0.48 ～ 8.12mg/kg，有效 Zn 含量为 0.72 ～ 4.47mg/kg，有效 Mn 含量为 2.50 ～ 13.6mg/kg，有效 Fe 含量为 4.4 ～ 16mg/kg。重金属含量均符合国家标准要求，不存在安全风险。Cu 是有机农业中最重要的生物农药之一，由于其作为杀菌剂、杀虫剂和除草剂的优良功效，常用于抑制葡萄树的霜霉病，与此同时，某些杀虫剂和化肥的施用也是造成土壤和植物中 Cu 含量升高的原因之一（表 6-16）。

表 6-16　2018 年葡萄农田重金属与硝态氮含量监测结果

样品编号	硝态氮（mg/kg）	As（mg/kg）	Hg（mg/kg）	Pb（mg/kg）	Cd（mg/kg）	Cr（mg/kg）	Cu（mg/kg）	Zn（mg/kg）	Mn（mg/kg）	Fe（g/kg）	有效Cu（mg/kg）	有效Zn（mg/kg）	有效Mn（mg/kg）	有效Fe（mg/kg）	pH值	全盐（g/kg）
2749	8.09	11	0.029 8	14.6	0.068	51	23.1	62.7	494	25.6	1.18	3.76	6.88	10.6	8.06	0.47
2750	96.9	13.4	0.023 3	13.8	0.05	48.7	26	51.7	494	25.9	1.55	1.18	13.6	5.3	7.72	1.15
2751	8.5	11.6	0.046 6	13.8	0.048	46.8	19.8	51.1	444	23.5	0.97	1.91	8.62	8.2	8.08	0.46
2752	27.4	13	0.036 6	14.6	0.04	65.1	26.6	66.7	478	30.4	1.9	2.26	7.63	4.4	8.2	0.71
2753	2.04	8.96	0.065	12.6	0.04	45	18.6	59.8	382	23.4	0.48	4.47	11.2	16	7.62	1.68
2790	7.08	11.2	0.058 8	22.8	0.061	53	25	61.6	540	28.4	1.28	1.72	4.96	13	8.08	0.61
2791	36.4	12.7	0.061	21.6	0.078	54.3	25	67.8	594	29.1	1.08	1.9	7.78	8.4	7.84	1.29
2792	16.3	7.92	0.019 3	15.3	0.034	37.9	15.6	42.8	384	18.4	1.56	1.4	8.69	6.8	7.97	0.83
2793	7.08	9.05	0.022 4	15.6	0.042	36.6	14	40.4	360	17.6	0.92	1.92	2.82	7.8	8.24	0.4
2794	5.95	11.8	0.020 4	16.7	0.046	41	19.2	48.6	394	21.2	1.32	1.44	7.95	4.8	7.93	0.72
2795	3.37	11.4	0.031 8	18.2	0.038	43	18	48	408	21.8	0.62	1.27	2.75	8.3	8.23	0.43
2796	3.98	15.2	0.048 5	19.7	0.062	52.6	23.8	55.4	550	27.5	1.21	0.94	7.87	8.8	7.83	0.5
2797	7.54	16.3	0.042 7	18.5	0.063	41.8	21.2	49.5	490	24.6	1.08	1.09	2.74	8.6	8.08	0.46
2798	4.35	11.6	0.022 1	9.6	0.044	35.4	20	49.5	452	24.1	0.94	0.77	4.68	6.8	8.19	0.56
2799	1.39	9.95	0.021 3	9.2	0.039	34.4	17.1	43.1	402	21.6	0.86	0.88	2.5	6	8.6	0.4
2800	3.72	10.4	0.026	10.2	0.056	37.8	42.4	47.4	409	21.5	8.12	1.28	4.31	5.6	8.6	0.35
2801	1.71	12.4	0.080 2	9.2	0.045	31.1	18.2	45.8	375	19.9	1.16	1.58	2.58	6.4	8.66	0.3
2802	7.84	11.6	0.035 2	9.6	0.053	36.6	20.1	50	456	24.6	0.87	1.44	9.19	8.4	8.14	0.45
2803	4.59	13	0.040 9	10.5	0.042	36.6	20.1	50.6	460	25.2	0.74	1.32	4.18	8.2	8.4	0.36
2804	3.33	11.8	0.057 4	8.4	0.038	37.8	17.1	41.8	386	21.8	0.71	1.4	6.3	4.6	8.28	0.35
2805	5.24	12.6	0.027 8	9.4	0.064	35.4	17.1	44.8	384	22.2	0.7	1.07	3.7	6.4	8.46	0.31
2806	6.87	12	0.014 7	9.7	0.049	44.4	16.9	40.7	430	24	0.64	0.76	7.5	5.8	8.26	0.36
2807	9.35	10.8	0.017 6	9.6	0.051	37.4	17.4	41.4	440	24.2	0.56	1.02	3.66	5	8.33	0.36
2808	3.41	10.2	0.019	8.4	0.053	40.4	16	48.6	424	22.2	0.58	0.72	5.28	5.6	8.42	0.31
2809	3.76	9.65	0.039	8.2	0.5	40	15.6	45	416	22.8	0.64	0.75	3.2	5.4	8.6	0.32
2810	4.53	11.1	0.033 4	7.6	0.042	40	16.2	40.7	392	23.2	0.78	1.54	5.15	5	8.38	0.36
2811	5.15	9.95	0.016 8	7.6	0.03	38.6	14.8	39.8	408	23.2	0.56	1.19	4.06	5.5	8.56	0.32
2812	15.5	10.2	0.020 2	6.6	0.05	37	15.2	40	406	23	0.62	1.68	6.62	9.9	8.23	0.42
2813	6.6	10.2	0.026 5	6.8	0.048	39.4	16	40.6	427	23.5	0.88	1.72	6.94	12.2	8.41	0.36

续表

样品编号	硝态氮（mg/kg）	As（mg/kg）	Hg（mg/kg）	Pb（mg/kg）	Cd（mg/kg）	Cr（mg/kg）	Cu（mg/kg）	Zn（mg/kg）	Mn（mg/kg）	Fe（g/kg）	有效Cu（mg/kg）	有效Zn（mg/kg）	有效Mn（mg/kg）	有效Fe（mg/kg）	pH值	全盐（g/kg）
2814	92.3	12	0.038 6	7.5	0.045	45.6	17.6	43	571	22	0.86	1.52	9.56	8.4	8.3	0.44
2815	10.6	11.1	0.013	10.4	0.056	36.7	23.4	58.8	540	27.2	1.38	1.86	12	12.3	7.87	1.62
限量标准		≤25	≤3.4	≤170	≤0.6	≤250	≤100	≤300								

注：限量标准 GB 15618—2018（pH 值＞7.5）。

3. 葡萄灌溉水质安全监测评价

分别对宁夏贺兰酿酒葡萄主产区青铜峡、贺兰山、玉泉营等地区的扬黄水、地下机井水、黄河灌溉水、地表水各类水质进行了采样，分析了 As、Hg、Pb、Cd、Cr、Cu 各类重金属含量及 pH 值、全盐含量。其中 As 含量为 2.07 ～ 7.8μg/L、Hg 含量为 0.028 ～ 0.068μg/L、Cr 含量为 ND ～ 1.678μg/L。Pb、Cd、Cu 均未检出。参照《农田灌溉水质标准》（GB 5084—2021），所测各类灌溉水质均在安全阈值范围内，说明贺兰山葡萄主产区井水、黄河灌溉水、地表水等各类水质均安全可靠（表 6-17）。

表 6-17　葡萄基地灌溉水重金属含量监测

样品编号	采样地点	水资源类型	As（μg/L）	Hg（μg/L）	Pb（μg/L）	Cd（μg/L）	Cr（μg/L）	Cu（μg/L）	pH值	全盐（g/L）
2745	爱尔普斯	贺兰山地下井水	7.8	0.03	ND	ND	1.678	ND	7.91	411
2746	贺兰山迎宾	井水	3.6	0.032	ND	ND	1.018	ND	7.82	362
2747	源石酒庄	黄河灌溉水	2.5	0.028	ND	ND	ND	ND	7.88	369
2770	玉泉营	浅层地下水	2.8	0.028	ND	ND	ND	ND	7.76	1 123
2771	玉泉营 6 队	井水	2.65	0.029	ND	ND	ND	ND	7.88	1 215
2772	贺兰山塬沟	地表水	2.69	0.03	ND	ND	ND	ND	8.72	295
2773	张裕酒庄	深层井水	2.07	0.068	ND	ND	ND	ND	8.02	355
GB 5084—2021			≤50	≤1	≤100	≤5	≤100	≤1 000		

注：采样时间为 2018 年 9 月 28—29 日，ND 表示未检出。

4. 葡萄品质监测评价

从酿酒葡萄品质看，所采样品中含糖量为 15.3 ～ 21.4g/100g，平均值为 18.2 g/100g，酸含量为 0.51 ～ 1.01g/100g，平均值为 0.77g/100g。所采葡萄样品的糖酸比值为 15.7 ～ 39.6，对应样品分别为 2741 号和 2765 号，平均值为 25.1，且差别较大。除 6 个样品外，其他样品 M 值均大于 20，具有良好的糖酸比，符合优质葡萄原料品质评价标准（表 6-18）。

表 6-18　贺兰山酿酒葡萄品质监测结果

样品编号	采样地点	葡萄品种	糖（g/100g）	酸（g/100g）	糖酸比	硝酸盐（g/kg）
2740	贺兰山美御葡萄基地	梅辘辄	19.6	0.88	22.3	1.66
2741	迎宾酒庄葡萄基地	赤霞珠	15.9	1.01	15.7	2.86
2742	迎宾酒庄葡萄基地	赤霞珠	15.9	0.88	18.1	3.04
2743	源石酒庄葡萄基地	马瑟兰	15.3	0.88	17.4	1.66
2744	爱尔普斯酒庄葡萄基地	赤霞珠	18.5	0.76	24.3	1.85
2756	七泉沟	赤霞珠	19.6	0.76	25.8	1.56
2757	贺兰山米擒酒庄	赤霞珠	19.2	0.63	30.5	1.33
2758	贺兰山米擒酒庄	霞多丽	18.5	1.01	18.3	1.17
2759	张裕酒庄	赤霞珠	19.5	0.76	25.7	1.96
2760	玉泉营七队农户	赤霞珠	17	0.63	27	2.04
2761	玉泉营七队农户	蛟龙珠	16.5	0.51	32.4	1.06
2762	玉泉营六队农户	赤霞珠	16.4	1.01	16.2	1.11
2763	黄羊滩农场农户	赤霞珠	16.4	0.76	21.6	1.4
2764	容园美酒庄	赤霞珠	21.4	0.63	34	1.16
2765	容园美酒庄	蛟龙珠	20.2	0.51	39.6	0.886
2766	甘城子大沟村 4 队	赤霞珠	16.4	1.01	16.2	1.72
2767	甘城子禹皇酒庄	赤霞珠	19.3	0.63	30.6	1.18
2768	甘城子荣光公司	赤霞珠	19.6	0.51	38.4	1.02
2769	甘城子密登堡酒庄	赤霞珠	19.8	0.88	22.5	1.74
平均			18.2	0.77	25.1	1.6

注：采样时间为 2018 年 9 月 28—29 日。

5. 葡萄重金属安全监测评价

重金属 Cu 含量为 0.54 ～ 2.0mg/kg，Cr 含量为 0.026 ～ 0.085mg/kg，Pb 含量为 0.024 ～ 0.12mg/kg，Cd 含量为 ND ～ 0.001 2mg/kg，As 含量为 0.009 ～ 0.016mg/kg，Hg 含量为 0.000 44 ～ 0.001 38mg/kg，Zn 含量为 0.43 ～ 1.60mg/kg，Mn 含量为 0.62 ～ 2.89mg/kg，Fe 含量为 4.7 ～ 15.9mg/kg（表 6-19）。

《中国药典》2010 版（1 部）规定了药材重金属限度中 Pb ≤ 5.0mg/kg，Cd ≤ 0.3mg/kg，Hg ≤ 0.2mg/kg，Cu ≤ 20.0mg/kg，As ≤ 2.0mg/kg。中国《药用植物及制剂外经贸绿色行业标准》（WM/T 2—2004）规定重金属总量应 ≤ 20.0mg/kg。重金属监测完全符合《中国药典》及中国《药用植物及制剂外经贸绿色行业标准》（WM/T 2—2004）规定的重金属总量。同时发现各类葡萄重金属含量及其重金属总含量均显著低于土壤样品。

表 6-19 2018 年葡萄重金属含量监测结果（单位：mg/kg）

样品编号	采样地点	Cu	Cr	Pb	Cd	As	Hg	Zn	Mn	Fe
2740	贺兰山美御葡萄基地	1.4	0.085	0.084	0.000 82	0.016	0.001 38	1.3	1.71	13.2
2741	迎宾酒庄葡萄基地	2	0.08	0.12	0.001 2	0.016	0.000 96	1.2	2.89	15.2
2742	迎宾酒庄葡萄基地	2	0.047	0.068	0.001	0.014	0.000 97	1.6	1.68	15.9
2743	源石酒庄葡萄基地	0.86	0.044	0.073	0.000 7	0.013	0.000 64	1.1	1.42	8.6
2744	爱尔普斯酒庄葡萄基地	0.54	0.059	0.066	0.000 96	0.014	0.000 95	0.54	0.85	9.4
2756	七泉沟	1.2	0.033	0.074	ND	0.014	0.000 69	0.9	2.21	7.5
2757	贺兰山米擒酒庄	1	0.054	0.058	ND	0.01	0.000 72	0.76	0.78	7.8
2758	贺兰山米擒酒庄	1.4	0.037	0.055	ND	0.014	0.000 88	0.69	0.81	4.8
2759	张裕酒庄	1.2	0.09	0.034	ND	0.0096	0.000 63	0.43	0.62	6.1
2760	玉泉营七队农户	0.92	0.067	0.032	ND	0.01	0.000 48	0.75	1	5.8
2761	玉泉营七队农户	1.2	0.076	0.068	ND	0.012	0.000 49	0.58	0.62	5.8
2762	玉泉营六队农户	0.92	0.04	0.041	0.000 62	0.012	0.000 78	0.97	0.75	4.7
2763	黄羊滩农场农户	0.89	0.058	0.071	ND	0.014	0.000 8	1.2	1.38	6.2
2764	容园美酒庄	1.2	0.036	0.052	ND	0.009	0.000 48	0.9	1.5	7.2
2765	容园美酒庄	0.96	0.028	0.041	0.000 85	0.015	0.000 88	0.94	1.14	6.2
2766	甘城子大沟村 4 队	2	0.028	0.028	ND	0.013	0.000 74	0.97	1.88	5.8
2767	甘城子禹皇酒庄	1.1	0.026	0.024	0.000 72	0.012	0.000 44	0.72	1.2	5.5
2768	甘城子荣光公司	1	0.028	0.052	ND	0.014	0.000 59	0.84	0.98	6.6
2769	甘城子密登堡酒庄	1.4	0.044	0.038	0.000 7	0.013	0.001	0.98	1.17	5.6
平均		1.2	0.05	0.06	0	0.01	0.000 76	0.91	1.29	7.78

注：采样时间为 2018 年 9 月 28—29 日。葡萄品种、树龄、采样地理坐标等与上表相同。

第二节 酿酒葡萄质量安全性评价研究

一、单项污染指数法

按照单项污染指数法对农药残留、重金属污染状况进行评价。计算公式如下：

$$P_i = C_i / S_i$$

式中，P_i——单项污染指数；

C_i——污染物实测浓度；

S_i——污染物的评价标准值或参考值。

$P_i \leq 1$，表示无污染；$1 < P_i \leq 2$，表示轻微污染；$2 < P_i \leq 3$，表示轻度污染；

$3 < P_i \leqslant 5$，表示重度污染；$P_i > 5$，表示重度污染。

单项污染指数的计算方法：$P_i = \dfrac{C_i}{S_i}$

其中，C_i——污染物实测浓度；

S_i——相应类别的标准值。

综合污染指数的计算方法：$P_i = \dfrac{1}{n} \sum\limits_{i=1}^{n} P_i$

通过单项污染指数法对葡萄样品监测结果进行酿酒葡萄农药残留质量安全性评价研究，结果表明，个别样品农药有检出，其中烯酰吗啉、嘧霉胺、异菌脲、多菌灵、腐霉利、吡虫啉、吡唑醚菌酯、啶虫脒、苯醚甲环唑、氯氟氰菊酯的 $P_i \leqslant 1$，均属于无污染范围。不同产地、不同品种葡萄中重金属单因子污染指数各不相同，但均小于1，说明经摄入葡萄途径摄入的农药残留对当地居民身体健康产生的危害风险较低，酿酒葡萄质量是安全的。

通过单项污染指数法对酿酒葡萄重金属残留质量安全性进行评价研究，As、Hg、Pb、Cr、Cd 的 $P_i \leqslant 1$，均属于无污染范围；重金属监测完全符合《中国药典》及中国《药用植物及制剂外经贸绿色行业标准》（WM/T 2—2004）规定的重金属总量，说明经摄入葡萄途径摄入的 Pb、Cr、Cd、Hg、As、Cu 这 6 种重金属对当地居民身体健康产生的危害风险较低。

二、综合污染指数法

综合污染指数法是对所有农药残留及重金属的一类全面评价方法，能够直观表征所有农药残留及重金属对样品的污染状况。

宁夏不同产地、不同品种葡萄 108 种农药综合污染指数均小于 0.7，6 种重金属综合污染指数也均小于 0.7，进一步表明宁夏葡萄处于安全状态（表6–20）。

表6–20　土壤综合污染指数分级标准

等级	综合污染指数（Pn）	污染等级
Ⅰ	$Pn \leqslant 0.7$	清洁（安全）
Ⅱ	$0.7 < Pn \leqslant 1.0$	尚清洁（警戒限）
Ⅲ	$1 < Pn \leqslant 2.0$	轻度污染
Ⅳ	$2 < Pn \leqslant 3.0$	中度污染
Ⅴ	$Pn > 3.0$	重污染

三、ADI 值评价

ADI 指人（按 63kg 成人计）每日摄入某种化学物质（农药等），对健康无任何已知不良效应的剂量。根据《食品安全国家标准　食品中农药最大残留限量》（GB 2763—2021）规定葡萄相关限量标准以及每日允许摄入量（ADI 值）或人均日摄入可允许限量标准（PTDI），并参照国内外相关技术标准及已有研究基础，对酿酒葡萄质量进行安全性评价。

　　苯醚甲环唑 ADI：0.01mg/kg bw，在葡萄中最大残留限量值为 0.5mg/kg，结合膳食量进行风险评估计算得到风险率为 63.2%；烯酰吗啉 ADI：0.2mg/kg bw，在葡萄中最大残留限量值为 5mg/kg，风险率为 43.5%；嘧霉胺 ADI：0.2mg/kg bw，在葡萄中最大残留限量值为 4mg/kg，风险率为 49.6%；异菌脲 ADI：0.06mg/kg bw，在葡萄中最大残留限量值为 10mg/kg，风险率为 68.9%；多菌灵 ADI：0.03mg/kg bw，在葡萄中最大残留限量值为 3mg/kg，风险率为 49.9%；腐霉利 ADI：0.1mg/kg bw，在葡萄中最大残留限量值为 5mg/kg，风险率为 48.3%；吡虫啉 ADI：0.06mg/kg bw，在葡萄中无最大残留限量值，参考苹果为 0.5mg/kg，风险率为 58.4%；吡唑醚菌酯 ADI：0.03mg/kg bw，在葡萄中最大残留限量值为 2mg/kg，风险率为 57.5%；啶虫脒 ADI：0.07mg/kg bw，在葡萄中无最大残留限量值，参考浆果类水果为 2mg/kg，风险率为 60.1%；氯氟氰菊酯 ADI：0.02mg/kg bw，在葡萄中无最大残留限量值，参考梨为 0.1mg/kg，风险率为 66.2%，以上结果表明不会对一般人群健康产生不可接受的风险。假设 10 种农药同时检出，根据最大限量计算 32.1mg/kg，按 ADI 计算日摄入总量为 49.14mg，风险率为 65.3%，为可接受风险（表 6-21）。

表 6-21　风险评估表（以苯醚甲环唑为例）

食物种类	膳食量（kg）	参考限量	限量来源	NEDI（mg）	日允许摄入量（mg）	风险概率（%）
米及其制品	0.239 9	0.5	中国	0.12		
面及其制品	0.138 5	0.1	中国	0.013 85		
其他谷类	0.023 3	0.1	中国			
薯类	0.049 5	0.02	中国	0.000 99		
干豆类及其制品	0.016					
深色蔬菜	0.091 5	0.5	中国	0.045 75		
浅色蔬菜	0.183 7	1	中国	0.183 7		
腌菜	0.010 3					
水果	0.045 7	0.5（葡萄限量）	中国	0.022 85		
坚果	0.003 9			ADI×63		
畜禽类	0.079 5					
奶及其制品	0.026 3					
蛋及其制品	0.023 6					
鱼虾类	0.030 1					
植物油	0.032 7	0.2	中国	0.006 54		
动物油	0.008 7					
糖、淀粉	0.004 4					
食盐						
酱油	0.009	0.5	中国	0.004 5		
合计	1.028 6			0.398 2	0.63	63.2

第三节　酿酒葡萄及葡萄酒酿造加工过程质量安全风险监测研究

一、酿酒葡萄重金属监测及评价研究

由表6-22可知，并根据《食品安全国家标准 食品中污染物限量》（GB 2762—2017）中参照水果及相近农产品的标准限量对上述酿酒葡萄样品中Cu、Cr、Pb、Cd、As、Hg、Fe、Mn、Zn的检出情况进行判定和评价。除Cd元素检出率为74.4%以外，其余重金属元素在所有酿酒葡萄样品中均有检出，但含量均处于较低水平，Cu、Cr、Pb、Cd、As、Hg、Fe、Mn、Zn的平均含量分别为1.28mg/kg、0.056 1mg/kg、0.034 0mg/kg、0.001 19mg/kg、0.008 73mg/kg、0.000 585mg/kg、0.918mg/kg、1.27mg/kg、8.12mg/kg。根据国家限量标准，酿酒葡萄中各重金属元素均不超标，均在安全范围内，其中Cd、Hg的含量远低于国家限量10倍以上。

表6-22　葡萄样品中重金属监测及评价研究

检测项目	检测值（mg/kg）	平均值（mg/kg）	检出率（%）	超标率（%）	国家标准限量值（mg/kg）
Cu	0.540～2.00	1.28	100	—	—
Cr	0.0260～0.100	0.056 1	100	—	0.5（新鲜蔬菜）
Pb	0.00350～0.120	0.034	100	0	0.2
Cd	ND～0.003 20	0.001 19	74.4	0	0.05
As	0.002 59～0.016 0	0.008 73	100	0	0.5
Hg	0.000 301～0.001 38	0.000 585	100	0	0.01
Fe	0.430～1.63	0.918	100	0	—
Mn	0.620～2.89	1.27	100	0	—
Zn	4.70～18.1	8.12	100	0	—

查询JECFA及WHO规定的PTWI推荐值，对部分暂时废止还未更新的PTWI值仍采用。据目前最新的数据，人体对Cu、Cr的PTWI分别为每天0.5mg/kg、5μg/kg，对Pb、Cr、As、Hg的PTWI分别为每周25μg/kg、7μg/kg、15μg/kg、5μg/kg。以人体重60kg计算，可计算出人体Cu、Cr、Pb、Cd、As、Hg每周摄入量分别为210mg、2.1mg、1.5mg、0.42mg、0.9mg和0.3mg。根据酿酒葡萄出酒率70%～80%的比例，设定人体每周摄入含有重金属元素的上述葡萄原料酿造出的葡萄酒500mL，选取重金属含量最高值作为摄入量，计算得出每周摄入重金属含量分别为0.64mg、0.028mg、0.017 0mg、0.000 60mg、0.004 4mg、0.000 29mg。远小于相应PTWI值，故认为贺兰山东麓酿酒葡萄重金属水平极低，对人体

健康风险很低。

进一步计算酿酒葡萄样品 THQ 值，选取重金属含量最高值作为摄入量 C，计算得出在最大暴露水平下每日摄入重金属 THQ 值分别为 Cu：0.017，Cr：0.075，Pb：0.063，Cd：0.008，As：0.027，Hg：0.005；以上各值远小于 1，说明宁夏贺兰山东麓地区的酿酒葡萄重金属平均摄入水平是安全的。

此外，对采样地的酿酒葡萄重金属含量进行分析，结果见表 6-23，可以看出，宁夏贺兰山东麓酿酒葡萄中 Cu、Zn、Mn、Fe 元素的含量在 $P < 0.01$ 和 $P < 0.05$ 水平下均呈显著正相关。Cu、Zn、Mn、Fe 是植物生长发育所需的重要营养元素。有害重金属方面，酿酒葡萄中 Cr 元素与 Cd 元素呈正相关关系，Pb、As 和 Hg 3 种重金属元素两两之间均呈极显著的正相关关系。

表 6-23 酿酒葡萄中各重金属含量相关性

元素	Cu	Cr	Pb	Cd	As	Hg	Fe	Zn	Mn
Cu	1								
Cr	0.036	1							
Pb	−0.046	−0.059	1						
Cd	0.099	0.381*	−0.164	1					
As	−0.066	−0.276	0.856**	−0.194	1				
Hg	0.017	−0.072	0.768**	−0.297	0.822**	1			
Fe	0.533**	0.205	0.24	0.058	0.043	0.189	1		
Zn	0.492**	−0.19	0.184	−0.171	0.147	0.243	0.682**	1	
Mn	0.515**	−0.01	0.347*	−0.06	0.157	0.228	0.492**	0.398*	1

注：* 表示 0.05 显著性水平（双侧），** 表示 0.01 显著性水平（双侧），下同。

二、葡萄酒中重金属监测及评价研究

从表 6-24 得出，葡萄酒中 Hg 未检出，Pb 含量为 ND ～ 0.024mg/kg，Pb 含量为 ND ～ 0.024mg/kg，Cd 含量为 ND ～ 0.001 6mg/kg，Cr 含量为 0.033 ～ 0.092mg/kg，As 含量为 0.006 0 ～ 0.012mg/kg，Cu 含量为 0.045 ～ 0.17mg/kg，Fe 含量为 1.71 ～ 6.86mg/kg，根据国家限量标准，酿酒葡萄中各重金属元素均不超标。

表 6-24 葡萄酒中重金属监测及评价研究

检测项目	检测值（mg/kg）	平均值（mg/kg）	检出率（%）	超标率（%）
Cu	0.045 ～ 0.17	0.11	100	—
Cr	0.033 ～ 0.092	0.062	100	—
Pb	ND ～ 0.024	0.12	100	0
Cd	ND ～ 0.001 6	0.008 1	65.3	0

续表

检测项目	检测值（mg/kg）	平均值（mg/kg）	检出率（%）	超标率（%）
As	0.006 0～0.012	0.009	100	0
Hg	ND	ND	0	0
Fe	1.71～6.86	4.28	100	0

三、葡萄酒的质量安全隐患及评价

通过对葡萄酒中的真菌毒素质量安全隐患进行了摸排及评价。2005 年 1 月 1 日欧盟委员会（EU）规定对葡萄及相关产品中赭曲霉毒素限量标准：葡萄酒、其他用于饮料制作的葡萄酒、葡萄汁和其他饮料中的葡萄汁成分，最大允许量为 2.0μg/kg，中国目前未对其作出规定。对 84 份葡萄酒监测了黄曲霉毒素 B_1（AFB_1）、黄曲霉毒素 B_2（AFB_2）、玉米赤霉烯酮（ZEN）、伏马毒素 B_1（FB_1）、伏马毒素 B_2（FB_2）、伏马毒素 B_3（FB_3）、脱氧雪腐镰刀菌烯醇（DON）、3- 乙酰基脱氧雪腐镰刀菌烯醇（3-AcDON）、15- 乙酰基脱氧雪腐镰刀菌烯醇（15-AcDON）、T-2 毒素（T-2）、赭曲霉毒素 A（OTA）共 11 种真菌毒素，其中共检出赭曲霉毒素 A 1 份，但未超最大限量值。在今后宁夏葡萄酒真菌毒素质量控制中，应进一步加强赭曲霉毒素的防控和管理。

针对葡萄酒酿造加工过程中易出现甲醇含量安全问题，葡萄酒中的食品添加剂 SO_2 使用量问题，摸清葡萄酒酿造加工过程的质量安全隐患并评价。葡萄酒是用新鲜的葡萄或葡萄汁经发酵酿成的，在酿制发酵过程中，葡萄细胞内的果胶在果胶甲酯酶的作用下，水解生成甲醇。甲醇是酒中的有害成分，人体过多摄入含有甲醇的酒会导致中枢神经系统、眼部损伤和代谢性酸中毒等，许多假冒伪劣产品常常发生消费者甲醇中毒。所以甲醇一直以来是作为酒中严格控制的安全卫生指标之一，所以酒中甲醇的检测深受出入境、质检、卫生系统各部门的重视。酒中甲醇的检测方法采用的是《食品安全国家标准 食品中甲醇的测定》（GB 5009.266—2016）中的气相色谱法，检测用仪器为岛津 GC-2010 气相色谱仪。中国国家标准《葡萄酒》（GB/T 15037—2006）规定干白和桃红葡萄酒中甲醇的最高限量为 250mg/L，干红葡萄酒的最高限量为 400mg/L。因此，准确测定葡萄酒中甲醇的含量，对控制葡萄酒的质量安全具有重要意义。在《食品安全国家标准 食品中甲醇的测定》（GB 5009.266—2016）方法中，吸取 100mL 试样于 500mL 蒸馏瓶中，加入 100mL 水，加几颗沸石（或玻璃珠），连接冷凝管，用 100mL 容量瓶作为接收器（外加冰浴），并开启冷却水，缓慢加热蒸馏，收集馏出液，当接近刻度时，取下容量瓶，待溶液冷却到室温后，用水定容至刻度，混匀。吸取 10.0mL 蒸馏后的溶液于试管中，加入 0.10mL 叔戊醇标准溶液，混匀。将样品溶液注入气相色谱仪中，以保留时间定性，同时记录甲醇和叔戊醇色谱峰面积的比值，根据标准曲线得到待测液中甲醇的浓度。表明葡萄酒中都含有甲醇，含量在 49.8～108.9mg/L，根据国家安全标准，不超过限量，整体处于安全范围内

（图 6-1）。

葡萄酒在发酵过程中会自然产生亚硫酸盐，这种自然形成的亚硫酸盐含量不足以起到保鲜的作用。为了防止葡萄酒被氧化，很多酿酒师会在酒中添加二氧化硫以起到杀菌、促进发酵的作用。因此，葡萄酒中都会有不同水平的二氧化硫残留（二氧化硫残留量是亚硫酸盐在食品中存在的计量形式）。国家标准《食品安全国家标准 食品添加剂使用标准》（GB 2760—2014）中规定了二氧化硫在葡萄酒中的最大使用量为 0.25g/L（甜型葡萄酒系列产品最大使用量为 0.4g/L，最大使用量以二氧化硫残留量计），残留量过高时就会对人体健康造成严重威胁。因此，测定二氧化硫残留量成为检验葡萄酒安全性的一项重要内容。

采用《食品安全国家标准 食品中二氧化硫的测定》（GB 5009.34—2016）中的蒸馏－碘滴定法测定干红葡萄酒中二氧化硫含量，可以看出，葡萄酒中均有二氧化硫，其含量为 20.06 ～ 60.7mg/L，符合食品安全国家标准的限量要求，整体处于安全范围（图 6-1）。

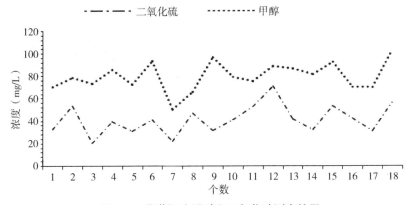

图 6-1 葡萄酒中甲醇和二氧化硫测定结果

四、酿酒葡萄品质的监测研究

检测 2017 年和 2018 年采集的贺兰山东麓酿酒葡萄样品中 Zn、Mn、Cu、Fe、糖、酸的含量、糖酸比及 2018 年酿酒葡萄中硝酸盐的含量，结果见表 6-25。

Zn、Mn、Cu、Fe 是植物生长的必需元素。由表 6-25 可知，2017 年葡萄样品中的 Zn、Mn、Cu、Fe、糖、酸、糖酸比含量分别为 0.62 ～ 1.29mg/kg、0.86 ～ 1.87mg/kg、0.81 ～ 1.98mg/kg、5.3 ～ 18.1mg/kg、16.6 ～ 23.0g/100g、0.41 ～ 0.89g/100 g 和 21.7 ～ 52.7；2018 年葡萄样品中的 Zn、Mn、Cu、Fe、糖、酸、糖酸比含量分别为 0.43 ～ 1.60mg/kg、0.62 ～ 2.89mg/kg、0.54 ～ 2.0mg/kg、4.7 ～ 15.9mg/kg、15.3 ～ 21.4g/100 g、0.51 ～ 1.01g/100g 和 15.7 ～ 39.6。酿酒葡萄中不同营养成分的含量存在明显差异，其含量大小依次是糖＞酸＞ Fe ＞ Mn、Cu ＞ Zn；对 2017 年和 2018 年的酿酒葡萄样品中的营养成分进行方差分析，结果发现，只有糖、酸和糖酸比结果在 2017 年和 2018 年存在显著性差异（$P < 0.05$），而 Zn、Mn、Cu、Fe 含量在 2 年间并无显著性差异。从 2017 年和 2018 年各营养成分的

变异系数可以看出，酿酒葡萄中糖的含量相较于微量元素是比较稳定的，其受酿酒葡萄品种、种植基地管理方式等因素的影响较小。酿酒葡萄中糖的含量相较于微量元素变异系数较小，说明糖受酿酒葡萄品种、种植基地管理方式等因素的影响较小。

表6-25　贺兰山东麓酿酒葡萄营养成分监测结果（*n*=19）

测定项目	年份	Zn（mg/kg）	Mn（mg/kg）	Cu（mg/kg）	Fe（mg/kg）	糖（g/100g）	酸（g/100g）	糖酸比
含量范围	2017年	0.62～1.29	0.86～1.87	0.81～1.98	5.3～18.1	16.6～23.0	0.41～0.89	21.7～52.7
	2018年	0.43～1.60	0.62～2.89	0.54～2.00	4.7～15.9	15.3～21.4	0.51～1.01	15.7～39.6
平均值	2017年	0.92a	1.25a	1.34a	8.45a	19.70a	0.65b	31.3a
	2018年	0.91a	1.29a	1.20a	7.78a	18.2b	0.77a	25.1b
变异系数 CV（%）	2017年	25.2	22.7	24.4	33.6	8.3	17.1	22.5
	2018年	31.2	45.7	33.9	43.2	10	22.9	29.9

第四节　产地土壤重金属对贺兰山东麓酿酒葡萄影响及风险评估

以宁夏贺兰山东麓酿酒葡萄产区土壤重金属为研究对象，探究产地土壤中重金属元素被葡萄吸收后对酿酒葡萄安全情况的影响及其相关关系。研究发现贺兰山东麓酿酒葡萄产区土壤中Cu、Cr、Pb、Cd、As、Hg、Fe、Mn、Zn元素平均含量分别为19.9mg/kg、48.1mg/kg、14.5mg/kg、0.082 1mg/kg、11.5mg/kg、0.030 0mg/kg、24.2mg/kg、468mg/kg、52.1mg/kg，酿酒葡萄中重金属平均含量分别为1.28mg/kg、0.056 1mg/kg、0.034 0mg/kg、0.001 19mg/kg、0.008 73mg/kg、0.000 585mg/kg、0.918mg/kg、1.27mg/kg、8.12mg/kg，主要重金属均有检出，但未有超标现象，均符合《中国药典》及中国《药用植物及制剂外经贸绿色行业标准》（WM/T 2—2004）规定重金属总量。酿酒葡萄重金属含量与土壤中重金属含量均无显著正相关关系，土壤污染单因子指数表明酿酒葡萄产地土壤无污染，PTWI值和THQ系数表明贺兰山东麓酿酒葡萄无重金属安全风险。

宁夏贺兰山东麓酿酒葡萄产区是中国重要的"葡萄酒原产地域产品保护地区"。该地区日照充足、温差较大，降水量少，自然生态环境适宜酿酒葡萄生长，与世界著名葡萄酒产区法国波尔多具有较大相似性，该地区酿酒葡萄品质优良，近年来已成为中国酿酒葡萄明星产区，带来了可观的经济效益。

葡萄酒质量的优劣关键取决于酿酒葡萄原料的好坏。近年来随着酿酒葡萄产区不断扩大，不同小产区区域内部环境变化会直接影响产品质量，进而影响葡萄酒产品的质量稳定性，甚至会引入危害人体的物质，如重金属、农药残留等，而目前造成农产品质量安全隐患的较为典型的污染源就是产地土壤。研究表明，重金属元素会随着植物的生长被吸收富集进而影响植株的正常代谢，抑制农作物的生长，降低农产品的产量、农产品的品质和质量安全。因此，探究产地土壤重金属对宁夏贺兰山东麓酿酒葡萄的影响并进行风险评估具有现实意义，对酿酒葡萄和葡萄酒产业健康持久发展发挥保障作用。

一、酿酒葡萄产地土壤重金属污染风险评估

采用单因子指数法评价土壤重金属污染程度，见式（6-1）。其中 P_i 为在金属元素单因子指数，参考范围见表6-26；C_i 表示重金属元素检出值（mg/kg），S_i 表示相应金属元素的土壤背景值，宁夏贺兰山地区土壤重金属元素背景值分别为：Cu 20.9mg/kg、Cr 59.7mg/kg、Pb 20.1mg/kg、Cd 0.102 5mg/kg、As 11.9mg/kg、Hg 0.020 2mg/kg。

表6-26 土壤污染单因子指数

P_i	<1	1～2	2～3	3～5	>5
污染程度	未污染	轻污染	中污染	重污染	严重污染

$$P_i = \frac{C_i}{S_i} \tag{6-1}$$

根据联合国粮食及农业组织／世界卫生组织（FAO/WHO）联合食品添加剂专家委员会（JECFA）对 Pb、Cd、As、Hg 等重金属进行风险评估发布的每千克体重每周可耐受摄入量（PTWI）或每千克体重每月可耐受摄入量（PTMI）初步判定贺兰山东麓酿酒葡萄中重金属的风险状况。

进一步应用目标风险系数法（Target Hazard Quotient，THQ）量化处理，评估酿酒葡萄重金属危害人体健康风险。计算方法见式（6-2）。

$$THQ = \frac{E_F \times E_D \times F_{IR} \times C}{R_{FD} \times m \times t} \tag{6-2}$$

式中：E_F——暴露频率（d/ 年），按照风险最大化原则设置为 365d；

E_D——暴露持久性（年），根据 WTO 2018 年发布的世界卫生统计年鉴发布的中国居民平均寿命设置为 76.4 岁；

F_{IR}——膳食摄入量（g/d），参照《中国居民膳食指南》中膳食结构人均水果日摄入量 200 ～ 400g，设置为 400g；

C——危害物含量（mg/kg），选取酿酒葡萄重金属检出值的最大值；

R_{FD}——污染物安全剂量 ［mg/（kg·d）］；

m——平均体质量（kg），以 60kg 计算；

t——非致癌性暴露的平均时间（d），与 E_D 一致。

同时参照了《土壤环境质量 农用地土壤污染风险管控标准（试行）》（GB 15618—2018）中关于土壤重金属规定的相关标准，进行了相关对比评价（表6-27）。

表 6-27　农用地土壤污染风险管制值（单位：mg/kg）

序号	污染物项目	风险管制值			
		pH 值 ≤ 5.5	5.5 < pH 值 ≤ 6.5	6.5 < pH 值 ≤ 7.5	pH 值 > 7.5
1	Cd	1.5	2.0	3.0	4.0
2	Hg	2.0	2.5	4.0	6.0
3	As	200	150	120	100
4	Pb	400	500	700	1000
5	Cr	800	850	1000	1300

注：引自《土壤环境质量 农用地土壤污染风险管控标准（试行）》（GB 15618—2018）。

二、酿酒葡萄中主要中重金属元素富集状态评价

对采集的 40 个酿酒葡萄样品中重金属含量进行检测，并根据《食品安全国家标准 食品中污染物限量》（GB 2762—2017）中参照水果及相近农产品的标准限量对上述酿酒葡萄样品中 Cu、Cr、Pb、Cd、As、Hg、Fe、Mn、Zn 的检出情况进行判定和评价。如表 6-28 所示，除 Cd 元素检出率为 74.4% 外，其余重金属元素在所有酿酒葡萄样品中均有检出，但含量均处于较低水平，平均含量分别为 1.28mg/kg、0.056 1mg/kg、0.034 0mg/kg、0.001 19mg/kg、0.008 73mg/kg、0.000 585mg/kg、0.918mg/kg、1.27mg/kg、8.12mg/kg。根据国家限量标准，酿酒葡萄中各重金属元素均不超标，其中 Cd、Hg 的含量远低于国家限量 10 倍以上（表 6-28）。

表 6-28　酿酒葡萄中重金属含量及超标情况

检测项目	检测值（mg/kg）	平均值（mg/kg）	检出率（%）	超标率（%）	国家标准限量值（mg/kg）
Cu	0.540 ～ 2.00	1.28	100	—	
Cr	0.026 0 ～ 0.100	0.056 1	100	—	0.5（新鲜蔬菜）
Pb	0.003 50 ～ 0.120	0.034	100	0	0.2
Cd	ND ～ 0.003 20	0.001 19	74.4	0	0.05
As	0.002 59 ～ 0.016 0	0.008 73	100	0	0.5
Hg	0.000 301 ～ 0.001 38	0.000 585	100	0	0.01
Fe	0.430 ～ 1.63	0.918	100	0	—
Mn	0.620 ～ 2.89	1.27	100	0	—
Zn	4.70 ～ 18.1	8.12	100	0	—

采用单因子指数评价酿酒葡萄产地土壤重金属污染程度，选取重金属检出值最高值作为评价对象，计算得出 Cu、Cr、Pb、Cd、As、Hg 元素的 P_i 值分别为 0.06、0.000 9、0.002、0.01、0.000 7、0.03。以上 P_i 值均远小于 1，说明酿酒葡萄产地土壤无污染。

此外，对采样地的酿酒葡萄重金属含量进行分析，结果见表 6-29，可以看出，宁夏贺兰山东麓酿酒葡萄中 Cu、Zn、Mn、Fe 元素的含量在 $P < 0.01$ 和 $P < 0.05$ 水平下均呈显著正相关，Cu、Zn、Mn、Fe 是植物生长发育所需的重要营养元素。有害重金属方面，酿酒葡萄中 Cr 元素与 Cd 元素呈正相关关系，Pb、As 和 Hg 3 种重金属元素两两之间均呈极显著的正相关关系。

表 6-29　酿酒葡萄中各重金属含量相关性

元素	Cu	Cr	Pb	Cd	As	Hg	Fe	Zn	Mn
Cu	1								
Cr	0.036	1							
Pb	−0.046	−0.059	1						
Cd	0.099	0.381*	−0.164	1					
As	−0.066	−0.276	0.856**	−0.194	1				
Hg	0.017	−0.072	0.768**	−0.297	0.822**	1			
Fe	0.533**	0.205	0.24	0.058	0.043	0.189	1		
Zn	0.492**	−0.19	0.184	−0.171	0.147	0.243	0.682**	1	
Mn	0.515**	−0.01	.347*	−0.06	0.157	0.228	0.492**	0.398*	1

三、产地土壤与酿酒葡萄中重金属元素相关性分析

对上述酿酒葡萄样品相应采样区块的土壤样品进行检测，得到重金属含量见表 6-30，土壤中重金属含量标准差为 0.015 2% ～ 71.3%，变异系数为 0.14% ～ 0.86%，整体分布均匀，不同葡萄种植园土壤重金属含量差异不大。

表 6-30　酿酒葡萄产地土壤中重金属含量

检测项目	平均值（mg/kg）	标准差（%）	变异系数
Cu	19.9	4.59	0.23
Cr	48.1	11.2	0.23
Pb	14.5	5.14	0.36
Cd	0.082 1	0.070 7	0.86
As	11.5	1.58	0.14
Hg	0.03	0.015 2	0.51
Fe	24.2	2.99	0.12
Mn	468	71.3	0.15
Zn	52.1	8.88	0.17

对产地土壤中有害重金属和酿酒葡萄果实中重金属进行相关性分析，得到的结果见表 6-31，可看出酿酒葡萄中 Cr 含量与土壤中 Cr、Pb、Cd 的含量均呈负相关，相关系数分

别为 −0.448、−0.387、−0.428，说明葡萄中的 Cr 主要来源并非土壤，推测可能来自大气污染物或喷洒含有相关重金属元素的农药。庞荣丽等对土壤—葡萄体系重金属迁移规律进行了探讨，发现 Pb、Cr、As、Cu、Hg 等重金属在葡萄植株不同器官中分布情况均呈现为果实中含量最低，这种迁移关系一定程度上使得葡萄果实中重金属元素和土壤中重金属元素正相关性不强。此外，葡萄中 Pb 含量与土壤中 Cu、Pb 含量在 0.05 水平下亦呈显著负相关。As 元素含量也与土壤中 Cu、Cd、Hg 含量呈负相关关系。酿酒葡萄中其他重金属元素的含量与土壤中重金属含量并无显著相关性。

表 6–31　产地土壤和酿酒葡萄重金属含量相关性

元素	葡萄 Cu	葡萄 Cr	葡萄 Pb	葡萄 Cd	葡萄 As	葡萄 Hg
土壤 Cu	−0.028	−0.053	−0.353*	0.028	−0.363*	−0.255
土壤 Cr	−0.008	−0.448**	−0.052	−0.199	0.226	0.039
土壤 Pb	0.091	−0.387*	−0.354*	0.164	−0.131	−0.246
土壤 Cd	−0.063	−0.428**	0.281	−0.106	0.357*	0.126
土壤 As	0.183	0.113	−0.1	−0.012	−0.097	−0.052
土壤 Hg	0.279	0.308	−0.254	0.345	−.364*	−0.261

四、贺兰山东麓产区酿酒葡萄重金属元素风险评估

查询 JECFA 及 WHO 规定的 PTWI 推荐值，对部分暂时废止还未更新的 PTWI 值仍采用。据目前最新数据，人体对 Cu 的 PTWI 值为每天 0.5mg/kg；Cr、Pb、Cd、As、Hg 的 PTWI 值分别为每周 5μg/kg、25μg/kg、7μg/kg、15μg/kg、5μg/kg。以人体重 60kg 计算，可计算出人体对 Cu、Cr、Pb、Cd、As、Hg 每周摄入量为 210mg/kg、0.3mg/kg、1.5mg/kg、0.42mg/kg、0.9mg/kg、0.3mg/kg。根据酿酒葡萄出酒率 70% ～ 80% 的比例，设定人体每周摄入含有重金属元素的上述葡萄原料酿造出的葡萄酒 500mL，选取重金属含量最高值作为摄入量，计算得出每周摄入重金属含量分别为 0.64mg、0.028mg、0.017 0mg、0.000 60mg、0.004 4mg、0.000 29mg。远小于相应 PTWI 值，故认为贺兰山东麓酿酒葡萄重金属水平极低，对人体健康风险很低。

进一步计算酿酒葡萄样品 THQ 值，选取重金属含量最高值作为摄入量 C，计算得出在最大暴露水平下每日摄入重金属 THQ 值分别为 Cu 0.017，Cr 0.075，Pb 0.063，Cd 0.008，As 0.027，Hg 0.005；以上值均远小于 1，说明宁夏贺兰山东麓地区的酿酒葡萄重金属平均摄入水平是安全的。

五、结论

通过对酿酒葡萄和产地土壤中重金属含量的分析发现，贺兰山东麓酿酒葡萄产区的葡萄及产地土壤中重金属含量均处于较低水平。潘佳颖等对贺兰山东麓葡萄主产区土壤进行了检测和分析，发现 Cu、Pb、Cd 和 Cr 的平均含量分别为 32.5mg/kg、14.46mg/kg、

0.08mg/kg 和 63.93mg/kg，与本研究中采集的土壤样品重金属含量很接近。土壤单因子污染指数远小于 1，未受到重金属污染。酿酒葡萄中各重金属元素与土壤中重金属元素均无显著正相关关系，说明酿酒葡萄中重金属主要来源并非产地土壤。采用 PTMI 值和 THQ 风险系数法对酿酒葡萄进行风险评估，再次证明贺兰山东麓产区酿酒葡萄无人体健康风险，适宜作为安全的葡萄酒酿造原料。重金属元素对酿酒葡萄的品质有较大影响，本文仅仅针对安全方面对酿酒葡萄进行了评测，还需进一步探究土壤重金属对酿酒葡萄品质如维生素、糖酸比、风味物质的影响。

第五节　贺兰山东麓酿酒葡萄质量安全控制技术

一、酿酒葡萄生产

酿酒葡萄正常生产按照《酿酒葡萄生产技术规程》（NY/T 2682—2015）的技术规程实施。

二、土壤质量

土壤质量应符合《土壤环境质量　农用地土壤污染风险管控标准（试行）》（GB 15618—2018）的要求，Cd ≤ 0.6mg/kg、Hg ≤ 3.4mg/kg、As ≤ 25mg/kg、Pb ≤ 170mg/kg、Cr ≤ 250mg/kg、Cu ≤ 100mg/kg、Ni ≤ 190mg/kg、Zn ≤ 300mg/kg，贺兰山东麓酿酒葡萄产区土壤 pH 值 > 7.5。酿酒葡萄基地土壤中污染物含量等于或者低于该值的，对葡萄质量安全、作物生长或土壤生态环境的风险低，一般情况下可以忽略；超过该值时则可能存在风险，应当加强土壤环境监测和酿酒葡萄协同监测。采取以预防为主、风险控制、污染担责等措施减少污染源，使其处于安全水平。

三、灌溉水质量

农田灌溉水质量应符合《农田灌溉水质标准》（GB 5084—2021）的要求，pH 值 5.5 ～ 8.5、As ≤ 0.05mg/L、Hg ≤ 0.001mg/L、Pb ≤ 0.1mg/L、Cd ≤ 0.005mg/L、Cr ≤ 0.1mg/L、Cu ≤ 1.0mg/L，贺兰山东麓酿酒葡萄主产区的扬黄水、地下机井水、池水、窖水各类灌溉水质均应在安全阈值范围内，在水源或水源周围不得有污染源或潜在污染源。

四、重金属污染

由于缺乏酿酒葡萄中重金属限量标准，参照水果蔬菜限量，酿酒葡萄重金属污染物 Pb 含量监测符合《食品安全国家标准　食品中污染物限量》（GB 2762—2017）中浆果和其他小粒水果限量 0.2mg/kg 的要求；Cd 符合《食品安全国家标准　食品中污染物限量》

（GB 2762—2017）中新鲜水果限量 0.05mg/kg 的要求；Cr、Hg、As 参考蔬菜限量标准分别为 0.5mg/kg、0.01mg/kg、0.5mg/kg。

五、酿酒葡萄采收质量标准

酿酒葡萄采收的果实质量按照《酿酒葡萄生产技术规程》（NY/T 2682—2015）的标准要求实施。

第七章

外源因素对贺兰山东麓酿酒葡萄耕地质量与盐渍化的影响监测评价

第一节　葡萄基地建设对产区耕地质量影响评价研究

　　土壤中营养元素的丰富程度和含量高低对酿酒葡萄产量和品质具有明显的影响，高产葡萄园土壤中的碱解氮、有效磷、速效钾和水溶性钙和水溶性镁含量是低产葡萄园的两倍以上（刘昌岭等，2006；范海荣，2010）。宁夏贺兰山东麓土壤全氮含量非常低，基本处于全国土壤肥力评价最低级别的六级水平以下，矿化供氮能力非常低，氮矿化量平均只占全氮的 3.1%，除 K、Ca 较丰富之外，N、P、Cu、Fe、Zn、B 都呈缺乏状态，造成酿酒葡萄对某些营养元素的吸收障碍（孙权等，2009；王探魁，2011）。

　　近年来，农田的产投比远低于第二次土壤普查结果（贾文珠，2004）。因此，本文参照《第二次全国土壤普查技术规程》结合美国 Terra Spase 葡萄园土壤分析管理公司的标准制定了酿酒葡萄种植土壤养分标准，见表 7-1。

表 7-1　酿酒葡萄园土壤养分含量分级与丰缺度

级别	有机质（g/kg）	全氮（g/kg）	全磷（g/kg）	全钾（g/kg）	碱解氮（g/kg）	有效磷（g/kg）	速效钾（g/kg）
1	> 40	> 2	> 1	> 25	> 150	> 40	> 200
2	30 ~ 40	1.5 ~ 2	0.8 ~ 1	20.1 ~ 25	120 ~ 150	20 ~ 40	150 ~ 200
3	20 ~ 30	1 ~ 1.5	0.6 ~ 0.8	15.1 ~ 20	90 ~ 120	10 ~ 20	100 ~ 150
4	10 ~ 20	0.75 ~ 1	0.4 ~ 0.6	10.1 ~ 15	60 ~ 90	5 ~ 10	50 ~ 100
5	6 ~ 10	0.5 ~ 0.75	0.2 ~ 0.4	5.1 ~ 10	30 ~ 60	3 ~ 5	30 ~ 60
6	< 6	< 0.5	< 0.2	< 5	< 30	< 3	< 30

注：摘自王锐《贺兰山东麓土壤特征及其与酿酒葡萄生长品质关系研究》，2016。

　　本研究以贺兰山东麓大面积分布的 1 年、3 年、5 年、10 年及 15 ~ 20 年老龄葡萄农田为供试对象，自 2016 年以来课题组共采集检测葡萄鲜果 110 份，葡萄酒 100 余份，葡萄叶 21 份，土样 151 份，灌溉水质 19 份，肥料 3 份，风沙风蚀样 1 265 份。以玉米地、荒草地、林地等为对照，分别对不同深度耕作层内耕地有机质、硝态氮、pH值、全盐、全氮、全磷、全钾、速效氮、速效磷、速效钾质量与盐渍化程度进行持续动态监测研究，分类评价并明确不同种植年限对葡萄耕地质量的影响。

一、不同用地类型土壤pH值变化

由图7-1可知，40～60cm、0～60cm深度上，生态造林地的pH值最高，1年经济林地的pH值最低；各用地类型之间的pH值存在显著差异。0～20cm深度上，2年经济林地的pH值高于其他类型用地的土壤pH值。各用地类型pH值之间存在显著差异（$P < 0.05$），由高到低为2年经济林地＞耕地＞裸地＞生态造林地＞1年经济林地。20～40cm深度，生态造林地的土壤pH值显著高于其余用地类型；各用地类型pH值由高到低为生态造林地＞耕地＞2年经济林地＞裸地＞1年经济林地。

由图7-2可知，裸地与1年经济林地的pH值在0～20cm处最低，与其余两个土层之间的pH值存在差异。耕地的土壤pH值在20～40cm处最高，0～20cm处最低；随着土层加深，土壤pH值先上升后下降。生态造林地的3个土层的pH值存在显著差异（$P < 0.05$），随土层增加而增加。2年经济林地的土壤pH值在20～40cm处最低，与其余2个土层之间存在显著差异。

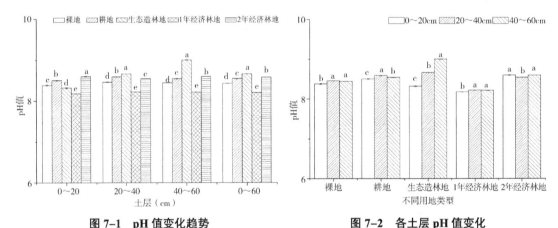

图7-1　pH值变化趋势　　　　　　　图7-2　各土层pH值变化

（不同小写字母表示同一土层不同用地类型间存在差异，　（不同小写字母表示同一用地类型不同土层间存在差异，下同）　　　　　　　　　　　　下同）

二、不同用地类型土壤电导率变化

由图7-3可知，0～60cm深度，2年经济林地的电导率数值最大，各用地类型的电导率数值由高到低为2年经济林地＞1年经济林地＞裸地≈耕地＞生态造林地。0～20cm深度，2年经济林地的电导率数值高于其余用地类型；裸地与耕地的电导率数值低于其他用地类型。20～40cm深度，1年经济林地的电导率最高，耕地的最低；各用地类型的电导率间存在显著差异。40～60cm深度，耕地的电导率高于其他4个用地类型，生态造林地的电导率最低。

由图 7-4 可知，裸地的电导率在 0 ～ 20cm 处最低，且随着土壤深度加深，电导率呈增加趋势。耕地的电导率在 40 ～ 60cm 处最大，与其余 2 个土层的电导率存在显著差异。生态造林地与 2 年经济林地的电导率在 0 ～ 20cm 处最大，40 ～ 60cm 最小；随着土层加深，土壤电导率降低。

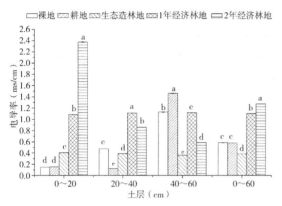

图 7-3　电导率值变化趋势　　　　　图 7-4　各土层电导率值变化

三、不同用地类型土壤有机质变化

图 7-5 表明，0 ～ 60cm 土层，裸地的有机质含量高于其他 4 个用地类型有机质含量；5 种用地类型的有机质含量存在差异，从高到低为裸地＞生态造林地＞耕地≈1 年经济林地＞2 年经济林地。0 ～ 20cm 深度，裸地有机质含量最高，1 年经济林地最低。20 ～ 40cm 深度，生态造林地最高，裸地最低。裸地在 40 ～ 60cm 时最高，与其余 4 种用地类型的有机质含量存在显著差异（$P < 0.05$）。

由图 7-6 可知，裸地的有机质含量在 0 ～ 20cm 处最高，20 ～ 40cm 最低；耕地在 40 ～ 60cm 最低，与其余 2 个土层存在差异。1 年经济林地的有机质含量在 0 ～ 20cm 最低，与 20 ～ 40cm、40 ～ 60cm 土层差异显著。生态造林地与 2 年经济林地的有机质含量在 0 ～ 20cm 最大，40 ～ 60cm 最小，随着土层加深，有机质含量呈降低趋势。

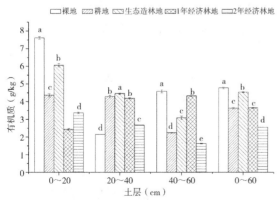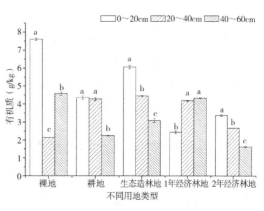

图 7-5　有机质值变化趋势　　　　　图 7-6　各土层有机质值变化

四、不同用地类型土壤全氮变化

图 7-7 表明，20～40cm、0～60cm 深度，裸地的全氮含量最高，2 年经济林地最低。5 种用地类型土壤全氮含量由高到低为裸地＞生态造林地＞1 年经济林地＞耕地＞2 年经济林地。0～20cm 深度，裸地的全氮含量最高，2 年经济林地的全氮含量最低；5 种用地类型的全氮含量由高到低为裸地＞生态造林地＞耕地＞1 年经济林地＞2 年经济林地。40～60cm 2 年经济林地最低，与其余 4 种用地类型的全氮含量之间存在差异。

由图 7-8 可知，除 1 年经济林地之外，其他用地类型的全氮含量都在 0～20cm 处最高，40～60cm 处最低；随着土层加深，全氮含量呈降低趋势。1 年经济林地的全氮含量在 20～40cm 处最高，0～20cm 最低；3 个土层的全氮含量存在显著差异（$P < 0.05$）。

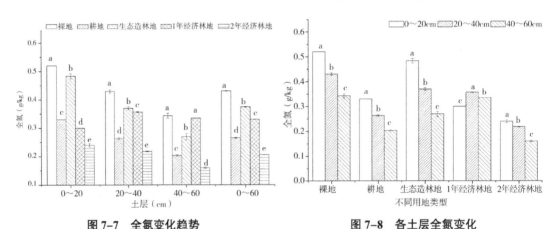

图 7-7　全氮变化趋势　　　　　　　图 7-8　各土层全氮变化

五、不同用地类型土壤全磷变化

由图 7-9 可知，5 种用地类型土壤全磷含量由高到低为 1 年经济林地＞2 年经济林地＞耕地＞生态造林地＞裸地。20～40cm、40～60cm、0～60cm 土层，1 年经济林地的全磷含量高于其余 4 种用地类型；裸地的全磷含量最低；5 种不同用地类型的全磷含量存在差异。0～20cm 深度，耕地与 2 年经济林地全磷含量较低，与其余用地类型存在差异。

图 7-10 表明，裸地、耕地、生态造林地、2 年经济林地的全磷含量在 0～20cm 土层最高，与 20～40cm、40～60cm 土层差异显著（$P < 0.05$）；随着土层加深，全磷含量呈降低趋势。1 年经济林地的全磷含量在 40～60cm 时最大，与 0～20cm、20～40cm 的土壤全磷含量存在显著差异（$P < 0.05$），随着土层增加而增加。

六、不同用地类型土壤全钾变化

图 7-11 表明，5 种用地类型土壤全钾含量由高到低为 2 年经济林地＞生态造林地＞1 年经济林地＞耕地＞裸地。40～60cm、0～60cm 土层，5 种用地类型的全钾含量之间

存在显著差异（$P < 0.05$），2 年经济林地的全钾含量最高，裸地最低。0 ～ 20cm 深度上，裸地与生态造林地的全钾含量最高，与耕地、1 年经济林地、2 年经济林地的全钾含量之间差异显著（$P < 0.05$）。20 ～ 40cm 深度上，生态造林地与 2 年经济林地全钾含量较高。

图 7-12 表明，裸地与耕地的全钾含量在 0 ～ 20cm 处最高，随土层加深呈降低趋势。生态造林地的全钾含量在 40 ～ 60cm 处最低，与 0 ～ 20cm、20 ～ 40cm 土层差异显著（$P < 0.05$）。2 年经济林地的全钾含量在 0 ～ 20cm 最小，40 ～ 60cm 处最大，随土层增加而增加。

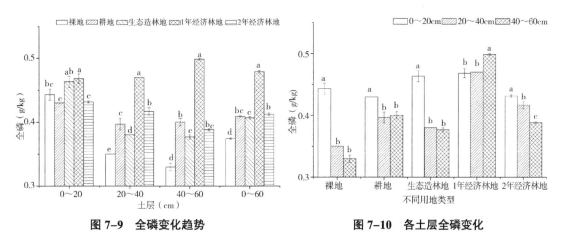

图 7-9　全磷变化趋势　　　　　　　图 7-10　各土层全磷变化

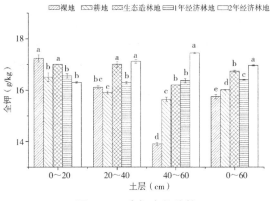

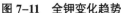

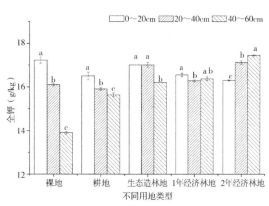

图 7-11　全钾变化趋势　　　　　　　图 7-12　各土层全钾变化

七、不同用地类型土壤速效氮变化

图 7-13 表明，5 种用地类型土壤速效氮含量由高到低为 1 年经济林地＞ 2 年经济林地＞裸地＞生态造林地＞耕地。40 ～ 60cm、0 ～ 60cm 深度中，1 年经济林地的速效氮含量高于其他 4 种用地类型，耕地的速效氮含量最低；5 种用地类型的速效氮含量之间差异显著（$P < 0.05$）。0 ～ 20cm 深度，2 年经济林地的速效氮含量最高；5 种用地类型的速效氮含量依次为 2 年经济林地＞ 1 年经济林地＞裸地＞生态造林地＞耕地。20 ～ 40cm 深

度，1年经济林地的速效氮含量最高，耕地与生态造林地较低。

据图7-14可知，裸地的速效氮含量在20～40cm最高，40～60cm处最低，3个土层之间存在显著差异（$P < 0.05$）；1年经济林地的速效氮含量在20～40cm处最高，0～20cm最低；裸地与1年经济林地的速效氮含量都随土层加深呈先增后降趋势。耕地、生态造林地、2年经济林地的速效氮含量随土层加深呈降低趋势，均在0～20cm处最高。

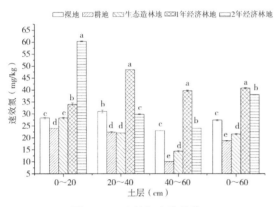

图7-13 速效氮变化趋势　　　　　图7-14 各土层速效氮变化

八、不同用地类型土壤速效磷变化

图7-15表明，5种用地类型土壤速效磷含量依次为2年经济林地＞生态造林地＞1年经济林地＞裸地＞耕地。0～20cm、20～40cm、0～60cm土层，2年经济林地的速效磷最高，耕地最低；不同用地类型的速效磷含量间存在差异（$P < 0.05$）。40～60cm深度中，生态造林地与2年经济林地的速效磷含量较高，与其余3种用地类型的速效磷含量差异显著（$P < 0.05$）；5种不同类型的速效磷含量由高到低为生态造林地≈2年经济林地＞1年经济林地＞裸地＞耕地。

图7-16表明，裸地与生态造林地的速效磷含量在0～20cm处最高，与20～40cm、40～60cm土层的速效磷含量存在差异。耕地的速效磷含量在0～20cm最高，

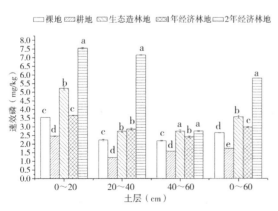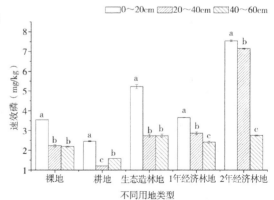

图7-15 速效磷变化趋势　　　　　图7-16 各土层速效磷变化

20 ～ 40cm 最低；随着土层加深，耕地的速效磷含量呈先降后升趋势。1 年经济林地与 2 年经济林地的速效磷含量在 0 ～ 20cm 最大，40 ～ 60cm 时最小；3 个土层的速效磷含量存在显著差异（$P < 0.05$），随土层加深而降低。

九、不同用地类型土壤速效钾变化

图 7-17 表明，5 种用地类型土壤速效钾含量由高到低为生态造林地＞1 年经济林地＞2 年经济林地＞裸地＞耕地。0 ～ 60cm 深度，不同用地类型的速效钾含量差异显著（$P < 0.05$），其中生态造林地的速效钾含量最大，耕地最小。0 ～ 20cm 深度，生态造林地的速效钾含量高于其余用地类型；5 种用地类型的速效钾含量由高到低为生态造林地＞裸地＞1 年经济林地＞2 年经济林地＞耕地。20 ～ 40cm 深度，1 年经济林地的速效钾含量最高，耕地最低；5 种不同用地类型的速效钾含量间存在显著差异（$P < 0.05$）。40 ～ 60cm 深度上，1 年经济林地的速效钾含量最高，裸地最低；5 种用地类型的速效钾含量由高到低为 1 年经济林地＞生态造林地＞2 年经济林地＞耕地＞裸地。

据图 7-18 可知，裸地、耕地、生态造林地的速效钾含量存在显著差异（$P < 0.05$），随土层加深而降低，在 0 ～ 20cm 处最高，40 ～ 60cm 最低。1 年经济林地的速效钾含量在 20 ～ 40cm 处最高，0 ～ 20cm 最低；2 年经济林地的速效钾含量在 40 ～ 60cm 处最低，与其余 2 个土层的速效钾含量存在显著差异（$P < 0.05$）。

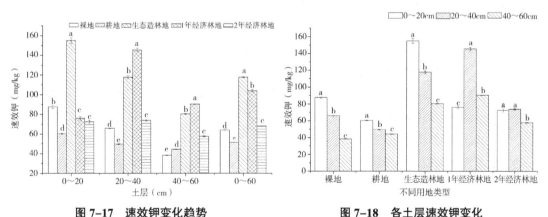

图 7-17　速效钾变化趋势　　　　图 7-18　各土层速效钾变化

第二节　外源因素对葡萄耕地质量与盐渍化的影响

以外源灌溉水源、有机肥料、农家肥、化学肥料等为主要监测对象，在贺兰山东麓大面积分布成龄葡萄农田种植基地分类采样后进行化验分析，重点检测外源材料全盐、pH 值、硝态氮等主要影响耕地质量的指标，结合年施用量，分类计算不同外源介质对葡萄耕地质量影响程度，为制定合理的田间管理措施提供理论依据。

一、葡萄基地、灌溉水质及葡萄硝态氮 NO$_3^-$–N 含量检测与评价

1. 葡萄基地土壤硝态氮 NO$_3^-$–N 含量的影响

以贺兰山东麓大面积分布不同林龄、不同产区葡萄基地硝态氮 NO$_3^-$–N 含量为重点调查对象，玉米农田、枸杞农田等典型耕作农田为对照，开展了贺兰山葡萄基地硝态氮含量取样检测分析。分类采样后进行化验分析，调查检测不同葡萄基地土壤硝态氮 NO$_3^-$–N 含量现状，为制定合理的田间管理措施提供理论依据。

秦遂初等（1988）研究了蔬菜地土壤障碍的诊断指标，指出蔬菜地土壤 NO$_3^-$–N 累积量在 0 ～ 33.8mg/kg 内为安全范围，45.2mg/kg 为污染临界点，超过 67.7mg/kg 为严重污染水平。通常认为，地下水中 NO$_3^-$–N 的浓度超过 3.0mg/L 时，便是由人类活动造成的。国际上对饮用水中 NO$_3^-$–N 含量的最大允许值（Maximum acceptable concentration，MAC）有多个标准，最常用的有 2 个，即美国标准为 10mg/L；世界卫生组织（WHO）制定的标准为 11.3mg/L。中国规定饮用地下水源的Ⅲ类标准 NO$_3^-$–N 浓度为 20mg/L［《地下水质量标准》（GB/T 14848—2017）］。相关医学研究表明，饮用水 NO$_3^-$–N 含量超过 20mg/L 时，将会危及人类健康（崔敏等，2012）。硝态氮施用过多，还会降低果实品质（王建飞等，2007）。由于葡萄基地及灌溉水质未有相应的限量标准，因此借助秦遂初等（1988）蔬菜地土壤 NO$_3^-$–N 含量作为判定标准进行了分类评价。

（1）不同农田土壤硝态氮 NO$_3^-$–N 含量检测与评价

对 25 个贺兰山东麓农田土壤 0 ～ 20cm 处硝态氮含量进行调查，结果表明，各类农田土壤硝态氮含量介于 1.12 ～ 75.5mg/kg，平均含量 12.97mg/kg，其中玉米农田硝态氮为 20.8mg/kg，枸杞农田硝态氮为 75.5mg/kg。参照秦遂初等（1988）蔬菜地标准调查分析可知，在污染临界值（45.2mg/kg）以上的有 2 个，占总体的 8%，严重污染水平（67.7mg/kg）的有 1 个，为 15 号枸杞地，达到了 75.5mg/kg，占比为 4%。在调查的 23 个葡萄基地样地中，0 ～ 20cm 深葡萄基地硝态氮含量介于 1.12 ～ 51mg/kg，整体在安全指标范围内，但有一个样地处于污染临界值范围。因此还需注重和加大相关质量安全的调查监测（图 7–19）。

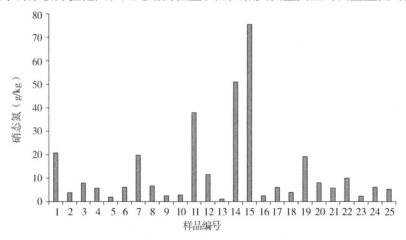

图 7–19 不同葡萄基地硝态氮含量检测结果

（2）不同调查样地土壤硝态氮 NO$_3^-$-N 含量检测与评价（图7-20）

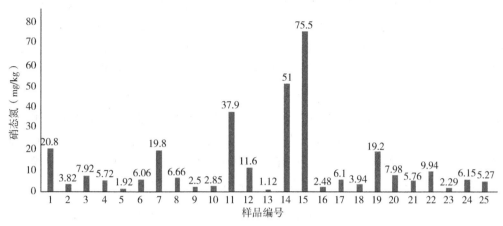

图7-20　葡萄基地硝态氮含量检测结果统计（略去对应样地名称）

（3）不同林龄葡萄基地土壤硝态氮 NO$_3^-$-N 含量检测与评价

调查可知，0～20cm深度，葡萄基地硝态氮含量在1.12～58.5mg/kg，在8年时葡萄基地硝态氮含量达最大值58.5mg/kg，其次是3年和1年，分别为53.6mg/kg、45.6mg/kg，6年葡萄林地最小，为1.12mg/kg，1～8年葡萄基地硝态氮含量依次为8年＞3年＞1年＞5年＞4年＞6年；8～18年葡萄基地随林龄的增长硝态氮含量整体呈下降趋势，13～18年硝态氮含量趋于6mg/kg左右（图7-21）。

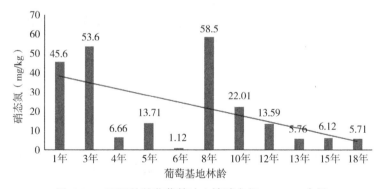

图7-21　不同林龄葡萄基地土壤硝态氮 NO$_3^-$-N 含量

2. 葡萄基地灌溉水硝态氮 NO$_3^-$-N 含量检测与评价

近年来，由于城市化、工业化进程加快，人口快速增长，废弃物大量排放，化肥施用量增加，导致地下水等硝态氮污染问题日益严重。针对葡萄基地灌溉水硝态氮含量检测及污染状况评价开展研究。

不同灌溉水源类型硝态氮含量最大值表通过对不同灌溉水源的19个样本进行了检测，其中2个地下水样本、1个沟水样本硝态氮含量超过了10mg/L，取每个类型最大硝态氮含量进行列表评价，表7-2表明，葡萄灌溉水硝态氮质量浓度最高为16.7mg/L，最低为

2.43mg/L，对照世界卫生组织（WHO）规定的饮用水硝态氮限值 10mg/L，所采集的水样品超标率达到 15.8%，其中，地下水硝态氮污染最严重（超标率为 10.5%），其次为沟水（超标率为 5.3%），其他水硝态氮无污染。灌溉水硝态氮的主要来源有生活污水、工业废水、农业化肥等。灌溉水硝态氮的空间分布与人类活动密切相关。由于葡萄基地为主要农业生产区域，存在农业化肥等外源因素，导致地下水硝态氮浓度较高。按照《地下水质量标准》（GB/T 14848—2017）规定，Ⅰ类地下水水质为硝态氮含量 ≤ 2.0mg/L；Ⅱ类水质为硝态氮含量 ≤ 5.0mg/L；Ⅲ类水质为硝态氮含量 ≤ 20.0mg/L；Ⅳ类水质为硝态氮含量 ≤ 30.0mg/L；Ⅴ类水质为硝态氮含量 > 30.0mg/L。由此可见葡萄农田灌溉水质总体符合Ⅲ类地下水质，状况较好，综合污染指数均小于 1，灌溉水质均符合农业灌溉水水质要求，作为灌溉水是安全可靠的。综上所述，贺兰山葡萄基地灌溉水质安全，适宜灌溉，但不适宜饮用。

表 7-2　不同灌溉水源类型硝态氮含量最大值

水样类型	硝态氮（mg/L）
地下水	16.7
黄河水	4.77
池水	4.23
沟水	12.91
窖水	2.43

3. 酿酒葡萄原料硝态氮 NO_3^-–N 含量检测与评价

由图 7-22 可知，各葡萄样品硝态氮含量介于 45.6 ～ 90.4mg/kg，平均含量为 63.15mg/kg。因查阅文献等资料中未发现有关于葡萄果实硝态氮含量的限定标准，故建议制定关于葡萄果实的硝态氮质量安全限定标准。

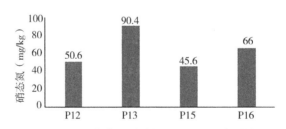

图 7-22　酿酒葡萄原料硝态氮 NO_3^-–N 含量检测

二、不同灌溉年限（葡萄林龄）对葡萄基地土壤 pH 值、全盐、电导率的影响

1. pH 值

由图 7-23 可知，0 ～ 20cm 深度，葡萄基地林龄在 1 ～ 22 年间 pH 值的变化范围是 8.03 ～ 8.45，均为碱性土，其中 13 年葡萄基地的 pH 值最大为 8.45，其次是 6 年和 10 年，pH 值分别为 8.43、8.41，3 年时 pH 值最小，为 8.03。总体来看，13 年 > 6 年 > 10 年 > 20 年 = 22 年 > 5 年 > 9 年 > 4 年 > 18 年 > 12 年 > 7 年 > 8 年 > 1 年 > 3 年，pH 值随

林龄的增长有增大趋势。

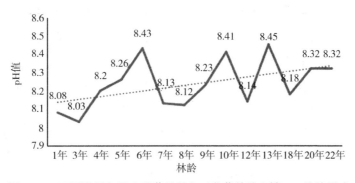

图 7-23　不同灌溉年限（葡萄林龄）对葡萄基地土壤 pH 值的影响

2. 全盐

调查可知，0～20cm 深度，葡萄基地全盐含量在 0.39～1.36g/kg。1 年葡萄基地全盐含量最高，为 1.36g/kg，其次是 3 年（1.13g/kg），13 年最小，为 0.39g/kg，1～6 年林龄的葡萄基地全盐含量呈下降趋势，1 年＞3 年＞5 年＞6 年；8～18 年葡萄基地随林龄的增长全盐含量无明显变化趋势，从总体来看，全盐有降低的趋势（图 7-24）。

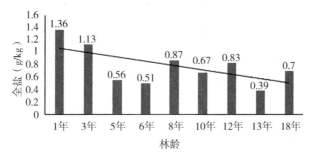

图 7-24　不同灌溉年限（葡萄林龄）对葡萄基地土壤全盐的影响

3. 电导率

由图 7-25 可知，0～20cm 深度，4～22 年葡萄基地的电导率值为 0.082～0.297ms/cm。其中 7 年葡萄基地的电导率最大，为 0.297ms/cm。不同林龄电导率数值由高到低为 7 年＞4 年＞9 年＞5 年＞20 年＞13 年＞22 年；林龄 4～7 年，电导率先下降后上升，7～22 年电导率呈下降趋势且最后稳定在 0.082ms/cm 左右。

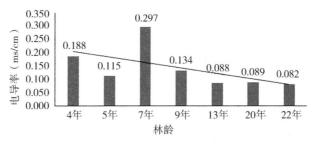

图 7-25　不同灌溉年限（葡萄林龄）对葡萄基地土壤电导率的影响

三、不同灌溉水源的重金属含量及对葡萄基地土壤安全的影响监测评价

分别于 2016—2018 年在宁夏贺兰酿酒葡萄主产区红寺堡、青铜峡、贺兰山、玉泉营等地区的扬黄水、地下机井水、池水、窖水各类水质进行了采样，对 As、Hg、Pb、Cd、Cr、Cu 各类重金属含量进行了化验分析。调查可得，As 整体含量为 2.07～7.8μg/L、Hg含量为 0.028～0.264μg/L、Cr 含量为 ND～32μg/L。Pb、Cd、Cu 均未检出。其中地下井水的 As 含量为 2.07～7.8μg/L、Hg 含量为 0.029～0.264μg/L、Cr 含量为 ND～32μg/L；引黄水的 As 含量为 2.26～7.78μg/L，Hg 含量为 0.028～0.23μg/L，Cr 含量为 ND～10μg/L，Pb、Cd、Cu 均未检出。参照《农田灌溉水质标准》（GB 5084—2021），所测各类灌溉水质均在安全阈值范围内，说明葡萄主产区井水、引黄灌水等水质均安全可靠（表 7-3）。

表 7-3 葡萄基地灌溉水重金属含量监测（单位：μg/L）

水资源类型	As	Hg	Pb	Cd	Cr	Cu
地下井水 1	7.8	0.03	ND	ND	1.678	ND
地下井水 2	3.6	0.032	ND	ND	1.018	ND
地下井水 3	2.65	0.029	ND	ND	ND	ND
地下井水 4	2.07	0.068	ND	ND	ND	ND
地下井水 5	2.58	0.264	ND	ND	5	ND
地下井水 6	3.34	0.191	ND	ND	32	ND
地下井水 7	3.89	0.168	ND	ND	5.8	ND
地下井水 8	2.82	0.086	ND	ND	ND	ND
地下井水 9	3.08	0.093	ND	ND	ND	ND
地下井水 10	2.44	0.078	ND	ND	ND	ND
浅层地下水	2.8	0.028	ND	ND	ND	ND
地表水	2.69	0.03	ND	ND	ND	ND
引黄灌溉水 1	2.5	0.028	ND	ND	ND	ND
引黄灌溉水 2	7.78	0.068	ND	ND	ND	ND
引黄灌溉水 3	3.16	0.053	ND	ND	ND	ND
扬黄池水 1	7.8	0.23	ND	ND	0.72	ND
扬黄池水 2	2.26	0.211	ND	ND	2.1	ND
引黄渠水	4.58	0.19	ND	ND	10	ND
扬黄窖水	4.05	0.167	ND	ND	ND	ND
标准 GB 5084—2021	≤ 50	≤ 1	≤ 100	≤ 5	≤ 100	≤ 1 000

第三节　葡萄基地有机肥施用对土壤全盐、重金属的影响

对采集到的有机肥、pH值、全盐进行检测分析，发现2816号样品pH值为9.65，全盐含量为30.64g/kg，属于高pH值、高盐肥料。另外两个有机肥全盐量也在21.46～30.4g/kg，含盐量较高。重金属As含量为5.28～6.92mg/kg，Hg含量为0.034 1～0.112mg/kg，Pb含量为13.8～18.8mg/kg，Cd含量为0.129～0.184mg/kg，Cr含量为30.6～37.1mg/kg，Cu含量为16.5～40.2mg/kg，铁含量为10.0～15.6g/kg（表7-4）。

表7-4　葡萄基地有机肥重金属含量监测

有机肥	采样地点	As（mg/kg）	Hg（mg/kg）	Pb（mg/kg）	Cd（mg/kg）	Cr（mg/kg）	Cu（mg/kg）	Fe（g/kg）	pH值	全盐（g/kg）
2748	迎宾酒庄葡萄基地	6.92	0.034 1	13.8	0.129	33.2	16.5	15.6	7.28	30.4
2816	玉泉营七队农户	5.28	0.065 6	14.8	0.184	30.6	27.6	10	9.65	30.64
2817	七泉沟	5.34	0.112	18.8	0.13	37.1	40.2	13.4	8.24	21.46

第八章 宁夏贺兰山东麓酿酒葡萄农药残留研究

第一节 贺兰山东麓酿酒葡萄中农药残留研究

酿酒葡萄中农药残留量与质量安全评价按照《食品安全国家标准 食品中农药最大残留限量》（GB 2763—2021）。同时，也参照了《土壤环境质量 农用地土壤污染风险管控标准（试行）》（GB 15618—2018）相关标准（表8-1）。

表 8-1 农用地土壤污染风险筛选值（其他项目）（单位：mg/kg）

序号	污染物项目	风险筛选值
1	六六六总量①	0.10
2	滴滴涕总量②	0.10
3	苯比芘	0.55

注：①六六六总量为 α－六六六、β－六六六、γ－六六六、δ－六六六四种异构体的含量总和；
②滴滴涕总量为 ρ，ρ′－滴滴伊、ρ，ρ′－滴滴滴、ο，ρ′－滴滴涕三种衍生物的含量总和。

一、2016 年调查结果

分别在 2016 年 7 月 2 日、9 月 20 日及时收集了 1 年、3 年、5 年、8 年、10 年、18 年等不同林龄的葡萄基地上全株鲜样、鲜叶、鲜果等植株样品，为开展不同时期农药施用、重金属等影响酿酒葡萄主要质量安全风险监测研究提供了有代表性的供试对象。

1. 葡萄生长中期产品品质与质量安全监测评价

（1）鲜果农残

从 7 月 2 日采集到的葡萄植株鲜果农药残留检测结果表明，贺兰山七泉沟 8 年鲜果中吡虫啉浓度为 0.10mg/kg。送检的葡萄检测涉及的 108 种农药，除上述样品检测到吡虫啉外，其他均未检出。

（2）鲜叶农残

从 7 月 2 日采集到的葡萄植株鲜叶中农药残留检测结果表明，贺兰山七泉沟 8 年鲜叶中吡虫啉浓度为 0.38mg/kg；啶虫脒浓度为 0.15mg/kg；氯氟氰菊酯、嘧菌酯、烯酰吗啉均在贺兰山百胜王朝 3 年鲜叶中检出，浓度分别为 0.12mg/kg、0.14mg/kg、0.013mg/kg。送检的 108 种农药中，其他均未检出。

（3）全株农残

从 7 月 2 日采集到的葡萄植株鲜叶中农药残留检测结果表明（表 8-2），贺兰山七泉沟 8 年鲜果和 8 年鲜叶两个样品中吡虫啉浓度分别为 0.10mg/kg 和 0.38mg/kg；啶虫脒在贺兰山七泉沟 8 年鲜叶中检出，浓度为 0.15mg/kg；氯氟氰菊酯、嘧菌酯、烯酰吗啉在贺兰山百胜王朝 3 年鲜叶中检出，浓度分别为 0.12mg/kg、0.14mg/kg、0.013mg/kg。送检的108 种农药中，其他均未检出。

表 8-2　葡萄生长中期植株农药残留检测结果

样品名称	吡虫啉（mg/kg）	啶虫脒（mg/kg）	氯氟氰菊酯（mg/kg）	嘧菌酯（mg/kg）	烯酰吗啉（mg/kg）
贺兰山七泉沟 8 年鲜果	0.1	未检出	未检出	未检出	未检出
百胜王朝鲜果	未检出	未检出	未检出	未检出	未检出
美御 3 年鲜果	未检出	未检出	未检出	未检出	未检出
贺兰山七泉沟 8 年鲜叶	0.38	0.15	未检出	未检出	未检出
美御 3 年鲜叶	未检出	未检出	未检出	未检出	未检出
美御 1 年鲜叶	未检出	未检出	未检出	未检出	未检出
百胜王朝贺兰山 3 年鲜叶	未检出	未检出	0.12	0.14	0.013
果实最大残留限量	无	2	0.3	5	5

注：108 种农药中，其他农药均未检出。采样日期为 2016 年 7 月 2 日。

2. 成熟期葡萄叶片样品农药残留监测检验

成熟期采集到的葡萄叶片样品中农药残留检测结果表明（表 8-3），多菌灵、吡唑醚菌酯、氯氟氰菊酯、烯酰吗啉最为常见，在检测的 5 个样品中均检测到，浓度分别为 0.015 ～ 1.6mg/kg、0.15 ～ 0.28mg/kg、2.6 ～ 5.8mg/kg、0.29 ～ 74mg/kg；腐霉利、戊唑醇、嘧菌酯在 2 ～ 3 个样品中测到，含量分别为 0.036 ～ 18mg/kg、0.010 ～ 0.051mg/kg、0.77 ～ 1.1mg/kg；七泉沟基地葡萄叶片测到嘧霉胺、乙霉威、已唑醇、异菌脲、氰戊菊酯、苯醚甲环唑、克菌丹；玉泉营 10 年、18 年葡萄基地分别测到了敌敌畏、嘧霉胺、甲霜灵、乙霉威、三唑酮、苯醚甲环唑、哒螨灵、异菌脲。由于最林残留限量为果实限值，叶片数据仅供参考。送检的 108 种农药中，其他均未检出。

表 8-3　葡萄叶片农药残留检测结果

样品名称	多菌灵（mg/kg）	吡唑醚菌酯（mg/kg）	氯氟氰菊酯（mg/kg）	烯酰吗啉（mg/kg）	腐霉利（mg/kg）	戊唑醇（mg/kg）	嘧菌酯（mg/kg）
贺兰山美御 3 年葡萄叶	0.018	0.19	3.8	0.29	未检出	未检出	未检出
兰一酒庄 5 年葡萄叶	1.6	0.22	4.7	74	0.036	0.051	0.77
贺兰山七泉沟 8 年葡萄叶	1.5	0.21	4	15	18	未检出	1.1

续表

样品名称	多菌灵（mg/kg）	吡唑醚菌酯（mg/kg）	氯氟氰菊酯（mg/kg）	烯酰吗啉（mg/kg）	腐霉利（mg/kg）	戊唑醇（mg/kg）	嘧菌酯（mg/kg）
玉泉营 10 年葡萄叶	0.015	0.15	2.6	1.6	未检出	未检出	未检出
玉泉营 18 年葡萄叶	0.02	0.28	5.8	5.9	0.36	0.01	未检出
果实最大残留限量	无	2	0.3	5	5	2	5

注：108 种农药中，其他农药均未检出。采样日期为 2016 年 9 月 19 日。

从葡萄叶片样品农药残留检测结果表明（表 8-4），七泉沟基地葡萄叶片测到嘧霉胺 1.1mg/kg、乙霉威 0.90mg/kg、己唑醇 0.98mg/kg、异菌脲 8.9mg/kg、氰戊菊酯 5.2mg/kg、苯醚甲环唑 0.5mg/kg。克菌丹（12mg/kg）超出其最大残留限量 5mg/kg。由于最大残留限量为果实限值，叶片数据仅供参考。

表 8-4　葡萄叶片农药残留检测结果

样品名称	嘧霉胺（mg/kg）	乙霉威（mg/kg）	己唑醇（mg/kg）	异菌脲（mg/kg）	氰戊菊酯（mg/kg）	苯醚甲环唑（mg/kg）	克菌丹（mg/kg）
贺兰山七泉沟 8 年葡萄叶	1.1	0.9	0.98	8.9	5.2	0.5	12
果实最大残留限量	4	无	0.1	10	0.2	无	5

注：108 种农药中，其他农药均未检出。采样日期为 2016 年 9 月 19 日。

从葡萄叶片样品农药残留检测结果表明（表 8-5），玉泉营 10 年葡萄基地测到了敌敌畏 0.012mg/kg、嘧霉胺 0.48mg/kg、甲霜灵 0.11mg/kg、乙霉威 4.4mg/kg、三唑酮 2.1mg/kg、苯醚甲环唑 0.028mg/kg、哒螨灵 0.47mg/kg，均在果实最大残留限量之内。

表 8-5　葡萄叶片农药残留检测结果

样品名称	敌敌畏（mg/kg）	嘧霉胺（mg/kg）	甲霜灵（mg/kg）	乙霉威（mg/kg）	三唑酮（mg/kg）	苯醚甲环唑（mg/kg）	哒螨灵（mg/kg）
玉泉营 10 年葡萄叶	0.012	0.48	0.11	4.4	2.1	0.028	0.47
果实最大残留限量	0.2	4	1	无	10	无	无

注：108 种农药中，其他农药均未检出。采样日期为 2016 年 9 月 19 日。

从葡萄叶片样品农药残留检测结果表明（表 8-6），玉泉营 18 年葡萄基地测到了敌敌畏 0.014mg/kg、嘧霉胺 3.0mg/kg、乙霉威 0.23mg/kg、三唑酮 7.6mg/kg、苯醚甲环唑 0.019mg/kg、哒螨灵 0.35mg/kg、异菌脲 0.034mg/kg，均在最大残留限量之内。

表 8-6　葡萄叶片农药残留检测结果

样品名称	敌敌畏（mg/kg）	嘧霉胺（mg/kg）	乙霉威（mg/kg）	三唑酮（mg/kg）	苯醚甲环唑（mg/kg）	哒螨灵（mg/kg）	异菌脲（mg/kg）
玉泉营 18 年葡萄叶	0.014	3	0.23	7.6	0.019	0.35	0.034
果实最大残留限量	0.2	4	无	10	无	无	10

注：108 种农药中，其他农药均未检出。采样日期为 2016 年 9 月 19 日。

3. 成熟期葡萄农药残留监测检测

对成熟期葡萄样品中农药残留检测结果表明（表8-7），烯酰吗啉含量在0.012～0.051mg/kg，分别在兰一酒庄5年葡萄、七泉沟8年葡萄、玉泉营10年葡萄测出；嘧霉胺0.023～0.13mg/kg，分别在七泉沟8年葡萄、玉泉营10年葡萄、玉泉营18年葡萄中测出；乙霉威0.019mg/kg，在玉泉营10年葡萄中测出；三唑酮0.013mg/kg，在玉泉营18年葡萄中测出；腐霉利0.012mg/kg、克菌丹0.050mg/kg、异菌脲0.014mg/kg和氰戊菊酯0.055mg/kg均在七泉沟8年葡萄中测出。108种农药中，其他均未检出。

表8-7 葡萄中农药残留检测结果

样品名称	烯酰吗啉（mg/kg）	嘧霉胺（mg/kg）	乙霉威（mg/kg）	三唑酮（mg/kg）	腐霉利（mg/kg）	克菌丹（mg/kg）	异菌脲（mg/kg）	氰戊菊酯（mg/kg）
贺兰山美御3年葡萄	未检出	未检出	未检出	未检出	未检出	未检出	未检出	未检出
兰一酒庄5年葡萄	0.05	未检出	未检出	未检出	未检出	未检出	未检出	未检出
贺兰山七泉沟8年葡萄	0.051	0.083	未检出	未检出	0.12	0.05	0.014	0.055
玉泉营10年葡萄	0.012	0.023	0.019	未检出	未检出	未检出	未检出	未检出
玉泉营农场18年葡萄	未检出	0.13	未检出	0.013	未检出	未检出	未检出	未检出
果实最大残留限量	5	4	无	10	5	5	10	0.2

注：采样日期为2016年9月20日。

总体来看，种植时间越长，病虫害越容易发生，因此用药种类及浓度也越多、越高，但总体在安全范围以内。七泉沟8年葡萄、玉泉营18年葡萄农药残留种类较多，但浓度较低；经检测发现，企业化运作的种植基地，用药一般较为规范，如美御葡萄、七泉沟葡萄基地，群众种植的用药种类及数量较为随意，如玉泉营葡萄基地。成熟期（9月20日）农药残留明显高于葡萄生长中期（7月2日），说明葡萄生长中后期是用药关键期，同时也是农药残留风险最易发生期、最易受害期。

由此可见，开展酿酒葡萄品质监测检验工作的重要性。同时，各类生产者应在用药种类、浓度、用药时期上给予足够的重视，提高管理与技术水平，确保贺兰山酿酒葡萄及葡萄酒产品的绿色品质，保持较好的国内、国际口碑。

二、2017年葡萄中农药残留量与质量安全评价

按照《食品安全国家标准 食品中农药最大残留限量》（GB 2763—2021）规定，2017年在红寺堡中圈塘村民赤霞珠葡萄样品百菌清含量达到了2.14mg/kg，比国家允许最大限量0.5 mg/kg标准超标4.28倍，是2016—2017年2年来采到的唯一一份农残超标样品，说明农产品质量安全监测任务艰巨，道路长远。其他样品虽有检测到，但未发现超标。由此可见，单一零散农户用药较随意，存在一定质量风险。在有一定规模的主产区，探索提倡包括酿酒葡萄产业在内的主要特色农产品病虫害统防统治工作，避免和防止村民盲目施药就显得尤为必要（表8-8）。

表 8-8　葡萄农残检测结果

样品编号	检出农药及含量（mg/kg）
B2017-2074 葡萄	百菌清 2.14（红寺堡中圈塘村民红葡萄赤霞珠，限量 0.5）、烯酰吗啉 0.52
B2017-2075 葡萄	嘧霉胺 0.098、烯酰吗啉 0.14
B2017-2076 葡萄	多菌灵 0.42、甲基硫菌灵 0.16、烯酰吗啉 0.17
B2017-2077 葡萄	嘧霉胺 0.093、甲霜灵 0.018、克菌丹 1.01、戊唑醇 0.19、异菌脲 1.04、烯酰吗啉 0.027
B2017-2111 葡萄	丙环唑 0.011
B2017-2112 葡萄	异菌脲 0.048
B2017-2113 葡萄	异菌脲 0.40
B2017-2114 葡萄	异菌脲 0.20
B2017-2115 葡萄	异菌脲 0.12
B2017-2117 葡萄	嘧霉胺 0.12

三、2018 年酿酒葡萄中农药残留量与质量安全评价

按照《食品安全国家标准 食品中农药最大残留限量》（GB 2763—2021）规定，样品部分农药虽有检测出，但未发现超标。由此可见，在有一定规模的主产区，探索提倡包括酿酒葡萄产业在内的主要特色农产品病虫害统防统治工作，避免和防止盲目施药就显得尤为必要（表 8-9）。

表 8-9　2018 年葡萄农残检测结果

样品编号	检出农药及含量（mg/kg）
B2018-2740 葡萄	嘧霉胺 0.13、异菌脲 0.068
B2018-2741 葡萄	多菌灵 0.21
B2018-2742 葡萄	多菌灵 0.050
B2018-2743 葡萄	烯酰吗啉 0.15
B2018-2756 葡萄	烯酰吗啉 0.10
B2018-2757 葡萄	烯酰吗啉 0.015
B2018-2758 葡萄	烯酰吗啉 0.062、吡虫啉 0.035、氯氟氰菊酯 0.033
B2018-2759 葡萄	吡唑醚菌酯 0.024、腐霉利 0.30、异菌脲 0.083
B2018-2760 葡萄	吡唑醚菌酯 0.015
B2018-2761 葡萄	啶虫脒 0.012、嘧霉胺 0.025、苯醚甲环唑 0.011
B2018-2762 葡萄	烯酰吗啉 0.022、嘧霉胺 0.058
B2018-2763 葡萄	烯酰吗啉 0.033
B2018-2764 葡萄	烯酰吗啉 0.18、嘧霉胺 0.17
B2018-2765 葡萄	嘧霉胺 0.015
B2018-2766 葡萄	烯酰吗啉 0.048、嘧霉胺 0.22

第二节　贺兰山东麓酿酒葡萄基地土壤中农药残留研究

土壤中农药残留量与质量安全评价依据《食品安全国家标准 水果和蔬菜中 500 种农药及相关化学品残留量的测定气相色谱 – 质谱法》（GB 23200.8—2016），《水果和蔬菜中450 种农药及相关化学品残留量的测定　液相色谱 – 串联质谱法》（GB/T 20769—2008）。在进行葡萄质量安全评价的同时，也对比参照了《土壤环境质量 农用地土壤污染风险管控标准（试行）》（GB 15618—2018）相关标准中关于土壤农药残留的相关规定。

一、2016 年葡萄基地与农田、林地等农药残留的比较评价

从不同种植年限酿酒葡萄及周边农田、林地土壤中农药残留检测数据表明（表8-10），吡虫啉 0.022mg/kg 在 10 年枸杞农田测出；莠去津 0.0080mg/kg 在玉米农田测出；烯酰吗啉含量 0.014 ～ 0.1mg/kg，分别在兰一酒庄 5 年土壤，七泉沟 8 年葡萄土壤，玉泉营 10 年、18 年土壤测出；嘧霉胺 0.010 ～ 0.035mg/kg，分别在七泉沟 8 年葡萄、玉泉营18 年葡萄中测出；腐霉利 0.013mg/kg、氟硅唑 0.025mg/kg、嘧菌酯 0.024mg/kg 均在贺兰山七泉沟 8 年葡萄中测出。氯氟氰菊酯 0.011mg/kg、哒螨灵 0.016mg/kg，均在 10 年枸杞农田测出；苯醚甲环唑 0.009 2 ～ 0.025mg/kg，分别在玉泉营葡萄 10 年和 10 年枸杞农田测出。108 种农药中，其他均未检出。说明除了葡萄基地外，玉米农田、枸杞农田土壤中也不同程度存在农药残留，但总残留量均在国家规定的范围内，产品质量安全。

表 8–10　土壤中农药残留检测结果（单位：mg/kg）

样品名称	吡虫啉	莠去津	烯酰吗啉	嘧霉胺	腐霉利	氟硅唑	嘧菌酯	氯氟氰菊酯	苯醚甲环唑	哒螨灵
玉米农田	未检出	0.008	未检出	未检出	未检出	未检出	未检出	未检出	未检出	未检出
贺兰山美御 3 年葡萄	未检出	未检出	未检出	未检出	未检出	未检出	未检出	未检出	未检出	未检出
兰一酒庄 5 年	未检出	未检出	0.1	未检出	未检出	未检出	未检出	未检出	未检出	未检出
贺兰山七泉沟 8 年葡萄	未检出	未检出	0.041	0.01	0.013	0.025	0.024	未检出	未检出	未检出
10 年枸杞农田	0.022	未检出	未检出	未检出	未检出	未检出	未检出	0.011	0.025	0.16
玉泉营 10 年葡萄	未检出	未检出	0.024	未检出	未检出	未检出	未检出	未检出	0.009 2	未检出
玉泉营 18 年葡萄	未检出	未检出	0.014	0.035	未检出	未检出	未检出	未检出	未检出	未检出
最大残留限量	无	无	5	4	5	0.5	5	0.3	无	无

注：采样日期为 2016 年 9 月 20 日，取样深度 0 ～ 20cm。

二、2017 年葡萄土壤中农药残留量与质量安全评价

1. 检测项目

甲胺磷、敌敌畏、霜霉威、乙酰甲胺磷、氧乐果、灭线磷、氟乐灵、杀虫脒、治螟磷、久效磷、甲拌磷（甲拌磷砜、甲拌磷亚砜）、六六六、滴滴涕、乐果、莠去津、五氯硝基苯、特丁硫磷、二嗪磷、地虫硫磷、嘧霉胺、百菌清、氯唑磷、抗蚜威、磷胺、乙草胺、氟虫腈（氟甲腈、氟虫腈硫醚、氟虫腈砜）、甲基毒死蜱、唑螨酯、乙烯菌核利、甲基对硫磷、甲霜灵、杀螟硫磷、异丙甲草胺、甲基硫环磷、乙霉威、毒死蜱、对硫磷、三唑酮、水胺硫磷、三氯杀螨醇、甲基异柳磷、噻虫嗪、二甲戊乐灵、稻丰散、腐霉利、克菌丹、杀扑磷、噻螨酮、多效唑、硫丹、苯线磷、己唑醇、稻瘟灵、丙溴磷、腈菌唑、氟硅唑、醚菌酯、噻嗪酮、虫螨腈、环氟菌胺、烯唑醇、三唑磷、丙环唑、苦参碱、戊唑醇、克螨特、异菌脲、亚胺硫磷、联苯菊酯、溴螨酯、甲氰菊酯、伏杀硫磷、吡唑醚菌酯、双甲脒、氯氟氰菊酯、四螨嗪、螺螨酯、氯菊酯、蝇毒磷、哒螨灵、咪鲜胺、氟氯氰菊酯、氯氰菊酯、氟氰戊菊酯、氰戊菊酯、氟胺氰菊酯、苯醚甲环唑、溴氰菊酯、嘧菌酯、烯酰吗啉、异丙威、吡虫啉、多菌灵、啶虫脒、阿维菌素、除虫脲、灭幼脲、辛硫磷、克百威（3-OH 克百威）、甲萘威、灭多威、涕灭威（涕灭威砜、涕灭威亚砜）、甲维盐、氟啶脲共 108 种。

2. 检测结果

对随机采集的 11 份葡萄基地表层土壤中 108 种农残检测结果表明，检出的主要农药有 10 余种，以常见杀菌剂、杀虫剂为主，含量为 0.016～0.63mg/kg（表 8–11）。

表 8–11　葡萄农田土壤农残检测结果

样品编号	检出农药及含量（mg/kg）
B2017–2085 土壤	嘧霉胺 0.087
B2017–2086 土壤	百菌清 0.098、嘧霉胺 0.023、烯酰吗啉 0.11
B2017–2087 土壤	嘧霉胺 0.21、烯酰吗啉 0.63
B2017–2088 土壤	甲基硫菌灵 0.075、烯酰吗啉 0.47
B2017–2089 土壤	嘧霉胺 0.34、异菌脲 0.053、烯酰吗啉 0.062
B2017–2121 土壤	烯酰吗啉 0.016
B2017–2122 土壤	异菌脲 0.028
B2017–2123 土壤	异菌脲 0.028
B2017–2124 土壤	异菌脲 0.051
B2017–2125 土壤	异菌脲 0.012
B2017–2126 土壤	嘧霉胺 0.028

三、2018 年葡萄基地土壤中农药残留量与质量安全评价

1. 检测主要指标

依据《食品安全国家标准 水果和蔬菜中 500 种农药及相关化学品残留量的测定气相色谱 – 质谱法》（GB 23200.8—2016），《水果和蔬菜中 450 种农药及相关化学品残留量的测定 液相色谱 – 串联质谱法》（GB/T 20769—2008），采用高效液相色谱 – 质谱法及气相色谱 – 质谱法，检测项目：甲胺磷、敌敌畏、霜霉威、乙酰甲胺磷、氧乐果、灭线磷、氟乐灵、杀虫脒、治螟磷、久效磷、甲拌磷（甲拌磷砜、甲拌磷亚砜）、六六六、滴滴涕、乐果、莠去津、五氯硝基苯、特丁硫磷、二嗪磷、地虫硫磷、嘧霉胺、百菌清、氯唑磷、抗蚜威、磷胺、乙草胺、氟虫腈（氟甲腈、氟虫腈硫醚、氟虫腈砜）、甲基毒死蜱、唑螨酯、乙烯菌核利、甲基对硫磷、甲霜灵、杀螟硫磷、异丙甲草胺、甲基硫环磷、乙霉威、毒死蜱、对硫磷、三唑酮、水胺硫磷、三氯杀螨醇、甲基异柳磷、噻虫嗪、二甲戊乐灵、稻丰散、腐霉利、克菌丹、杀扑磷、噻螨酮、多效唑、硫丹、苯线磷、己唑醇、稻瘟灵、丙溴磷、腈菌唑、氟硅唑、醚菌酯、噻嗪酮、虫螨腈、环氟菌胺、烯唑醇、三唑磷、丙环唑、苦参碱、戊唑醇、克螨特、异菌脲、亚胺硫磷、联苯菊酯、溴螨酯、甲氰菊酯、伏杀硫磷、吡唑醚菌酯、双甲脒、氯氟氰菊酯、四螨嗪、螺螨酯、氯菊酯、蝇毒磷、哒螨灵、咪鲜胺、氟氯氰菊酯、氯氰菊酯、氟氰戊菊酯、氰戊菊酯、氟胺氰菊酯、苯醚甲环唑、溴氰菊酯、嘧菌酯、烯酰吗啉、异丙威、吡虫啉、多菌灵、啶虫脒、阿维菌素、除虫脲、灭幼脲、辛硫磷、克百威（3–OH 克百威）、甲萘威、灭多威、涕灭威（涕灭威砜、涕灭威亚砜）、甲维盐、氟啶脲共 108 种。

2. 检测结果

对随机取得的 20 份葡萄表层土壤中 108 种农残检测结果表明，检出的主要农药有 10 余种，以常见杀菌剂、杀虫剂为主，含量为 0.012 ～ 0.24mg/kg，明显低于 2017 年测得的土壤样品农残浓度（0.016 ～ 0.63mg/kg）（表 8–12）。

表 8–12　葡萄基地土壤中农药残留量

样品编号	检出农药及含量（mg/kg）
B2018–2749 土壤	吡唑醚菌酯 0.016、嘧霉胺 0.24、异菌脲 0.034
B2018–2750 土壤	吡唑醚菌酯 0.046、多菌灵 0.20、吡虫啉 0.044
B2018–2751 土壤	吡唑醚菌酯 0.016、多菌灵 0.35、哒螨灵 0.013
B2018–2752 土壤	吡唑醚菌酯 0.18、烯酰吗啉 0.20
B2018–2753 土壤	吡唑醚菌酯 0.020
B2018–2790 土壤	吡虫啉 0.031
B2018–2791 土壤	吡虫啉 0.099、烯酰吗啉 0.067、吡唑醚菌酯 0.066、百菌清 0.059、甲霜灵 0.079、氯氟氰菊酯 0.032
B2018–2792 土壤	吡虫啉 0.016、腐霉利 0.091

样品编号	检出农药及含量（mg/kg）
B2018-2793 土壤	腐霉利 0.048
B2018-2794 土壤	嘧霉胺 0.018
B2018-2796 土壤	吡虫啉 0.012、吡唑醚菌酯 0.012、嘧霉胺 0.035、氯氟氰菊酯 0.013、苯醚甲环唑 0.067、嘧菌酯 0.052
B2018-2797 土壤	吡虫啉 0.020、烯酰吗啉 0.044、吡唑醚菌酯 0.041、嘧霉胺 0.016、嘧菌酯 0.032
B2018-2798 土壤	苯醚甲环唑 0.017
B2018-2800 土壤	烯酰吗啉 0.024、吡唑醚菌酯 0.023
B2018-2802 土壤	烯酰吗啉 0.17、吡唑醚菌酯 0.16、嘧霉胺 0.033
B2018-2804 土壤	嘧霉胺 0.065
B2018-2806 土壤	烯酰吗啉 0.093、吡唑醚菌酯 0.092、嘧霉胺 0.041、苯醚甲环唑 0.056
B2018-2807 土壤	烯酰吗啉 0.04、吡唑醚菌酯 0.038、嘧霉胺 0.015、苯醚甲环唑 0.043
B2018-2814 土壤	烯酰吗啉 0.16、吡唑醚菌酯 0.17
B2018-2815 土壤	烯酰吗啉 0.070、吡唑醚菌酯 0.073、吡虫啉 0.11

第三节　酿酒葡萄果实中农药残留监测及评价研究

一、酿酒葡萄中农药残留监测及评价研究

在 2016 年基础上，针对酿酒葡萄中易使用并出现重金属、农残超标的问题，以酿酒葡萄果实为重点监测对象，连续 4 年，分别于当年 5—10 月，在葡萄种植基地进行监测试验。重金属主要检测 As、Hg、Pb、Cd、Cr、Fe、Cu，农药检测甲胺磷、敌敌畏、霜霉威、乙酰甲胺磷、氧乐果、甲拌磷（甲拌磷砜、甲拌磷亚砜）、六六六（α-666、β-666、γ-666、δ-666）、乐果、五氯硝基苯、二嗪磷、嘧霉胺、百菌清、氟虫腈（氟甲腈、氟虫腈硫醚、氟虫腈砜）、乙烯菌核利、甲基对硫磷、甲霜灵、杀螟硫磷、毒死蜱、对硫磷、三唑酮、水胺硫磷、三氯杀螨醇、甲基异柳磷、噻虫嗪、二甲戊乐灵、腐霉利、多效唑、丙溴磷、虫螨腈、三唑磷、异菌脲、亚胺硫磷、联苯菊酯、甲氰菊酯、伏杀硫磷、吡唑醚菌酯、氯氟氰菊酯、氯菊酯、哒螨灵、咪鲜胺、氟氯氰菊酯、氯氰菊酯、氟氰戊菊酯、氰戊菊酯、氟胺氰菊酯、苯醚甲环唑、溴氰菊酯、嘧菌酯、烯酰吗啉、异丙威、吡虫啉、多菌灵、啶虫脒、阿维菌素、除虫脲、灭幼脲、辛硫磷、克百威（3-OH克百威）、甲萘威、灭多威、涕灭威（涕灭威砜、涕灭威亚砜）、甲维盐、氟啶脲共 68 种。检测结果见表8-13。

表 8-13 酿酒葡萄农药检出情况

样品编号	检出农药及含量（mg/kg）
2019-001 葡萄	嘧霉胺 0.032
2019-002 葡萄	多菌灵 0.13
2019-003 葡萄	烯酰吗啉 0.065
2019-004 葡萄	烯酰吗啉 0.12、异菌脲 0.056
2019-005 葡萄	多菌灵 0.040
2019-006 葡萄	烯酰吗啉 0.025
2019-007 葡萄	烯酰吗啉 0.037、吡虫啉 0.026
2019-008 葡萄	吡唑醚菌酯 0.032、腐霉利 0.21
2019-009 葡萄	吡唑醚菌酯 0.018、异菌脲 0.063
2019-010 葡萄	啶虫脒 0.023、嘧霉胺 0.035、苯醚甲环唑 0.010
2019-011 葡萄	吡唑醚菌酯 0.021、嘧霉胺 0.026
2019-012 葡萄	烯酰吗啉 0.027
2019-013 葡萄	烯酰吗啉 0.039、嘧霉胺 0.093
2019-014 葡萄	嘧霉胺 0.023
2019-015 葡萄	嘧霉胺 0.16

烯酰吗啉含量在 0.027 ～ 0.12mg/kg，分别在爱尔普斯酒庄 8 年葡萄、七泉沟 8 年葡萄、贺兰山米擒酒庄 8 年葡萄、玉泉营六队农户 10 年葡萄、黄羊滩农场农户 8 年葡萄、甘城子大沟村 4 队 14 年葡萄测出；嘧霉胺在 0.023 ～ 0.16mg/kg，分别在七泉沟 8 年、贺兰山美御 6 年葡萄、玉泉营七队农户 10 年葡萄、容园美酒庄 23 年葡萄、甘城子大沟村 4 队 14 年葡萄、容园美酒庄 23 年葡萄中测出；异菌脲在 0.056 ～ 0.063mg/kg，在玉泉营六队农户 10 年葡萄、张裕酒庄 8 年葡萄中测出；多菌灵在 0.04 ～ 0.13mg/kg，在迎宾酒庄 10 年葡萄、迎宾酒庄 6 年葡萄中测出；腐霉利 0.21mg/kg 在张裕酒庄 8 年葡萄中检出；吡虫啉 0.026mg/kg 在贺兰山米擒酒庄 8 年葡萄中检出；在张裕酒庄 8 年葡萄基地测出吡唑醚菌酯 0.018 ～ 0.032mg/kg。

啶虫脒 0.023mg/kg 在玉泉营七队农户 10 年葡萄中检出；苯醚甲环唑 0.010mg/kg 在玉泉营七队农户 10 年葡萄中检出。68 种农药中，其他均未检出。总体来看，七泉沟 8 年葡萄、甘城子大沟村 4 队 14 年、贺兰山米擒酒庄 8 年葡萄、玉泉营七队农户 10 年、容园美酒庄 23 年葡萄农药残留种类较多，但浓度均较低。由此可见种植时间越长，病虫害越容易发生，因此用药种类及浓度也越多越高，但总体均在安全范围以内。

对于未检出数据（痕量农药）的处理借鉴了世界卫生组织的相关经验处理指南，由于受目前检测技术及仪器精密度所限，农药残留数值中存在低于方法检出限的未检出值，对于这些数值具体处理方法见表 8-14，检测值以此方式计算，将可能避免农药残留的暴露水平值的误判。

表 8-14　WHO 关于食品污染物未检出数据处理指南

序号	检测结果＜LOD 的比例	数据处理方法
1	无，全部定量	以真正均值为检测值
2	≤ 60%	对所有＜LOD 结果，用 1/2 LOD 值计
3	＞60% 且≤ 80%	对所有＜LOD 结果，得出 2 个估算值 0 和 LOD 值
4	＞80%	对所有＜LOD 结果，得出 2 个估算值 0 和 LOD 值

慢性膳食摄入风险评估。根据赵尔成等对不同人群水果膳食消费数据的计算，居民日均葡萄消费量为 0.067kg。采用 %ADI 计算各农药的慢性膳食摄入风险。%ADI 越小，其风险越小，当 %ADI ≤ 100% 时，表示风险可接受；反之，风险不可接受。由公式得到慢性膳食摄入风险。

$$\%ADI = \frac{STMR \times P}{ADI \times bw} \times 100$$

式中，STMR——样品中检出农药的残留平均值（mg/kg）；

ADI——每日允许摄入量（mg/kg）；

P——居民葡萄消费量（kg），取 0.067kg(酿酒葡萄没有残留限量，以葡萄计)；

bw——平均体重（kg），以 60kg 计。

急性膳食摄入风险评估。采用急性膳食摄入风险（%ARfD）和慢性膳食摄入风险食品安全指数（IFS）对酿酒葡萄产品中农药残留风险进行评估，计算公式：

$$\%ARfD = (ESTI/ARfD) \times 100$$

$$ESTI = (R \times F)/bw$$

$$IFS = (R \times F)/(SI \times bw)$$

式中，ARfD——急性参考剂量（mg/kg）；

ESTI——估计短期摄入量（kg）；

IFS——食品安全指数；

R——葡萄样品中农药的残留浓度（mg/kg）；

F——人们每日葡萄食用量［kg/（人·d）］，建议成人每天食用量为 0.067kg；

SI——农药的 ADI 值（每日允许摄入量），其中烯酰吗啉、嘧霉胺、吡唑醚菌酯、多菌灵、异菌脲、腐霉利、吡虫啉、啶虫脒、苯醚甲环唑 ARfD 值（急性参考剂量）分别为 0.6mg/kg、0.6mg/kg、0.05mg/kg、0.09mg/kg、0.1mg/kg、0.2mg/kg、0.4mg/kg、0.1mg/kg、0.3mg/kg；

ADI 值分别为 0.2mg/kg、0.2mg/kg、0.03mg/kg、0.03mg/kg、0.06mg/kg、0.1mg/kg、0.06mg/kg、0.07mg/kg、0.01mg/kg；

bw——人体平均体重（kg），文中按 60kg 计算。

急性膳食摄入风险 %ARfD 越小风险越小，当 %ARfD ≤ 100% 时，表示风险可以接受；反之；%ARfD > 100% 时，表示有不可接受的风险。慢性膳食摄入风险 IFS 远小于 1 表示农药残留对人们的健康不会造成危害，是安全可以接受的；IFS 小于 1 表示农药残留对人们的健康的风险是可以接受的，造成的危害不明显；IFS 大于 1 表示农药残留对人们的健康造成了危害，超过了可接受的限度，必须进入风险管理程序。

酿酒葡萄及葡萄酒中农药残留检出情况分析，从表 8-15 可看出，共检出农药 9 种，其中嘧霉胺检出 6 次，检出率 40%；烯酰吗啉检出 6 次，检出率 40%；吡唑醚菌酯 3 次，检出率 20%；多菌灵检出 2 次，检出率 13.3%；异菌脲检出 2 次，检出率 13.3%；腐霉利、吡虫啉、啶虫脒、苯醚甲环唑各检出 1 次。检出率较高的烯酰吗啉、嘧霉胺为杀菌剂是酿酒葡萄中普遍使用的农药。

表 8-15　葡萄中农药残留水平

农药种类	检出率（%）	阳性样品检出范围（mg/kg）	慢性膳食摄入风险（%ADI）	急性膳食摄入风险（%ARfD）
烯酰吗啉	40	0.027～0.12	0.029	0.01
嘧霉胺	40	0.023～0.16	0.034	0.011
吡唑醚菌酯	20	0.018～0.032	0.089	0.054
多菌灵	13.3	0.04～0.13	0.317	0.11
异菌脲	13.3	0.056～0.063	0.11	0.066
腐霉利	6.7	0.021	0.23	0.012
吡虫啉	6.7	0.026	0.048	0.007
啶虫脒	6.7	0.023	0.037	0.026
苯醚甲环唑	6.7	0.01	0.11	0.004

采用急性膳食摄入风险（%ARfD）判定，以烯酰吗啉、嘧霉胺、吡唑醚菌酯、多菌灵、异菌脲、腐霉利、吡虫啉、啶虫脒、苯醚甲环唑在葡萄阳性样品中残留的最高含量计算，%ARfD 分别为 0.01%、0.011%、0.054%、0.11%、0.066%、0.012%、0.007%、0.026%、0.004%，且假设一个葡萄样品各种农药残留均以最高值检出，%ARfD 之和为 0.30%，远小于 100%。以每个葡萄样品均检出烯酰吗啉、嘧霉胺、吡唑醚菌酯、多菌灵、异菌脲、腐霉利、吡虫啉、啶虫脒、苯醚甲环唑农药残留的最小值、平均值、最大值的总和计算，葡萄样品中 9 种农药残留的每日膳食暴露量及食品安全指数表明，人们每天通过摄入葡萄的 9 种农药的暴露量的最小值为 4.88×10^{-4} mg/kg，平均值为 7.24×10^{-4} mg/kg，最大值为 1.17×10^{-3} mg/kg，远低于苯醚甲环唑农药的最大允许摄入量（0.01mg/kg）（表 8-16）。

表 8-16　9 种农药的每日膳食暴露量及食品安全指数

指数	最小值	平均值	最大值
每日膳食暴露量（mg/kg）	4.88×10^{-4}	7.24×10^{-4}	1.17×10^{-3}
食品安全指数 IFS	0.049	0.072	0.17

烯酰吗啉、嘧霉胺残留现象较为普遍，是影响葡萄样品质量安全的一个重要风险因子，需要政府加强监管其残留的风险水平，同时要开展烯酰吗啉、嘧霉胺在葡萄样品中风险的系统研究，明确风险大小。

通过分析发现葡萄中残留的各农药的急性膳食摄入风险之和为 0.30%，远小于 100%，处于可接受风险，葡萄样品中农药残留的食品安全指数最小值远小于 1，其安全性是可以接受的。分析结果表明葡萄农药残留处于低风险状态。

二、葡萄酒中农药残留监测及评价研究

对采集的葡萄酒样品，进行农药残留分析，分析结果见表 8–17。葡萄酒样品农药残留检测结果表明，68 种农药检出 12 种农药，分别为烯酰吗啉、嘧霉胺、多菌灵、霜霉威、氟虫腈、异菌脲、戊唑醇、苯醚甲环唑、吡唑醚菌酯、腐霉利、啶虫脒、甲霜灵。其中烯酰吗啉检出率最高。在葡萄酿造过程中，尤其是酒精发酵和澄清过程，可以使部分农药降解，尽管仍有一部分农药残留在酒中，但总体上均在安全范围以内。

表 8–17　酿酒葡萄酒中农药检出情况

样品编号	检出农药及含量（mg/kg）
2019J–001 干红葡萄酒	嘧霉胺 0.010、氟虫腈 0.012
2019J–002 干红葡萄酒	霜霉威 0.18
2019J–003 干红葡萄酒	烯酰吗啉 0.023、多菌灵 0.092
2019J–004 干红葡萄酒	异菌脲 0.026 、戊唑醇 0.023
2019J–005 干红葡萄酒	多菌灵 0.040、苯醚甲环唑 0.010
2019J–006 干红葡萄酒	烯酰吗啉 0.036
2019J–007 干红葡萄酒	烯酰吗啉 0.0098
2019J–008 干红葡萄酒	吡唑醚菌酯 0.012、腐霉利 0.022
2019J–009 干红葡萄酒	吡唑醚菌酯 0.018、异菌脲 0.063
2019J–010 干红葡萄酒	啶虫脒 0.013、嘧霉胺 0.027
2019J–011 干红葡萄酒	嘧霉胺 0.018
2019J–012 干红葡萄酒	烯酰吗啉 0.019
2019J–013 干红葡萄酒	烯酰吗啉 0.013
2019J–014 干红葡萄酒	霜霉威 0.089
2019J–015 干红葡萄酒	嘧霉胺 0.16
2019J–016 干红葡萄酒	甲霜灵 0.089
2019J–017 干红葡萄酒	多菌灵 0.023
2019J–018 干红葡萄酒	多菌灵 0.005 6、烯酰吗啉 0.11

第四节 腐霉利在酿酒葡萄和土壤中残留量的气相色谱分析研究

腐霉利（Procymidone）是新型低毒杀菌剂，在酸性条件下稳定，碱性条件下不稳定。作用机理主要是抑制菌体内甘油三酯的合成，用于防治葡萄、番茄等灰霉病。宁夏贺兰山东麓已成为国内最大的酿酒葡萄产区，随着人们对其质量安全和生产环境的日益重视，开展酿酒葡萄安全生产十分必要。国内外已对腐霉利进行一些分析方法及残留动态研究，然而对于腐霉利在酿酒葡萄和土壤中残留量的气相色谱分析方法的研究还未见报道。在酿酒葡萄和土壤中开展腐霉利残留量的研究对指导腐霉利科学合理使用意义重大，对于提升产品质量和环境质量，确保葡萄产业安全、健康发展具有推动作用。

一、标准曲线及稳定性试验

1. 标准曲线的建立及方法检出限

标样曲线如图 8-1 所示，$y = 2\,093\,382x + 98\,385$，线性相关 $r = 0.999\,4$。检出限为空白溶液标准偏差 3 倍所对应的浓度，方法检出限为 3.0μg/L。

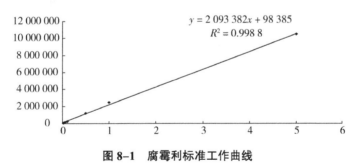

图 8-1 腐霉利标准工作曲线

2. 稳定性试验

采用连续 8h 测试葡萄样品腐霉利的峰面积数据的相对标准偏差表示，从表 8-18 看到，相对标准偏差均在可接受范围之内。

表 8-18 稳定性试验

时间（h）	峰面积	RSD（%）
0	125 279	
1	125 588	
2	125 637	0.21
3	125 612	
4	125 796	

时间（h）	峰面积	RSD（%）
5	125 730	
6	125 899	0.21
7	126 035	
8	126 191	

3. 加标回收及精密度试验

向空白的葡萄和土壤样中添加腐霉利农药标准液，添加浓度为 0.05mg/L、0.5mg/L、5.0mg/L 3 个水平，回收率及精密度测定结果见表 8-19。测定喷施清水作为对照的葡萄和土壤空白试样，样品在目标保留时间内无干扰，添加回收中腐霉利分离效果好，见图 8-2、图 8-3。

表 8-19　葡萄和土壤中腐霉利农药添加回收率、精密度（*n*=5）

试验材料	添加质量浓度（mg/L）								
	0.05			0.5			5		
	回收率（%）	平均值（%）	相对标准偏差 RSD（%）	回收率（%）	平均值（%）	相对标准偏差 RSD（%）	回收率（%）	平均值（%）	相对标准偏差 RSD（%）
葡萄	92			84			80		
	88			80			81		
	88	87	4.2	81	82	1.9	83	81	1.4
	82			83			81		
	86			82			82		
土壤	82			95			95		
	86			83			91		
	88	86	3.7	85	87	5.2	91	94	4.9
	90			87			90		
	84			87			91		

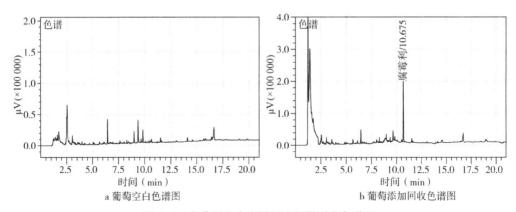

a 葡萄空白色谱图　　　　　　　　　b 葡萄添加回收色谱图

图 8-2　葡萄样品中腐霉利残留量测定色谱图

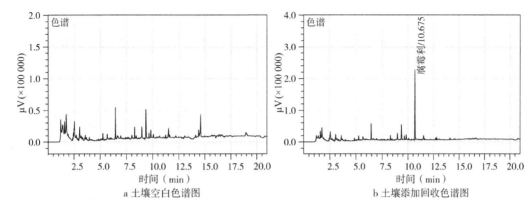

a 土壤空白色谱图   b 土壤添加回收色谱图

图 8-3 土壤样品中腐霉利残留量测定色谱图

二、样品测定

用 80% 腐霉利水分散粒剂兑水稀释 600 倍（含有效成分 1 333mg/kg），对葡萄树均匀喷雾，另外在 30m² 空白土壤上均匀喷施腐霉利农药，分别采集施药后 1d、10d、30d 的葡萄及土壤样品，采用本方法对酿酒葡萄和土壤样品中腐霉利农药残留量进行测定，结果见表 8-20。

表 8-20　葡萄和土壤试样测定结果（*n*=3）

样品	编号	含量（mg/kg）			平均含量（mg/kg）	RSD（%）
	1	0.45	0.4	0.44	0.43	6.2
葡萄	2	1.14	1.28	1.24	1.22	5.9
	3	2.39	2.48	2.26	2.38	4.7
	1	0.41	0.43	0.45	0.43	4.7
土壤	2	0.79	0.89	0.78	0.82	7.4
	3	1.08	1.22	1.16	1.15	6.1

三、结论

通过对葡萄和土壤样品用乙腈提取，PSA 吸附分散剂净化，气相色谱 - 电子俘获检测器（GC-ECD）测定，面积外标法定量的检测方法，对方法稳定性、回收率、精密度进行了考察。方法检出限为 3.0μg/L，腐霉利农药在葡萄和土壤中 3 个添加质量浓度水平的回收率为 80% ~ 95%，相对标准偏差为 1.4% ~ 5.2%，表明该方法快速、简便、精密度和准确性较好，符合农残分析的要求。建立的葡萄和土壤中腐霉利残留量的前处理方法及检测条件，比现有的气相色谱方法及液相色谱分析方法更加快速、高效，对酿酒葡萄质量控制具有可推广价值。

第五节　烯酰吗啉在葡萄上残留试验及风险状况分析

烯酰吗啉（Dimethomorph）是吗啉类低毒广谱性杀菌剂，作用机理是破坏细胞壁膜的形成，对各个阶段的卵菌都有杀除作用，特别是在孢子囊梗和卵孢子的形成阶段作用更明显，从而引起孢子囊壁的分解，达到使菌体死亡的目的。国内市场迅速开发，使用量大幅度上升，现在已经是霜霉病、疫病的药剂最大使用量，可用于葡萄、烟草、黄瓜、马铃薯等作物。霜霉病在葡萄上的发生极其频繁，为害严重，通过对20%烯酰吗啉悬浮剂室内毒力测定表明，该药剂对宁夏贺兰山东麓葡萄霜霉病菌具有良好的生长抑制性。随着人们对葡萄质量安全和生产环境的日益重视，开展烯酰吗啉在葡萄上残留试验及安全评估十分必要。

目前关于烯酰吗啉残留的检测方法及消解动态国内外已进行相关研究，刘河疆等开展了新疆鲜食葡萄产区农药残留膳食摄入风险评估研究，结果表明，新疆鲜食葡萄检出的农药均为低风险农药，慢性和急性膳食摄入风险均较低。张文等对兰州市葡萄中39种农药残留水平进行分析及风险评估，结果表明兰州市售葡萄中农药的慢性膳食摄入风险总体较低，风险可控。然而对于烯酰吗啉在贺兰山东麓葡萄上的残留消解规律、最终残留试验及风险状况分析还未见报道。因此，本文开展了烯酰吗啉在葡萄上残留消解规律及最终残留试验的研究，应用超高效液相色谱串联质谱仪对残留试验葡萄样品中烯酰吗啉残留进行检测，并对其膳食暴露风险进行评估。该研究对于提升葡萄产品质量和环境质量，确保葡萄产业安全、健康发展具有推动作用。

一、烯酰吗啉的残留及风险评估

1. 标准曲线及定量限

将 1 000mg/L 的烯酰吗啉标准样品用甲醇稀释配得 0.01mg/L、0.02mg/L、0.05mg/L、0.1mg/L、0.2mg/L、0.5mg/L 系列标准溶液。在 $0.01 \sim 0.5$mg/L 范围内，标样曲线 $y = 3 \times 10^5 x + 16\,963$，线性相关 $r = 0.999\,0$。量取 0.01mg/L 标准溶液色谱图的峰高，以 3 倍信噪比计算得到本方法检出限 0.003mg/kg，定量限 0.01mg/kg。

2. 加标回收及精密度试验

通过向空白的葡萄样中添加 0.01mg/L、1.0mg/L、5.0mg/L 3 个水平烯酰吗啉农药标准液的方式，开展加标回收试验，采用上述检测方法，回收率及精密度测定结果见表 8-21，添加谱图见图 8-4。

表 8–21 葡萄中烯酰吗啉农药添加回收率、精密度（n=5）

试验材料	添加质量浓度（mg/L）								
	0.01			1			5		
	回收率（%）	平均值（%）	相对标准偏差 RSD（%）	回收率（%）	平均值（%）	相对标准偏差 RSD（%）	回收率（%）	平均值（%）	相对标准偏差 RSD（%）
葡萄	92			92			94		
	88			93			88		
	88	90	6.3	97	88	9.4	91	92	3.1
	82			84			95		
	86			76			94		

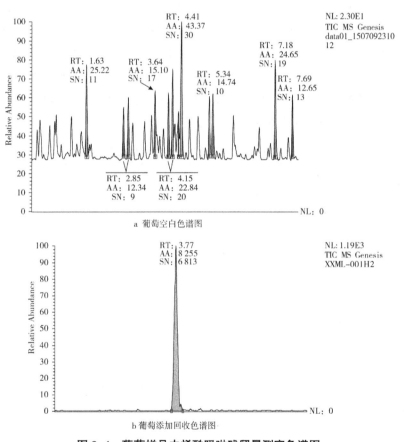

图 8–4 葡萄样品中烯酰吗啉残留量测定色谱图

3. 消解动态及最终残留

对消解动态结果进行分析发现，葡萄中烯酰吗啉消解动态曲线均呈指数函数关系，宁夏贺兰山地区葡萄样品的消解方程为 $Ct = 7.6124e^{-0.038T}$，半衰期为 18.2d，$R=-0.9315$，安徽地区葡萄样品的消解方程为 $Ct= 2.6234e^{-0.064T}$，半衰期为 10.8d，$R=-0.9338$，消解率最终达到 95%，葡萄中烯酰吗啉的残留量随时间逐渐减少。

对最终残留结果进行分析发现，烯酰吗啉在葡萄中的残留量分别为 0.081 ～ 4.5mg/kg、0.0.024 ～ 2.97mg/kg、0.014 ～ 2.70mg/kg 和 0.01 ～ 1.54mg/kg，残留试验中值分别为 0.27mg/kg、0.46mg/kg、0.13mg/kg 和 0.36mg/kg。烯酰吗啉农药最终残留量随着采样时间的延长呈逐步降低趋势，残留量与施药次数和施药量均相关，随着施药次数和施药量的增加，残留量增大。

4. 风险状况分析

烯酰吗啉在中国菠菜、番茄、黄瓜、辣椒、马铃薯、葡萄等作物上已有农药残留登记，根据《农药每日允许摄入量制定指南》《农药残留风险评估指南》及卫生部 2002 年发布的《中国不同人群消费膳食分组食谱》或权威参考资料中的膳食结构数据，基于残留试验数据开展膳食摄入风险评估，采用安全间隔期 14d 采集样品的残留中值 0.46mg/kg，依据《食品安全国家标准 食品中农药最大残留限量》（GB 2763—2019），查询烯酰吗啉 ADI 值为 0.2mg/（kg·bw）及其在其他食物中的限量值，人群平均体重按照 63kg 计算，结果见表 8-22。普通人群烯酰吗啉的国家估算每日摄入量（NEDI）为 3.68mg，日允许摄入量为 12.6mg，采用 %ADI 计算烯酰吗啉的慢性膳食摄入风险。烯酰吗啉的国家估算每日摄入量占日允许摄入量的 29%，慢性膳食摄入风险概率是 29%，结果表明烯酰吗啉在葡萄上的残留量通常不会对一般人群健康产生不可接受的风险，残留量可控，属于低风险状态。

表 8-22 烯酰吗啉膳食风险评估模型

食物种类	膳食量（kg）	参考限量（mg/kg）	限量来源	NEDI（mg）	日允许摄入量（mg）	风险概率（%）
米及其制品	0.239 9					
面及其制品	0.138 5					
其他谷类	0.023 3					
薯类	0.049 5					
干豆类及其制品	0.016					
深色蔬菜	0.091 5	30	中国	2.745		
浅色蔬菜	0.183 7	5	中国	0.918 5		
腌菜	0.010 3					
水果	0.045 7	0.46	残留中值	0.021 022	ADI×bw	
坚果	0.003 9					
畜禽类	0.079 5					
奶及其制品	0.026 3					
蛋及其制品	0.023 6					
鱼虾类	0.030 1					
植物油	0.032 7					
动物油	0.008 7					
糖、淀粉	0.004 4					

续表

食物种类	膳食量（kg）	参考限量（mg/kg）	限量来源	NEDI（mg）	日允许摄入量（mg）	风险概率（%）
食盐	0.012					
酱油	0.009		ADI×bw			
合计	1.028 6			3.68	12.6	29

二、结论

用乙腈对葡萄样品进行提取，采用 PSA 净化，超高效液相色谱串联质谱仪检测，通过对烯酰吗啉农药在葡萄中 3 个添加水平试验，结果表明其平均回收率为 88% ～ 92%，相对标准偏差为 3.1% ～ 9.4%，符合农残分析的要求。烯酰吗啉在宁夏、安徽两地葡萄中的半衰期分别为 18.2d 和 10.8d，消解曲线符合一级动力学方程 $Ct=C_0e^{-kt}$。通过最终残留试验，制剂用药量 2 133 ～ 3 200 倍液，施药 2 ～ 3 次，采集距末次施药间隔 7d、14d、21d、28d 的最终残留量为 0.01 ～ 4.5mg/kg。烯酰吗啉在葡萄中慢性膳食摄入风险为 29%，安全间隔期 14d 之后烯酰吗啉在葡萄中的残留量处于低风险状态。

第六节　贺兰山东麓酿酒葡萄农药残留控制技术

农药残留是影响农产品质量安全的首要危害因素，本规程仅对化学防治出现的农药残留问题提供技术规范。酿酒葡萄农药的使用应符合《农药安全使用规范　总则》（NY/T 1276—2007）的规定，按照病虫害发生规律和经济阈值，科学使用化学防治技术，有效控制病虫害。农药使用应按照标签规定的使用范围、安全间隔期用药，不得超出用药范围。使用化学农药时，要采用高效、低毒、低残留农药，严格执行《农药合理使用准则（一）》（GB/T 8321.1—2000）、《农药合理使用准则（五）》（GB/T 8321.5—2006）农药合理使用准则。

一、禁止（停止）使用的农药（46 种）

六六六、滴滴涕、毒杀芬、二溴氯丙烷、杀虫脒、二溴乙烷、除草醚、艾氏剂、狄氏剂、汞制剂、砷类、铅类、敌枯双、氟乙酰胺、甘氟、毒鼠强、氟乙酸钠、毒鼠硅、甲胺磷、对硫磷、甲基对硫磷、久效磷、磷胺、苯线磷、地虫硫磷、甲基硫环磷、磷化钙、磷化镁、磷化锌、硫线磷、蝇毒磷、治螟磷、特丁硫磷、氯磺隆、胺苯磺隆、甲磺隆、福美胂、福美甲胂、三氯杀螨醇、林丹、硫丹、溴甲烷、氟虫胺、杀扑磷、百草枯、2,4- 滴丁酯。

注：氟虫胺自 2020 年 1 月 1 日起禁止使用；百草枯可溶胶剂自 2020 年 9 月 26 日起

禁止使用；2,4-滴丁酯自 2023 年 1 月 29 日起禁止使用；溴甲烷可用于"检疫熏蒸处理"；杀扑磷已无制剂登记。

二、在部分范围禁止使用的农药（15 种）

甲拌磷、甲基异柳磷、克百威、水胺硫磷、氧乐果、灭多威、涕灭威、灭线磷、内吸磷、硫环磷、氯唑磷、乙酰甲胺磷、丁硫克百威、乐果、氟虫腈。

三、允许使用的农药及使用技术（表 8-23）

酿酒葡萄病虫害防治其他药剂及使用方法参照《酿酒葡萄病虫害防治技术规程》（DB64/T 1218—2016）技术规程实施。

表 8-23　酿酒葡萄化学防治风险较大农药的使用技术

病虫害	允许使用的农药及使用技术
霜霉病	80% 烯酰吗啉水分散粒剂，20 ～ 30g/ 亩，每季最多使用 3 次，安全间隔期 21d；25% 吡唑醚菌酯水分散粒剂，1 000 ～ 1 500 倍液，每季最多使用 3 次，安全间隔期 14d；30% 福美双·20% 多菌灵可湿性粉剂，400 ～ 500 倍液，每季最多使用 2 次，安全间隔期 21d；30% 福美双·20% 多菌灵可湿性粉剂，400 ～ 500 倍液，每季最多使用 2 次，安全间隔期 21d；30% 醚菌酯悬浮剂，2 200 ～ 3 200 倍液，一般施药 3 ～ 4 次，间隔 10d 1 次，每季最多施药 3 次，安全间隔期 7d；20% 霜脲氰悬浮剂，防治霜霉病，2 000 ～ 2 500 倍液，每季最多使用 2 次，安全间隔期 7d
白粉病	75% 百菌清可湿性粉剂，600 ～ 700 倍液，每季最多使用 3 次，安全间隔期 21d；25% 己唑醇悬浮剂，4 167 ～ 5 000 倍液，每季最多使用 3 次，安全间隔期 28d；36% 甲基硫菌灵悬浮剂，防治白粉病，800 ～ 1 000 倍液，于病害发病初期施药，视病害发生情况每隔 10d 左右施药 1 次，可连续用药 2 ～ 3 次
白腐病、黑痘病	80% 代森锰锌可湿性粉剂，500 ～ 800 倍液，每季最多使用 3 次，安全间隔期 28d；50% 福美双可湿性粉剂，500 ～ 1 000 倍液，每季最多使用 3 次，安全间隔期 15d；20% 戊菌唑水乳剂，5 000 ～ 10 000 倍液，每季最多使用 2 次，安全间隔期 21d；40% 苯醚甲环唑水乳剂，4 000 ～ 5 000 倍液，每季最多使用 2 次，安全间隔期 21d；40% 噻菌灵可湿性粉剂，防治黑痘病，1 000 ～ 1 500 倍液，于发病前或发病初期开始施药，以后每隔 10 ～ 14d 施药 1 次，每季最多施用 3 次，安全间隔期 7d；10% 氟硅唑水分散粒剂，防治白腐病，2 000 ～ 2 500 倍液，每季最多使用 3 次，安全间隔期 14d
灰霉病、黑霉病	80% 嘧霉胺水分散粒剂，2 000 ～ 3 000 倍液，于发病前或发生初期施药，可连续用药 2 ～ 3 次，间隔 7d 左右 1 次，每季最多使用 3 次，安全间隔期 20d；500g/L 异菌脲悬浮剂，750 ～ 850 倍液，安全间隔期 14d；50% 啶酰菌胺水分散粒剂，500 ～ 1 000 倍液，安全间隔期 7d；80% 腐霉利水分散粒剂，2 400 ～ 2 800 倍液，每季最多使用 1 次，安全间隔期 14d
炭疽病	20% 抑霉唑水乳剂，800 ～ 1 200 倍液，于发病前或初期施药，根据病情连续用药 2 ～ 3 次，间隔期为 7 ～ 10d，每季最多使用 3 次，安全间隔期 10d；30% 咪鲜胺微囊悬浮剂，1 250 ～ 2 000 倍液，于病害发生前或初见零星病斑时叶面喷雾 1 ～ 2 次，间隔 7 ～ 10d，每季最多使用 3 次，安全间隔期 7d；16% 多抗霉素 B 可溶粒剂，防治炭疽病，2 500 ～ 3 000 倍液，每季最多使用 3 次，安全间隔期 14d
介壳虫、葡马、盲蝽象、红蜘蛛	25% 噻虫嗪水分散粒剂，4 000 ～ 5 000 倍液，每季最多施用 2 次，安全间隔期 7d；1.5% 苦参碱可溶液剂，3 000 ～ 4 000 倍液，每季最多使用 3 次，安全间隔期 10d；22% 氟啶虫胺腈悬浮剂，1 000 ～ 1 500 倍液，每季最多使用 2 次，安全间隔期 14d

注：非登记允许使用风险较大的杀虫剂吡虫啉、虫酰肼、啶虫脒、高效氯氟氰菊酯残留含量要符合《食品安全国家标准　食品中农药最大残留限量》（GB 2763—2021）对葡萄限量的要求。

四、农药残留限量

参照《食品安全国家标准 食品中农药最大残留限量》（GB 2763—2021）中农药最大残留限量，酿酒葡萄农药残留含量符合葡萄限量的要求。

第九章 宁夏酿酒葡萄产业发展的机遇和挑战

一、宁夏贺兰山东麓酿酒葡萄产业发展主要问题

1. 宁夏贺兰山东麓气候多变

宁夏占据独特的地理优势，日照充足，温差较大，适合葡萄的种植和生长（杨国涛，2003），但宁夏冬季寒冷干燥导致贺兰山东麓葡萄产区需要在冬天进行埋土防寒处理。而贺兰山地区的葡萄主要分为欧美种和欧亚种，欧亚种葡萄原产于欧亚大陆地中海和黑海沿岸，现主要栽培于冬季温和湿润、夏季炎热干燥的地中海气候地区，冬季不需要埋土防寒，夏季病害少且品质高（王浩，2013）。气候的差异导致葡萄需埋土防寒才能确保产量，甚至即使进行埋土防寒，个别年份仍会发生严重冻害。埋土厚度的不均一性、管理不统一性均会影响葡萄的防寒效果，而且葡萄全树的埋土出土，极大地增加了生产成本，降低了中国葡萄酒产品市场竞争力。埋土很难实现对树形的精确控制，增加了尤其是修剪、采收等生产过程的机械化难度，间接增加了生产成本。埋土出土还会对树体产生伤害，从而缩短其寿命。

2. 栽培品种单一，同质化现象严重

目前中国栽培葡萄中，主要分为欧美种和欧亚种，其中欧美种约占49%，欧亚种约占42%。贺兰山东麓的葡萄产业鲜食葡萄主要以'巨峰''京亚''夏黑''玫瑰香''美人指''红地球'等为主，而酿酒葡萄主要是原产欧洲的欧亚种品种'赤霞珠'等少数几个品种。栽培品种单一，早、中、晚熟期品种搭配不合理，早熟品种比例过低，中、晚熟品种比例过高；鲜食和酿酒葡萄比例不协调，鲜食葡萄要远远大于酿酒葡萄；自主品种较少，主要栽培品种基本上都是国外品种，且葡萄酒酿造工艺雷同，特色不明显（龙生平，2018）。

随着品种商业化趋势的增加，中国品种更新面临越来越多的知识产权障碍，阻碍了中国葡萄产业国际竞争力的提升，葡萄优良品种的应用在葡萄种植中非常关键，优良品种的选育能够有效提升葡萄的种植效益，迫切需要培育具有国际市场竞争力的优新品种来促进中国葡萄产业的发展（龙生平，2018）。

二、宁夏贺兰山东麓酿酒葡萄产业发展机遇

随着经济飞速发展，国家酒类产业政策的变化发生了"四个转变"，即普通酒转向优质酒，高度酒转向低度酒，蒸馏酒转向酿造酒，粮食酒转向水果酒（周彦，2009）。因此葡萄酒兼具果酒和低度酒的两大特征受到了国家政策大力支持，随着中国国际化水平的不断提升，中国政府更加重视葡萄种植和生产技术的提升。国家相关政府部门也十分重视葡萄产业的科技投入。2016 年，习近平总书记视察宁夏时指出，"中国葡萄酒市场潜力巨大，贺兰山东麓酿酒葡萄品质优良，宁夏葡萄酒很有市场潜力，综合开发酿酒葡萄产业，路子是对的，要坚持走下去"。因此宁夏把发展葡萄酒产业同加强黄河滩区治理、加强生态恢复结合起来，提高技术水平，增加文化内涵，加强宣传推介，打造自己的知名品牌，提高附加值和综合效益，建设成了宁夏国家葡萄及葡萄酒产业开放发展综合试验区。综试区立足宁夏贺兰山东麓全域，充分挖掘丝绸之路经济带的重要节点区位优势、葡萄酒生产黄金带自然条件优势、宁夏内陆开放型经济试验区及中阿博览会等平台优势，坚持产业发展与生态治理紧密结合、国际标准与宁夏特色统筹兼顾、"引进来"与"走出去"双轮驱动，通过引进新技术、开创新模式、打造新业态、搭建新平台、实施新工程、创设新政策，把贺兰山东麓建成全国优质酿酒葡萄种植、繁育基地，产品远销共建"一带一路"国家的中高端酒庄酒生产基地，辐射全球的葡萄酒品牌交流、科技合作、文化传播、生态示范基地，打造中国葡萄酒全方位融入世界的窗口、农业特色产业深度开放发展的高地、"一品一业"促进乡村振兴的样板（2021 年印发《宁夏国家葡萄及葡萄酒产业开放发展综合试验区建设总体方案》）。

2021 年 7 月，宁夏国家葡萄及葡萄酒产业开放发展综合试验区（以下简称"综试区"）正式挂牌，这是全国首个针对特色产业的开放发展综合试验区，拥有了"国字号"招牌，让宁夏葡萄酒产业从此进入高质量发展新纪元。如今的贺兰山下，得天独厚的风土，郁郁葱葱的葡萄园和一群匠人的坚守，让这里以其独特的魅力、亮眼的业绩，叫响全国、走向世界，也让千亿级紫色梦想得以起飞。以酒为媒银川产区迎来高光时刻，对于贺兰山下辛勤劳作的葡萄酒人来说，2021 年 7 月，"国字招牌"的落户独具历史意义——这是全国首个针对特色产业的开放发展综合试验区，是国务院批准设立的全国第二个、西部第一个国家级农业类开放试验区，而银川市作为贺兰山东麓的核心产区，更是迎来了前所未有的高光时刻。

三、宁夏贺兰山东麓酿酒葡萄产业发展策略

1. 优化酿酒葡萄品种

截至目前，中国酿酒葡萄的生产主要以欧美种和欧亚种为主，缺乏较为成熟的国产酿酒葡萄品种（谭伟等，2020），因此贺兰山东麓需在原有基础上加强葡萄品种的优化，目前全国已建立多个葡萄种质资源圃，主要由科研院所、基层政府、企业等的扶持下建立，

主要位于中国的北方地区，其中中国农业科学院下属研究所保存葡萄种质资源最多，为900余份，并培育出多个优良品种（刘鑫铭等，2012）。随着中国果树育种技术的进步以及育种人的辛勤工作，产生多个葡萄优良品种，包括香妃、春光、郑佳、紫甜等，同时对多个外系葡萄品种进行了改良和培育，贺兰山地区应加大与科研院所的合作，以国际酿酒葡萄种植、繁育趋势以及葡萄酒需求结构变化为导向，以产区自然条件为基础，加快优良品种引进、选育及基地化种植推广，培育和改良属于自己的多元化葡萄品种。

2. 研发和引进关键生产技术

根据农业农村部的指示，结合贺兰山地区的区位优势，应充分利用国内外科技资源，搭建技术转移平台，建设数字葡萄基地，引进和创新智能酿造、节水灌溉、水肥一体、黄河泥沙资源利用、生态循环、智慧监管等关键技术，建立全程全面、高质生产装备示范区。提高葡萄机械适用性和装备自主化水平，推进产业技术装备精细化、智能化。健全绿色有机葡萄园评选机制，发挥示范引领作用，引导产业向绿色有机转型发展。

3. 重视有机栽培

中国进出口贸易存在着较大的逆差，究其原因之一是，中国在葡萄种植过程中施用大量的化肥、农药，而现在全球提倡的是绿色环保、有机农业，大量施用化肥及农药的鲜食葡萄日渐受到公众排斥（田野等，2018）。反观拥有全球22%有机葡萄园的意大利，其出口量是进口量的27倍，意大利有机农业协会和意大利有机农业和生物动力研究基金会严格规定了有机葡萄种植标准："根据有机葡萄种植的传统，有机葡萄园禁止使用杀虫剂，目前意大利每公顷（15亩）有机葡萄园的葡萄产量在111公担（100L）以内"。因此，中国的葡萄生产应大力发展有机栽培，提高果品的公众认可度（田野等，2018）。

4. 加强科技创新和成果转化能力

加大行业科技投入，支持综试区建立葡萄酒国家级企业技术中心，建设集理论、实验、生产、研究为一体的中国葡萄酒产业科技研发及转化机构。加强与国际一流科研院所引智引技合作，引领产业转型升级和提质增效，促进葡萄酒产业科技自主创新和成果转化水平。

5. 探索生态治理新技术

依托贺兰山东麓戈壁荒滩酿酒葡萄种植带，建立防风固沙生态屏障。探索利用网状种植沟，打造"海绵"葡萄园，增加土壤蓄水能力，降低洪灾风险。鼓励利用填埋枝条培肥改良土壤或利用葡萄枝条作为生物质燃料，促进枝、叶等废弃物的资源化利用。把综试区建设、葡萄酒产业发展与加强黄河滩区治理、加强荒漠化生态恢复结合起来，加大环保设施投入和科技研发投入，积极探索葡萄园生态补偿模式和机制，加强污染物源头管控，推进废水、废渣的资源化利用，瞄准国内酿酒葡萄种植需求，推进多样化、机械化、特色化和标准化葡萄园种植管理工作，配套科学、绿色、有机、无污染的栽培技术（武玉和，2020），结合黄河生态涵养、贺兰山自然保护及立地优势，坚决遏制耕地"非农化"、防止"非粮化"，探索形成资源利用与环境治理、生态保护与经济发展相协调的综合开发生态产业经济圈，重构荒漠生态农业新产业，构建绿色循环的生态环境体系，发展绿色有机葡萄酒业态，确保生态与产业可持续发展（武玉和，2020）。

四、宁夏贺兰山东麓酿酒葡萄产业发展前景

贺兰山东麓地区坚持葡萄酒为主导，统筹葡萄种植、葡萄酒酿造、葡萄旅游及文化三者关系，优化产业结构，拓展产业发展内涵。深度融入风土人情、传统文化及旅游特色，全面推进葡萄与葡萄酒一二三产业融合发展，促进葡萄种植现代化、葡萄酒酿造新型化。力争到2025年，综试区酿酒葡萄种植基地规模和层次大幅提升，葡萄酒酿造水平和品质明显提高，现代化酒庄建设迈上新台阶，葡萄酒产业对外开放成效显著，国际化产区及品牌建设取得新突破，国内市场份额和出口量进一步扩大，生态平衡进一步优化，自有知名品牌效应进一步增强。产业链条科技贡献率达到70%，机械化普及率达到80%，贺兰山东麓酿酒葡萄基地总规模力争达到100万亩，年产葡萄酒3亿瓶以上，实现综合产值1 000亿元左右。

力争到2035年，贺兰山东麓酿酒葡萄基地总规模力争突破150万亩，年产葡萄酒6亿瓶以上，实现综合产值2 000亿元左右。综试区在对外开放、创新融合、绿色生态方面均取得重要成果，现代葡萄与葡萄酒产业、生产、经营三大体系全面建成，一二三产业高度融合，宁夏葡萄与葡萄酒对外开放发展格局全面形成，生态可持续发展体系健全完善，区域经济发展协调统一，基本达到中国葡萄酒现代化发展阶段。

大力提升宁夏贺兰山东麓葡萄产区在国内国际上的影响力，加大招商引资力度，重点在葡萄行业降税减负、酒庄建设审批、人才引进培养方面给予支持；积极同国家及自治区有关部门对接，恢复宁夏贺兰山东麓葡萄产业园区管委会办公室的职能职责，出台酒庄旅游、招商引资和科技创新等方面的政策，创造良好的营商环境，推动宁夏贺兰山东麓葡萄产业持续健康地发展（武玉和，2020）。

主要参考文献

曹柠，王振平，2018. 宁夏贺兰山东麓葡萄酒产业 SWOT 分析与发展策略［J］. 中外葡萄
  与葡萄酒（6）：112–115.

陈代，战吉宬，2011. 近十年来亚洲国家葡萄酒产业格局变化及主要国家葡萄酒竞争力的
  演变分析［J］. 酿酒科技（6）：122–130.

陈慧，2013. 贸易自由化对中国葡萄酒进口贸易的影响［D］. 武汉：华中科技大学.

陈建红，韦媛，贺岚，2018. 夏黑葡萄果实品质动态变化分析［J］. 广西农学报，33（3）：
  12–15.

陈宁，徐国前，宋瑞，等，2021. 基于聚类分析的贺兰山东麓不同酿酒葡萄品种根系抗寒
  性综合评价［J］. 江苏农业科学，49（4）：93–98.

陈卫平，张晓煜，崔萍，等，2020. 2020 年春季贺兰山东麓酿酒葡萄晚霜冻调查［J］. 宁
  夏农林科技，61（5）：51–53.

陈翔，开建荣，牛艳，等，2020. 产地土壤重金属对贺兰山东麓酿酒葡萄的影响及风险评
  估［J］. 中国酿造，39（7）：178–181.

褚晓泉，朱君伟，穆维松，等，2019. 中国葡萄酒产业现状及布局分析［J］. 中外葡萄与葡
  萄酒（3）：71–75.

丛众华，2018. 乳山市发展葡萄酒产业的思考［J］. 中国农业资源与区划，39（8）：170–
  175.

崔敏，胡承孝，Di Hong Jie，等，2012. 武汉市城郊区集约化露天菜地生产系统硝态氮淋
  溶迁移规律研究［J］. 植物营养与肥料学报，18（3）：637–644.

崔文娟，2019. 酿造高品质蛇龙珠葡萄酒的葡萄种植地块筛选［D］. 烟台：烟台大学.

党转转，2016. 新疆葡萄干市场竞争力及市场潜力研究［D］. 乌鲁木齐：新疆农业大学.

邓恩征，张军翔，张光弟，等，2015. 中国北方葡萄覆盖防寒越冬研究进展［J］. 河北林业
  科技（4）：103–105.

丁琦，李琪，张晓煜，等，2020. 宁夏贺兰山东麓产区'马瑟兰'葡萄最佳采收期的确定
  ［J］. 果树学报，37（4）：533–539.

董婕，代红军，2015. 不同副梢处理对酿酒葡萄生长及果实品质的影响［J］. 农业科学研究，
  36（2）：13–16.

杜君，李海兰，李慧，等，2010. 铜对葡萄酒酿酒酵母生长活性的影响［J］. 酿酒科技（6）：28-31.

杜君，李海兰，李慧，等，2010. 铜离子胁迫对葡萄汁中酿酒酵母的影响［J］. 中国农业科学，43（15）：3259-3265.

段亮亮，潘秋红，王亚钦，等，2016. 添加不饱和脂肪酸对酿酒酵母胞内脂肪酸成分和葡萄酒香气的影响［J］. 中国农业科学，49（10）：1960-1978.

段鹏伟，2018. 小定额灌溉对黄冠梨生理指标及产量品质的影响［D］. 邯郸：河北工程大学.

范宗民，孙军利，赵宝龙，等，2020. 不同砧木'赤霞珠'葡萄枝条抗寒性比较［J］. 果树学报，37（2）：215-225.

方勇，陈建相，杨友强，2015. 中国农田重金属污染概况［J］. 广东化工，42（19）：113，108.

冯玲霞，熊作成，2018. 酿酒葡萄皮渣综合利用研究进展［J］. 黑龙江农业科学（2）：103-104，132.

冯学梅，梁玉文，李阿波，等，2020. 宁夏贺兰山东麓酿酒葡萄产量控制对果实品质及葡萄酒质量的影响［J］. 宁夏农林科技，61（10）：6-9.

高胜，2017. 自酿葡萄酒部分品质性状及工艺研究［D］. 扬州：扬州大学.

管乐，亓桂梅，房经贵，2019. 世界葡萄主要品种与砧木利用概述［J］. 中外葡萄与葡萄酒（1）：64-69.

郭永婷，2015. 半干旱区酿酒葡萄节水灌溉制度的研究［D］. 银川：宁夏大学.

郝瑞颖，王肇悦，张博润，等，2012. 葡萄酒中酿酒酵母产生的重要香气化合物及其代谢调控［J］. 中国食品学报，12（11）：121-127.

何进宇，2017. 膜下滴灌水稻水—肥—盐—产量规律及优化灌溉制度研究［D］. 银川：宁夏大学.

何振嘉，刘全祖，2020. 水肥耦合对贺兰山东麓滴灌酿酒葡萄产量和品质的影响［J］. 灌溉排水学报，39（5）：65-74.

侯红彩，2019. 绿色食品花生生产栽培技术［J］. 农民致富之友（4）：12.

胡宏远，王静，李红英，2021. 2019 年贺兰山东麓产区酿酒葡萄年份气象条件分析［J］. 江苏农业科学，49（7）：198-204.

姜琳琳，王静，张晓煜，等，2020. 成熟期降水对贺兰山东麓酿酒葡萄果实品质的影响［J］. 中国农业气象，41（3）：156-161.

焦红茹，2008. 不同酿酒葡萄品种相关酵母菌的分离及分类鉴定［D］. 杨凌：西北农林科技大学.

开建荣，李婧，牛艳，等，2019. 贺兰山东麓酿酒葡萄质量安全及营养成分分析［J］. 中国酿造，38（12）：102-106.

开建荣，王彩艳，牛艳，等，2020.银川市大气沉降元素分布特征及来源解析［J］.环境科学与技术，43（12）：96–103.

雷世梅，张放，2014.2012年全球主要水果生产变化简析（二）［J］.中国果业信息，31（3）：28–37.

梁维坚，王贵禧，2015.大果榛子栽培实用技术［M］.北京：中国林业出版社.

李记明，司合芸，于英，等，2012.葡萄农药残留及其对葡萄酒酿造的影响［J］.中国农业科学，45（4）：743–751.

李金鹏，2017.宁夏贺兰山东麓酿酒酵母的分离鉴定与发酵特性研究［D］.银川：宁夏大学.

李凯，2015.7个鲜食葡萄品种抗寒性评价［D］.石河子：石河子大学.

李龙，王绥富，左忠，2019.宁夏沙坡头葡萄基地PM10浓度月—季节分布特征及其气象影响因素［J］.生态学杂志，38（4）：1175–1181.

李默，2015.VINEXPO披露IWSR年度研究最新成果［J］.中国食品（4）：56–59.

李秋燕，何雪煊，2009.宁夏贺兰山东麓葡萄产业的资源优势及发展对策探讨［J］.宁夏农林科技（3）：80–81.

李莎莎，2020.绿色植保技术推广探讨［J］.农业技术与装备（1）：100，102.

李伟，李玉鼎，张光弟，2010.宁夏酿酒葡萄产量与质量障碍因素分析［J］.中外葡萄与葡萄酒（9）：71–74.

李文超，孙盼，王振平，2012.不同土壤条件对酿酒葡萄生理及果实品质的影响［J］.果树学报，29（5）：837–842.

李文佑，2011.兴安县葡萄病虫害发生特点及综合防治技术［J］.广西植保，24（2）：29–31.

李旋，亓桂梅，2018.世界鲜食葡萄报告发布中国成最大生产和消费国［J］.中国食品（6）：102–107.

李银芳，潘伯荣，阿迪力·吾彼尔，等，2013.吐鲁番葡萄越冬塑膜覆盖方法及在生态建设中的作用［C］// 2013中国环境科学学会学术年会论文集（第八卷）.北京：中国环境科学学会.

刘品何，2014.疏果对酿酒葡萄果实及其葡萄酒挥发性物质的影响［D］.济南：齐鲁工业大学.

刘世松，唐文龙，2020.中国葡萄酒生产与市场发展70年［J］.中外葡萄与葡萄酒（1）：9–14.

刘鑫铭，刘崇怀，樊秀彩，等，2012.葡萄种质资源初级核心群的构建［J］.植物遗传资源学报，13（1）：72–76.

龙生平，2018.浅析贺兰山东麓葡萄酒产业发展的现状、存在问题及对策［J］.种子科技，36（11）：11–13.

吕麟华，张晓霞，董晓宁，等，2011.葡萄酒中溶解氧的作用及测定方法研究进展［J］.中国酿造（1）：9–12.

满保德，2017.新疆吐鲁番地区葡萄产业发展对策研究［D］.石河子：石河子大学.

明星，2018.提高'龙紫旺'葡萄坐果率和品质的研究［D］.秦皇岛：河北科技师范学院.

牛艳，吴燕，赵子丹，等，2019.农产品质量安全与标准化探讨［J］.宁夏农林科技，60（9）：81–83.

牛艳，吴燕，杨静，等，2021.烯酰吗啉在葡萄上残留试验及风险状况分析［J］.浙江农业科学，62（5）：1022–1024，1028.

农业农村部，工业和信息化部，2021.宁夏回族自治区人民政府关于印发《宁夏国家葡萄及葡萄酒产业开放发展综合试验区建设总体方案》的通知［J］.宁夏回族自治区人民政府公报（9）：3–8.

庞建，2017.昌黎产区酿酒葡萄赤霞珠病虫害防控方案及救灾措施［J］.中外葡萄与葡萄酒（2）：55–56.

亓桂梅，李旋，张久慧，等，2016.美洲地区鲜食葡萄产业概况及发展趋势［J］.中外葡萄与葡萄酒（3）：52–56.

亓桂梅，李旋，赵艳侠，等，2018.2017年世界葡萄及葡萄酒生产及流通概况［J］.中外葡萄与葡萄酒（1）：68–74.

亓桂梅，李旋，赵艳侠，等，2018.2017世界葡萄干生产及流通概况［J］.中外葡萄与葡萄酒（2）：60–65.

亓桂梅，赵艳侠，董兴全，2018.印度葡萄产业特点及发展趋势分析［J］.世界农业（2）：119–125.

秦遂初，1988.作物营养障碍的诊断及其防治［M］.杭州：浙江科学技术出版社.

邵则夏，陆斌，杨卫明，等，2004.葡萄直接扦插建园优质高效栽培［J］.河北林业科技（5）：95–96.

施明，2014.贺兰山东麓风沙土红地球葡萄水肥耦合效应与协同管理［D］.银川：宁夏大学.

史星雲，李强，张军，等，2019.滴灌条件下水肥耦合对酿酒葡萄生长发育及果实品质的影响［J］.西北农业学报，28（2）：225–236.

宋伟，2016.葡萄园简化防寒技术研究［D］.泰安：山东农业大学.

孙权，张学英，王振平，等，2008.宁夏贺兰山东麓葡萄基地土壤微量元素分布状况［J］.中外葡萄与葡萄酒（2）：4–8.

孙悦，金刚，李茹一，等，2020.面向产业需求的"葡萄酒微生物学"课程体系构建与改革—以宁夏大学葡萄酒学院为例［J］.酿酒科技（3）：136–139.

田淑芬，苏宏，聂松青，2019.2018年中国鲜食葡萄生产及市场形势分析［J］.中外葡萄与葡萄酒（2）：95–98.

田欣，贺婧，罗玲玲，等，2021. 贺兰山东麓葡萄产地土壤重金属空间分布特征及来源解析［J］. 西南农业学报，34（3）：641-646.

田野，陈冠铭，李家芬，等，2018. 世界葡萄产业发展现状［J］. 热带农业科学，38（6）：96-101，105.

铁璀，田雅丽，1999. 葡萄酒ABC［M］. 北京：中国轻工业出版社.

王春梅，2015. 宁夏贺兰山东麓酿酒葡萄产业基地建设与发展浅析［J］. 中外葡萄与葡萄酒（5）：61-64.

王浩，2013. 葡萄新品系'龙紫宝'越冬性研究［D］. 秦皇岛：河北科技师范学院.

王华，宁小刚，杨平，等，2016. 葡萄酒的古文明世界、旧世界与新世界［J］. 西北农林科技大学学报（社会科学版），16（6）：150-153.

王建飞，董彩霞，沈其荣，2007. 不同铵硝比对菠菜生长、安全和营养品质的影响［J］. 土壤学报，44（4）：683-688.

王攀科，2015. 新疆生产建设兵团第七师葡萄产业化发展研究［D］. 石河子：石河子大学.

王锐，李磊，孙权，2016. 贺兰山东麓典型土壤与酿酒葡萄成熟度及品质的关系［J］. 北方园艺（21）：1-6.

王珊，魏彦锋，赵艳侠，等，2018. 酿酒葡萄气候区划指标研究方法及其应用现状［J］. 中外葡萄与葡萄酒（1）：55-59.

卫晋芳，王星星，王建敏，等，2017. 侯马市葡萄物候期与气象条件分析［J］. 安徽农业科学，45（24）：202-203.

温淑红，左忠，胡毅飞，等，2019. 宁夏贺兰山东麓葡萄基地建设对土壤风蚀的影响［J］. 西南农业学报，32（12）：2862-2867.

吴燕，杨静，王彩艳，等，2019. 质谱联用技术在食品质量安全检测中的应用［J］. 宁夏农林科技，60（9）：78-80.

武玉和，2020. 宁夏葡萄产业发展的内外因素浅析［J］. 现代食品（15）：50-52，58.

肖振林，2010. 北镇市葡萄基地土壤重金属含量测定及质量评价［J］. 辽宁农业科学（1）：50-52.

邢世均，石玲，刘广娟，等，2019. 三种杀菌剂对葡萄酒品质的影响及其消减规律［J］. 食品与发酵工业，45（18）：189-194.

许泽华，牛锐敏，黄小晶，等，2020. 贺兰山东麓典型区域酿酒葡萄成熟度监测及品质比较［J］. 宁夏农林科技，61（10）：1-5，69.

薛玉华，2012. 葡萄安全越冬方法［J］. 果农之友（12）：16.

闫瑜，2011. 中国葡萄酒产业国际竞争力分析［D］. 青岛：中国海洋大学.

杨凡，田军仓，朱和，等，2020. 不同滴灌方式及水肥组合对酿酒葡萄光合与产量的影响［J］. 节水灌溉（11）：53-58.

杨馥霞，张坤，杨瑞，等，2016. 酿酒葡萄主要品质形成机理研究进展［J］. 中外葡萄与葡萄酒（3）：41–45.

杨国涛，2003. 影响宁夏农村经济增长的因素分析［D］. 合肥：安徽农业大学.

杨静，赵子丹，牛艳，2018. 葡萄中酚类物质研究进展［J］. 宁夏农林科技，59（8）：33–34，40.

杨静，赵子丹，牛艳，等 . 2021. HPLC 技术对贺兰山东麓酿酒葡萄中酚酸类物质的检测方法研究［J］. 浙江农业科学，62（4）：777–783.

易丹 . 2012. 上海市场葡萄酒消费行为研究［D］. 上海：复旦大学 .

易黎，亓桂梅，2018. 刘俊：问诊中国葡萄产业［J］. 中外葡萄与葡萄酒（1）：75–77.

于福新，孙燕，牛艳，2017. 腐霉利在酿酒葡萄和土壤中残留量的气相色谱分析［J］. 宁夏农林科技，58（7）：40–41，54.

张存智，刘晶，岳圆，等，2019. 宁夏葡萄酒产业国际化技能型人才培养的探讨［J］. 中外葡萄与葡萄酒（1）：70–73.

张峰玮，张军翔，2016. 单行倒“L”形整形下赤霞珠葡萄负载量对果实品质的影响［J］. 湖北农业科学，55（8）：2006–2010.

张光弟，张昆明，贾毅男，等，2021. 贺兰山东麓 2020–2021 年越冬期间‘赤霞珠’葡萄冻害调查［J］. 中外葡萄与葡萄酒（4）：63–71.

张静，2005. 贺兰山东麓葡萄酒产业基地建设与发展研究［D］. 杨凌：西北农林科技大学 .

张琳，2019. 陕西杨凌中早熟鲜食葡萄的引种适应性研究［D］. 杨凌：西北农林科技大学 .

张晓煜，韩颖娟，张磊，等，2007. 基于 GIS 的宁夏酿酒葡萄种植区划［J］. 农业工程学报，23（10）：275–278.

张星，2019. 葡萄砧木杂种的耐碱性与抗旱性鉴定［D］. 杨凌：西北农林科技大学 .

张旭东，裴帅，王振平，2017. 酿酒葡萄北玫和北红在宁夏的生长状况调查［J］. 中外葡萄与葡萄酒（2）：35–38.

张颖超，李保国，刘丽萍，2018. 浅析葡萄酒食品安全风险及其控制［J］. 现代食品（23）：62–65.

赵丽霞，刘俊，于祎飞，等，2011. 怀来盆地葡萄园雹风冻害防控技术［J］. 河北林业科技（4）：59–61.

赵珊珊，李敏敏，陈捷胤，等，2020. 农药在葡萄酒酿造过程中残留变化及干扰风味品质研究进展［J］. 食品科学（网络首发）.

周涛，2006. 贵阳市城郊菜地土壤重金属污染状况及其对蔬菜安全的影响评价［D］. 贵阳：贵州大学 .

周雯婧，贺惠，2013. 中国农田土壤重金属污染来源及特点［J］. 科教文汇（下旬刊）（4）：102–103.

周彦，2009. 论我国葡萄酒产业的推广［D］. 济南：山东大学 .

卓先义，2001. 毒（药）物中毒鉴定理论与实践：典型案例分析［M］. 北京：中国检察出版社.

中华人民共和国质量监督检验检疫总局, 中国国家标准化管理委员会, 2008. 土壤质量 总汞、总砷、总铅的测定 原子荧光法 第 1 部分: 土壤中总汞的测定: GB/T 22105.1—2008 [S]. 北京: 中华人民共和国农业部.

中华人民共和国国家质量监督检验检疫总局, 中国国家标准化管理委员会. 2008. 土壤质量 总汞、总砷、总铅的测定 原子荧光法 第 2 部分: 土壤中总砷的测定: GB/T 22105.2—2008 [S]. 北京: 中华人民共和国农业部.

中华人民共和国国家质量监督检验检疫总局, 中国国家标准化管理委员会, 2008. 葡萄酒: GB/T 15037—2006 [S]. 北京: 中国标准出版社.

全国果品标准化技术委员会, 2015. 酿酒葡萄生产技术规程: NY/T 2682—2015 [S]. 北京: 中华人民共和国农业部.

左忠, 李龙, 李婧, 等, 2020. 葡萄开荒种植对贺兰山荒漠草原土壤温湿度的影响 [J]. 农业科学, 48 (6): 18–22.

AGARBATI A, CANONICO L, MANCABELLI L, et al., 2019. The influence of fungicide treatments on mycobiota of grapes and its evolution during fermentation evaluated by metagenomic and culture-dependent methods [J]. Microorganisms, 7 (5): 114.

ASENSTORFER R E, HAYASAKA Y, JONES G P, 2001. Isolation and structures of oligomeric wine pigments by bisulfite-mediated ion-exchange chromatography [J]. Journal of Agricultural and Food Chemistry, 49 (12): 5957–5963.

BLOCK E, 2017. Fifty years of smelling sulfur: From the chemistry of garlic to the molecular basis for olfaction [J]. Phosphorus, Sulfur, and Silicon and the Related Elements, 192 (2): 141–144.

CAPECE A, ROMANIELLO R, SCRANO L, et al., 2018. Yeast starter as and biotechnological tool for reducing copper content in wine [J]. Frontiers in Microbiology, 8: 252–259.

GONZÁLEZ-RODRÍGUEZ R M, CANCHO-GRANDE B, TORRADO-AGRASAR A, et al., 2009. Evolution of tebuconazole residues through the winemaking process of Mencía grapes [J]. Food Chemistry, 117 (3): 529–537.

KREITMANGY, ELIASRJ, JEFFERY D W, et al., 2019. Loss and formation of malodorous volatile sulfhydryl compounds during wine storage [J]. Critical Reviews in Food Science and Nutrition, 59 (11): 1728–1752.

MULERO J, MARTÍNEZ G, OLIVA J, et al., 2015. Phenolic compounds and antioxidant activity of red wine made from grapes treated with different fungicides [J]. Food Chemistry, 180: 25–31.

NOGUEROL-PATO R, FERNÁNDEZ-CRUZ T, SIEIRO-SAMPEDRO T, et al., 2016. Dissipation of fungicide residues during winemaking and their effects on fermentation and the volatile composition of wines [J]. Journal of Agricultural and Food Chemistry, 64 (6): 1344–1354.

NOGUEROL-PATO R, GONZÁLEZ-RODRÍGUEZ R M, GONZÁLEZ-BARREIRO C, et al., 2011. Influence of tebuconazole residues on the aroma composition of Mencía red wines [J]. Food Chemistry, 124 (4): 1525–1532.

VALLEJO B, PICAZO C, OROZCO H, et al., 2017. Herbicide glufosinate inhibits yeast growth and extends longevity during wine fermentation [J]. Scientific Reports, 7 (1): 103–110.

ZARA S, CABONI P, ORRO D, et al., 2011. Influence of fenamidone, indoxacarb, pyraclostrobin, and deltamethrin on the population of natural yeast microflora during winemaking of two sardinian grape cultivars [J]. Journal of Environmental Science and Health. Part B, 46 (6): 491–497.